九章算术

古法今观——中国古代科技名著新编

[魏晋]刘徽 注
蔡践 编译

江苏凤凰科学技术出版社

图书在版编目（CIP）数据

九章算术 / 蔡践编译. — 南京 : 江苏凤凰科学技术出版社，2016.10
（古法今观 / 魏文彪主编. 中国古代科技名著新编）
ISBN 978-7-5537-7281-3

Ⅰ. ①九… Ⅱ. ①蔡… Ⅲ. ①古典数学－中国 Ⅳ. ① O112

中国版本图书馆 CIP 数据核字 (2016) 第 240310 号

古法今观——中国古代科技名著新编
九章算术

注　　者　〔魏晋〕刘徽
编　　译　蔡　践
项目策划　凤凰空间 / 翟永梅
责任编辑　刘屹立
特约编辑　陈丽新

出版发行　江苏凤凰科学技术出版社
出版社地址　南京市湖南路 1 号 A 楼，邮编：210009
出版社网址　http: //www.pspress.cn
总 经 销　天津凤凰空间文化传媒有限公司
总经销网址　http: //www.ifengspace.cn
印　　刷　北京博海升彩色印刷有限公司

开　　本　710 mm×1 000 mm　1/16
印　　张　18
字　　数　432 000
版　　次　2016 年 10 月第 1 版
印　　次　2021 年 1 月第 2 次印刷

标准书号　ISBN 978-7-5537-7281-3
定　　价　68.00 元

图书如有印装质量问题，可随时向销售部调换（电话：022—87893668）。

前言

《九章算术》是我国现存的一部最古老的数学书。作者不详。一般认为它是经多人增补修订而成的。初步考证，大约成书于东汉初期。该书系统总结了战国、秦、汉时期的数学成就。全书采用问题集的形式，收录与生产、生活实践有联系的应用问题，其中每道题有问（题目）、答（答案）、术（解题的步骤，但没有证明），有的是一题一术，有的是多题一术或一题多术。本书对《九章算术》作了详细的注解。依照问题的性质和解法，分别隶属于方田、粟米、衰分、少广、商功、均输、盈不足、方程及勾股九章。

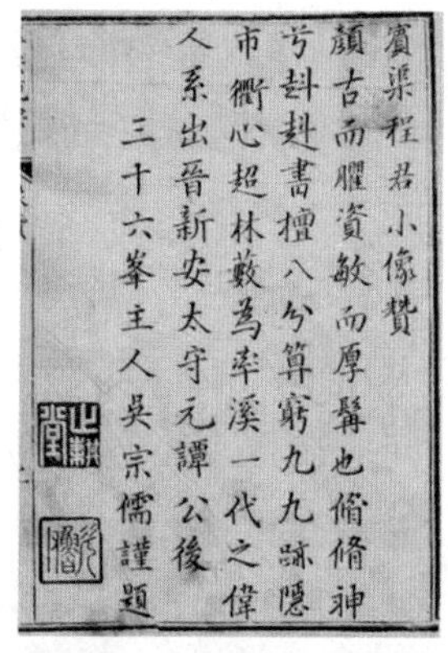

賓渠程君小像贊
顏古而臞資敏而厚髯也翛翛神
兮斛赳書擅八分算窮九九跡隱
市衢心超林藪爲率溪一代之偉
人系出晉新安太守元譚公後
三十六峯主人吴宗儒謹題

古版《九章算术》

随着社会的发展，社会生产力的逐渐提高，使得数学获得了一定的发展。《九章算术》就是记载了古代劳动人民在生产实践中总结出来的数学知识。它不但开拓了我国数学的发展道路，在世界数学发展中也占有极其重要的地位。更以一系列“世界之最”的成就，反映出我国古代数学在秦汉时期在全世界就已经取得领先发展的地位。这种领先地位一直保持到公元 14 世纪初。

《九章算术》最早系统地叙述了分数约分、通分和四则运算的法则。像这样系统的叙述，印度在公元

7 世纪时才出现，欧洲就更迟了。

《九章算术》最早提出了正、负数的概念并系统地叙述了正、负数的加减法则。负数概念的提出，是人类关于数的概念的一次意义重大的飞跃。在印度，直到公元 7 世纪才出现负数概念，欧洲则是到 17 世纪才有人认识负数概念，甚至在 19 世纪的欧洲，也还有一些数学家认为负数没有实际的意义。

《九章算术》提出的“盈不足术”，也是我国古代数学中的一项杰出创造。用两次假设，可以把一般的方程化为“盈不足”问题，用“盈不足术”求解。这种方法可能在公元 9 世纪时传入了阿拉伯，公元 13 世纪时又由阿拉伯传入了欧洲。意大利数学家斐波纳奇最先向欧洲介绍了这种算法，并把它称为“契丹算法”（即“中国算法”）。

《九章算术》中最引人注目的成就之一是，它在世界上最早提出了联立一次方程（即线性方程组）的概念，并系统地总结了联立一次方程的解法。

历代数学家有不少人曾经注释过这本书，其中以刘徽和李淳风的注释最有名。魏晋时代，刘徽对《九章算术》作过注解（以下简称为刘注）。唐初，李淳风（？—714）也作过注解（以下简称为李注）。刘徽在《九章算术》注解中，“析理以辞，解体用图”，不但给出明确的概念，导出正确的理论，而且还有很多创造发明，从而取得了不可磨灭的功绩。可以看出，刘徽在数学方面的成就是十分伟大的，十分辉煌的，他不愧是我国古代一位杰出的布衣数学家。唐代李淳风注《九章算术》时，除引证祖冲之及其子祖暅之对体积理论的贡献外，其他注文多与刘注相类，较刘注似通俗易懂。

《九章算术》及刘、李注文的语句简略，用字深奥，阅读起来十分不便。为了能较确切地理解作者的原意，必须注释。今参考各家之说，用通俗的语言，用近代数学术语对《九章算术》刘、李注文详加注释。为方便计只注释与数学有关的语句，凡与数学关系不大的概不注释。

由于辗转传抄、影摹刊刻，传本《九章算术》有很多错误文字。凡是与前人有出入的地方，则凭一管之见，加述理由。由于水平有限，缺点和错误在所难免，请广大读者不吝指正。

编译者

2016 年 10 月

目录

《九章算术注》序

刘徽[1]

原典

昔在庖牺氏[2]始画八卦，以通神明之德，以类万物之情[3]，作九九[4]之术以合六爻之变。暨[5]于黄帝神而化之，引而伸之[6]于是建历[7]纪，协律吕，用稽道原[8]，然后两仪[9]四象精微之气可得而效焉。记称“隶首[10]作数”，其详未之闻也。按：周公[11]制礼而有九数，九数之流，则《九章》是矣[12]。往者暴秦焚书，经术散坏[13]。自时厥[14]后，汉北平侯张苍、大司农中丞耿寿昌皆以善算命世。苍等因旧文之遗残，各称删补[15]。故校其目则与古或异[16]，而所论者多近语也[17]。

注释

① 刘徽：中国古代最伟大的数学家，中国传统数学理论的奠基者。

② 庖牺氏：又作包牺氏、伏羲氏、宓羲、伏羲，又称牺皇、皇羲。神话中的人类始祖，人类由他与其妹女娲婚配而产生。

③ 以通神明之德，以类万物之情：为的是通达客观世界变化的规律，描摹其万物的情状。

④ 九九：即九九表。

⑤ 暨：及，至，到。

⑥ 引而伸之：引申。

⑦ 历：推算日月星辰运行及季节时令的方法，又指历书。

⑧ 用稽道原：用以考察道的本原。

⑨ 两仪：指天、地。

⑩ 隶首：相传为黄帝的臣子。

⑪ 周公：周初政治家，名姬旦，协助周武王灭商，后又辅佐周成王。相传他制定了周朝的典章礼乐制度。

⑫ 刘徽认为，“九数”在先秦已经发展为《九章算术》。此种《九章算术》

已不存在，存《九章算术》中采取术文统率例题部分的大多数内容应是它的主要部分。

⑬ 刘徽认为，《九章算术》在秦始皇焚书时遭到破坏。

⑭ 厥：之。

⑮ 各称删补：称，述说，声言。删补，删节补充。

⑯ 刘徽考校了张苍、耿寿昌等删补的《九章算术》与各种资料，发现其目录与先秦的《九章算术》有所不同。

⑰ 此谓张苍、耿寿昌用汉初的语言改写了先秦的文字。

译文

从前，庖牺氏曾制作八卦，为的是通达客观世界变化的规律，描摹其万物的情状；又作九九之术，为的是符合六爻的变化。至黄帝神妙地使之潜移默化，将其引申之，于是建立历法的纲纪，校正律管使乐曲和谐。用它们考察道的本原，然后两仪、四象的精微之气可以效法。典籍记载隶首创作了算学，其详细情形没有听说过。按：周公制定礼乐制度时产生了九数。九数经过发展，就成为《九章算术》。过去，残暴的秦朝焚书，导致经、术散坏。自那以后，西汉的北平侯张苍、大司农中丞耿寿昌皆以擅长算学而闻名于世。张苍等人凭借残缺的原有文本，对各种述说先后进行删节补充。这就是为什么对校它的目录，则有的地方与古代不同，而论述中所使用的大多是近代的语言。

刘徽的简介

刘徽，山东邹平人，魏晋时伟大的数学家。他从小思维敏捷，解决数学问题方法灵活，是中国最早主张用逻辑推理的方式来论证数学命题的人。他一生刻苦探求数学，虽然地位低下，但人格高尚。

刘徽是公元 3 世纪世界上最杰出的数学家，他在公元 263 年撰写的著作《九章算术注》以及后来的《海岛算经》，是我国最宝贵的数学遗产，从而奠定了他在中国数学史上的不朽地位。

刘　徽

原典

徽幼习《九章》，长再详览。观阴阳①之割裂，总算术②之根源，探赜③之暇，遂悟其意④。是以敢竭顽鲁，采其所见⑤，为之作注。事类相推⑥，各有攸归⑦，故枝条虽分而同本干知，发其一端⑧而已又所析理⑨以辞，解体⑩用图，庶亦约而能周，通而不黩⑪，览之者思过半矣⑫。且算在六艺⑬，古者以宾兴⑭贤能，教习国子⑮。虽曰九数⑯，其能穷纤入微，探测无方⑰。至于以法⑱相传，亦犹规⑲矩⑳度量可得而共，非特难为也。当今好之者寡，故世虽多通才达学，而未必能综于此耳。

译文

我童年的时候学习过《九章算术》，成年后又作了详细研究。我考察了阴阳的区别对立，总结了算术的根源，在窥探它的深邃道理的余暇时间，领悟了它的思想。因此，我不揣冒昧，竭尽愚顽，搜集所见到的资料，为它作注。各种事物按照它们所属的类别互相推求，分别有自己的归宿。所以，它们的枝条虽然分离而具有同一个本干的原因就在于都发自于一个开端。如果用言辞表述对数理的分析，用图形表示对立体的分解，那差不多就会使之简单而周密，通达而不烦琐，凡是阅读它的人就能理解其大半的内容。而算学是六艺之一，古代以它举荐贤能的人而宾礼之，教育贵族子弟；虽然叫作九数，其功用却能穷尽非常细微的领域，探求的范围是没有极限的；至于世代所传的方法，只不过是规、矩、度、量中那些可以得到并且有共性的东西，并不是特别难以做到的。现在喜欢算学的人很少，所以世间虽然有许多通才达学，却不一定能对此融会贯通。

注释

① 阴阳：中国古代思想家解释宇宙的术语。一切现象都有正反两个方面，凡是天地、日月、昼夜、男女、上下、君臣乃至脏腑、气血等均分属阴阳。数学上互相对立又联系的概念，如法与实，数的大与小，整数与分数，正数与负数，盈与不足，图形的表与里，方与矩，等等，都分属阴阳。刘徽考察了数学中阴阳的对立、消长，才能找到数学的根源。

② 算术：即今之数学，含有今之算术、代数、几何等各个分支的内容。

③ 探赜：探索奥秘。

④ 悟其意：领会了它的思想。这里指刘徽自己的数学思想和数学创造。

⑤ 采其所见：搜集采纳我所见到的数学知识和资料。

⑥ 推：推求，推断。

⑦ 攸归：所归。

⑧ 一端：一个开端。

⑨ 析理：初见于《庄子·天下》：“判天地之美，析万物之理。”但没有方法论的意义。而到魏晋时代，它却成为正始之音和辩难之风的代名词。学术界一般认为，“析理”是郭象注《庄子》时概括出来的。实际上，刘徽使用“析理”比郭象早。

⑩ 解体：分解形体。

⑪ 通而不黩：通达而不烦琐。

⑫ 思过半矣：语出《周易·系辞下》：“知者观其彖辞，则思过半矣。”

⑬ 六艺：礼、乐、射、御、书、数，是为周代贵族子弟所受教育的六门主要课程。

⑭ 宾兴：周代举贤之法。

⑮ 国子：公卿大夫的子弟。

⑯ 九数：方田、粟米、差分、少广、商功、均输、方程、盈不足、旁要。

⑰ 无方：没有止境。

⑱ 法：方法。这里指数学方法。

⑲ 规：是画圆的工具。

⑳ 矩：是画方的工具。规矩度量可得而共：就是说空间形式和数量关系中那些可以得到并且有共性的东西。

规矩

《墨子·天文志》云：“轮匠执其规矩，以度天下之方圆。”后来“规矩”也成了汉语中表示标准、法则，甚至道德规范的常用词。度量即度量衡。用度量衡量度某物，得到其长度、容积和重量，反映事物的数量关系。因此，规矩、度量就是人们常说的空间形式和数量关系。规矩度量可得而共，就是说空间形式和数量关系中那些可以得到并且有共性的东西。众所周知，中国古代，所有的几何问题都考虑其数量关系，都要化成算术或代数问题解决。

墨　子

原典

《周官[①]·大司徒》职，夏至日中立八尺之表[②]。其景[③]尺有五寸，谓之地中。说云，南戴日下[④]万五千里。夫云尔者，以术推[⑤]之。按《九章》立四表望远及因木望山[⑥]之术，皆端旁[⑦]互见，无有超邈若斯之类。然则苍等为术犹未足以博尽群数也。徽寻九数有重差之名，原其指趣[⑧]乃所以施于此也。凡望极高、测绝深而兼知其远者必用重差[⑨]、句股[⑩]则必以重差为率[⑪]，故曰重差也。

注释

① 周官：即《周礼》，相传周公所作。学术界一般认为是战国时期的作品。

② 表：古代测望用的标杆。

③ 景：作“影”。

④ 南戴日下：即夏至日中太阳直射地面之处。

⑤ 推：计算。

⑥ 立四表望远、因木望山：系《九章算术》勾股章的两个题目。

⑦ 端旁：某点或侧面。

⑧ 原其指趣：推究它的宗旨。

⑨ 重差：郑众所说汉代发展起来的数学分支之一。

⑩ 句股：清之后作“勾股”，郑众所说汉代发展起来的数学分支之一，张苍等将其编入《九章算术》，并将旁要纳入其中。

⑪ 必以重差为率：必须以重差建立率。

译文

表

《周官·大司徒》记载，夏至这天中午竖立一根高 8 尺的表，若其影长是 1 尺 5 寸，这个地方就称为大地的中心。《周礼注》说：此处到南方太阳直射处的距离是 15 000 里。这样说的理由，是由术推算出来的。按《九章算术》“立四表望远”及“因木望山”等问的方法，所测望的目标的某点或某方面的数值都是互相显现的，没有像这样遥远渺茫的类型。如此说来，张苍等人所建立的方法还不足以穷尽算学所有的分支。我发现九数中有“重差”这一名目，推求其宗旨的本原，就是施用于这一类问题的。凡是测望极高、极深而同时又要知道它的远近的问题必须用重差、勾股，那么必定以重差形成率，所以叫作重差。

原典

立两表于洛阳[①]之城，令高八尺，南北各尽平地，同日度其正中之时。以景差为法[②]，表高乘[③]表间为实，实如法而一[④]。所得加表高，即日去地也[⑤]。以南表之景乘表间为实，实如法而一，即为从南表至南戴日下也[⑥]。以南戴日下及日去地为句、股，为之求弦，即日去人也[⑦]。以径寸之筒南望日，日满筒空，则定筒之长短以为股率，以筒径为句率，日去人之数为大股，大股之句即日径也。虽天圆穹之象犹曰可度[⑧]，又况泰山[⑨]之高与江海之广哉。

注释

① 洛阳：今属河南省。

② 法：这里指除数。

③ 乘：本义是登，升。进而引申为乘法运算。

④ 实如法而一：亦称实如法得一。

⑤ 此处给出了日到地面的距离。

⑥ 此处给出了南表至日直射处的距离。

⑦ 此处给出了日到人的距离。

⑧ 由于以筒径和筒长为勾、股的勾股形与以日径和人去日为勾、股的勾股形相似，根据勾股“相与之势不失本率”的原理。

⑨ 泰山：五岳之首，位于山东省泰安东。

泰山的高度

据考证，刘徽确实测望过泰山之高、远。《海岛算经》的第 1 问的原型当是泰山。盖此问的海岛去表 102 里 150 步，岛高 4 里 55 步。以 1 魏尺合今 23.8 厘米计算，分别是 43 911 米和 1792.14 米。有人以为这是山东沿海的某岛屿。实际上，不仅山东，就是全中国也找不到如此高且距大陆这么近的海岛。而泰山玉皇顶今实测为 1536 米，其南偏西方向十分陡峭，7 公里外的泰安城的海拔即下降到 130 多米。到大汶河两岸，今肥城的城宫一带海拔仅为 72 米，与玉皇顶之间没有任何障碍物，泰山恰似一海岛。清阮元（1764—1849）曾用重差测望过泰山，测得泰山高 233 丈 5 寸 8 分（裁衣尺），以清裁衣尺 1 尺为 35.50 厘米计算，为 827.36 米。刘徽所测与实测之误差比阮元小得多。

译文

在洛阳城竖立两根表，高都是 8 尺，使之呈南北方向，并且都在同一水平地面上。同一天中午测量它们的影子。以它们的影长之差作为法。以表高乘两表间的距离作为实。实除以法，所得到的结果加表高，就是太阳到地面的距离。以南表的影长乘两表间的距离作为实，实除以法，就是南表到太阳直射处的距离。以南表到太阳直射处的距离及太阳到地面的距离分别作为勾和股，求与之相应的弦，就是太阳到人的距离。用直径1寸的竹筒向南测望太阳，让太阳恰好充满竹筒的空间，则以如此确定的竹筒的长度作为股率，以竹筒的直径作为勾率，以太阳到人的距离作为大股，那么与大股相应的勾就是太阳的直径。即使是圆穹的天象都是可以测度的，又何况泰山之高与江海之广呢。

原典

徽以为今之史籍且略举天地之物，考论厥数，载之于志①，以阐世术之美，辄造《重差》②，并为注解，以究古人之意，缀于《句股》之下。度高者重表③，测深者累矩④，孤离者三望⑤，离而又旁求者四望触类而长之⑥，则虽幽遐诡伏，靡所不入⑦。博物君子⑧，详而览焉。

注释

①志：指各种正史中的志书。

②《重差》：因第1问为测望一海岛之高远，故名之曰《海岛算经》，为十部算经之一。

③重表：即重表法，是重差术最主要的测望方法。

④累矩：即累矩法，是重差术的第二种测望方法。

⑤《海岛算经》望松、望楼、望波口、望津等4问是三次测望问题。

⑥《海岛算经》望清涧、登山临邑等2问是四次测望问题。触类而长：掌握一类事物的知识，就能据此增加同类事物的知识。

⑦虽幽遐诡伏，靡所不入：虽然深远而隐秘不露，没有不契合的。

⑧博物君子：博学多识的人。

译文

我认为，当今的史籍尚且略举天地间的事物，考论它们的数量，记载在各种志书中，以阐发人世间法术的美妙，于是我特地撰著《重差》一卷，并且为之作注解，以推寻古人的意图，缀于《勾股》之下。测望某目标的高用二根表，测望某目标的深用重叠的累矩，对孤立的目标要三次测望，对孤立的而又要求其他数值的目标要四次测望。通过类推而不断增长知识，那么，即使是深远而隐秘不露，没有不契合的。博学多识的君子，请仔细地阅读吧。

古代数学测量著作——《海岛算经》

《海岛算经》是古代汉族学者编撰的最早一部测量学著作，为地图学提供了数学基础。《海岛算经》由刘徽于三国魏景元四年(公元263 年)所撰，本为《九章算术注》之第十卷，题为《重差》。唐初开始发单行本，体例亦是以应用问题集的形式。研究高与距离的测量，所使用的工具也都是利用垂直关系所连接起来的测竿与横棒。有人说是实用三角法的启蒙，不过其内容并未涉及三角学中的正余弦概念。所有问题都是利用两次或多次测望所得的数据来推算可望而不可即的目标的高、深、广、远。此卷书被收集于明成祖时编修的《永乐大典》中，现保存在英国剑桥大学图书馆。刘徽也曾对《九章算数》重编并加以注释，全书共 9 题，全是利用测量来计算高深广远的问题，首题测算海岛的高、远，故得名《海岛算经》，共 9 问，是用表尺重复从不同位置测望，取测量所得的差数，进行计算从而求得山高或谷深，这就是刘徽的重差理论。《海岛算经》中，从题目文字可知所有计算都是用筹算进行的。“为实”指作为一个分数的分子，“为法”指作为分数的分母。所用的长度单位有里、丈、步、尺、寸。1 里 =180 丈 =1800 尺，1 丈 =10 尺，1 步 =6 尺，1 尺 =10 寸。

关于测量的方法如下：

1. 重差法。重差方法是从测太阳高远发展起来的。西汉刘安《淮南子》便有这种方法的雏形。刘徽认为《九章》的测望对象都是端旁互见的，没有超邈如太阳之类。他发展完善了重差术，在《九章算术注序》中指出“凡望极高，测绝深而兼知其远者必用重差、勾股，则必以重差为率”。

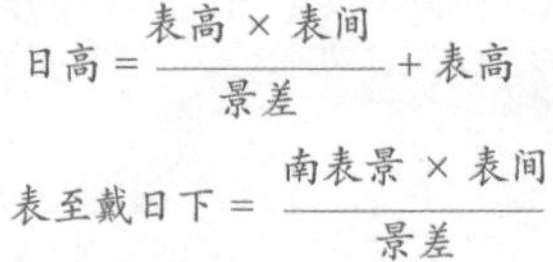

$$日高 = \frac{表高 \times 表间}{景差} + 表高$$

$$表至戴日下 = \frac{南表景 \times 表间}{景差}$$

2. 重表法。中国沿海无这样的海岛，编者认为，刘徽是以泰山（1536 米）为原型，假托成海岛，以成为端旁不可互见的对象。刘徽曾说，圆穹的天都可以测望，“又况泰山之高与江海之广哉。”事实上，上述数据比历代史籍关于泰山高度的记载都精确得多，也比清代学者用重差术的测望结果准确得多。

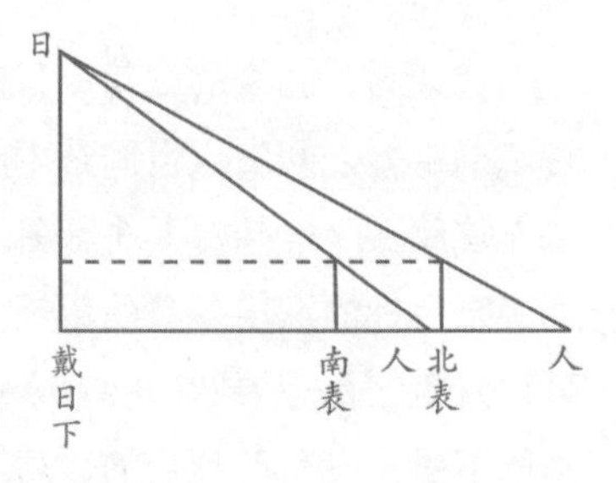

3. 连索法。它是重差术的另一种主要方法。《海岛》第 3 问是南望方邑，竖立两表，与人同高，东西距 6 丈，以索连之，使东表与城邑的东南角、东北角成一直线

4. 累矩法。是重差术的又一主要方法。

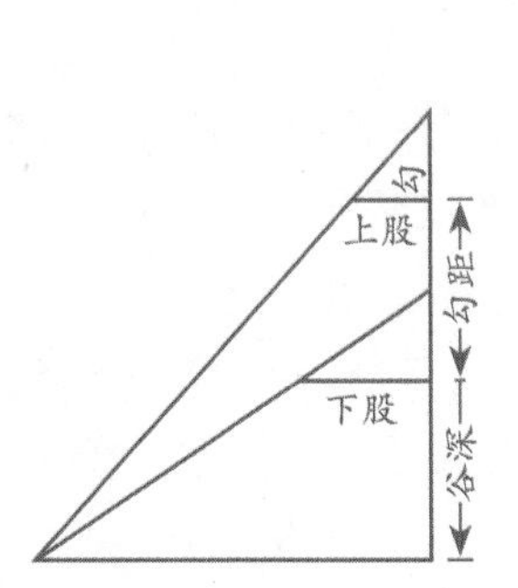

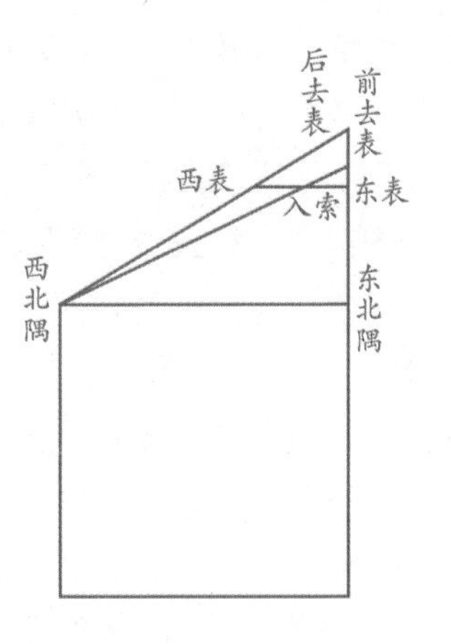

卷　一

方田[①]以御[②]田畴界域

（方田：处理田地等面积）

原典

今[③]有田广十五步，从[④]十六步。问：为田几何[⑤]？答曰一亩[⑥]。又有田广十二步，从十四步。问：为田几何？答曰：一百六十步。

方田术曰：广从步数相乘得积步[⑦]。此积谓田幂[⑧]。凡广从相乘谓之幂[⑨]。臣淳风等谨按：经云“广从相乘得积步”，注云“广从相乘谓之幂”，观斯注意，积幂义同[⑩]。以理推之，固当不尔。何则？幂是方面单布之名，积乃众数聚居之称。循名责实，二者全殊[⑪]。虽欲同之，窃恐不可。今以凡言幂者据广从之一方；其

注释

①方田：九数之一。传统的方田讨论各种面积问题和分数四则运算。

② 御：本义是驾驭马车，引申为处理，治理。

③ 今：连词，表示假设，相当于“若”“假如”。

④ 从：表示直，南北的量度。

⑤ 问：中国传统数学问题发问的起首语。几何：若干，多少。

⑥ 亩：古代的土地面积单位。《九章算术》中 1 亩为 240 步。

⑦ 广从步数相乘得积步：方田的面积计算公式。

⑧ 幂：即今之面积。

⑨ 凡广从相乘谓之幂：这是刘徽对

言积者举众步之都数。经云相乘得积步，即是都数[12]之明文。注云谓之为幂，全乖积步之本意。此注前云积为田幂，于理得通。复云谓之为幂，繁而不当。今者注释存善去非，略为料简[13]，遗诸后学。以亩法二百四十步除之[14]，即亩数。百亩为一顷[15]。臣淳风等谨按：此为篇端，故特举顷、亩二法。余术不复言者，从此可知。按：一亩田，广十五步，从而疏[16]之，令为十五行，即每行广一步而从十六步。又横而截之，令为十六行，即每行广一步而从十五步。此即从疏横截之步，各自为方。凡有二百四十步，为一亩之地，步数正同。以此言之，即广从相乘得积步，验矣。二百四十步者，亩法也；百亩者，顷法也。故以除之，即得。

幂即面积的定义。

⑩ 刘徽将“广从相乘”这种积称为幂，幂与积是种属关系，积包括幂，但积不一定是幂，因为三数相乘的体积，或更多的数相乘，也是积。

⑪ 李淳风等认为积与幂完全不同。他们不懂幂属于积，两者有相同之处，说积、幂“二者全殊”，当然是错误的。

⑫ 都数：总数。

⑬ 料简：品评选择。

⑭ 亩法：1亩的标准度量。除，其减也，是现今“除法”的除。

⑮100亩为1顷，故称为顷法。

⑯ 疏：分，截。

译文

15步

16步

假设一块田广15步，纵16步。问：田的面积有多少？答：1亩。又假设一块田广12步，纵14步。问：田的面积有多少？答：168平方步。

方田术：广与纵的步数相乘，便得到积步。这种积叫作田的幂。是广与纵的步数相乘，叫作幂。淳风等按：《九章算术》说广纵步数相乘，便得到积步。刘徽注说广纵相乘，就把它叫作幂。考察这个注的意思，积和幂的意义相同。按道理推究之，本不应当是这样的。为什么呢？幂是一层四方布的名称，积却是众多的数量积聚的名称。循名责实，二者完全不同。即使想把它看成相同的，我们认为是不可以的。现在凡是说到幂，都是占据有广有纵的一个方形，而说到积，都是列举众多步数的总数。《九章算术》说相乘得到积步，就是总数的明确文字。刘徽注说叫它作幂，完全背离了积步的本意。这个注前面说积是田的幂，在道理上可以讲得通。又说叫它作幂，烦琐而不恰当。现在注释，留下正确的，删去错误的稍加品评选择，把它贡献给后来的学子。以亩法240步除积步，就是亩数。100亩为1顷。淳风等按：这是本篇的开端，因此特别举出顷、亩二者的法。其他的术中不再谈到它们，就是因为由这里可以知道。按：1亩地，广为15步，竖着分割它，使成为15行，就是每行广为1步而纵为16步。又横着裁截它，使成为16行，就是每行广为1步而纵为15步。这就是竖着分割横着裁截的1步，各自成正方形，共有240步。作为1亩的田地，步数恰好与亩法相同。由此说来，就是广纵相乘便得到积步，被验证了。240步，是亩法；100亩，是顷法。因此，用来除积步，便得到答案。

李淳风简介

李淳风

李淳风（602—870）：岐州雍（今陕西省凤翔县）人，唐初天文学家、数学家。

贞观初（公元627）淳风上书唐太宗批评当时所行《戊寅元历》的失误，授将仕郎，直太史局。三年撰《乙巳元历》，太宗七年撰《法象志》七卷，是制造新浑仪的理论基础。浑天黄道仪于是年制成。十五年为太常博士，旋任太史丞，撰《晋书》《隋书》之《天文志》《律历志》《五行志》，是中国天文学史、数学史、度量衡史的重要文献。约十九年，撰成《乙巳占》，其中含有十分丰富的天象资料和气象史料。二十二年拜太史令，同年，以修国史功封昌乐县男，主持注释汉唐十部算经。其水平较高的是《周髀算经注释》。而《九章算术注释》保存了祖冲之的开立圆术和祖暅之原理，极为宝贵。麟德元年（公元664）撰《麟德历》，次年颁行，直到公元728年被一行的《大衍历》取代。《麟德历》设1340为总法，作为岁实、朔实、交周和五星周期的共同分母，使运算简捷，后人多效法。《麟德历》还废闰周而直接以无中气之月为闰月。

原典

今有田广一里，从一里①。问：为田几何？答曰：三顷七十五亩②。又有田广二里，从三里。问：为田几何？答曰：二十二顷五十亩。里田术曰：广从里数相乘得积里③。以三百七十五乘之，即亩数。

按：此术广从里数相乘得积里。故方里之中有三顷七十五亩，故以乘之，即得亩数也。

注释

① 里：长度单位，秦汉时 1 里为 300 步。

② 三顷七十五亩：1 平方里 =375 亩 =3 顷 75 亩。故 375 亩为里法。

③ 以里为单位的田地的面积求法，其公式与方田术相同。

译文

假设一块田广 1 里，纵 1 里。问：田的面积有多少？

答：3 顷 75 亩。

又假设一块田广 2 里，纵 3 里。问：田的面积有多少？

答：22 顷 50 亩。

里田术：广与纵的里数相乘，便得到积里。以 375 亩乘之，就是亩数。

按：这一术中，广纵里数相乘，便得到积里。而 1 方里中有 3 顷 75 亩，所以以它乘积里，就得到亩数。

古时候的测量单位

亩法：1 亩的标准度量。李籍引《司马法》曰：“六尺为步，步百为亩。秦孝公之制，二百四十步为一亩。”秦汉制度 1 亩 =240 步，1 顷 =100 亩。已知某田地的面积的步数，求亩数，便以 240 步为除数，故称 240 步为亩法。

广：一般指物体的宽度。李籍云：广，“阔也”。《墨子·备城门》：“沈机长二丈，广八尺。”有时广有方向的意义，表示东西的长度。赵爽《周髀算经注》：“东西南北谓之广长。”

从：又作衮，今作纵，表示直，南北的量度。《集韵》：“南北曰从。”李籍云：从，“长也”。广、从，今多译为宽、长。实际上，中国古代的广、从有方向的含义。因此，广未必小于从。

步：古代长度单位，秦汉 1 步为 5 尺。隋唐以后为 6 尺。

原典

今有十八分之十二[①]。问：约[②]之得几何？答曰：三分之二。又有九十一分之四十九。问：约之得几何？答曰：十三分之七。

约分[③]按：约分者，物之

注释

① 非名数真分数的表示方式在中国也有一个发展过程。《算数书》反映出，在先秦有两种表达方式：一是表示为“b 分 a”，一是表示为“b 分之 a”。后来统一为现在的“b 分之 a”。（a、b 为正

数量，不可悉全[4]，必以分言之[5]。分之为数，繁则难用。设有四分之二者，繁而言之[6]，亦可为八分之四；约而言之[7]，则二分之一也。虽则异辞，至于为数，亦同归尔。法实相推[8]，动有参差[9]，故为术者先治诸分[10]。术曰：可半者半之[11]；不可半者，副置[12]分母、子之数，以少减多，更相减损[13]求其等[14]也。以等数约之[15]。等数约之，即除也。其所以相减者，皆等数之重叠，故以等数约之。

整数）。

② 约：本义是缠束。这里是约简。

③ 约分：约简分数。后来提及的约分术就是约简分数的方法。

④ 不可悉全：不可能都是整数。

⑤ 必以分言之：必须以分数表示之。

⑥ 繁而言之：烦琐地表示之。

⑦ 约而言之：约简地表示之。

⑧ 推：计算。

⑨ 动有参差：往往有参差不齐的情形。

⑩ 诸分：各种分数运算法则。

⑪ 可半者半之：可以取其一半的就取其一半。亦即分子、分母都是偶数的情形，可以被 2 整除。

⑫ 副置：即在旁边布置算筹。

⑬ 更相减损：相互减损。

⑭ 等：等数的简称。

⑮ 以等数约之：以等数同时除分子与分母。

译文

假设有$\frac{12}{18}$。问：约简它，得多少？答：$\frac{2}{3}$。又假设有$\frac{49}{91}$。问：约简它，得多少？答：$\frac{7}{13}$。

约分按：要约分，是因为事物的数量，不可能都是整数，必须用分数表示之；而分数作为一个数，太烦琐就难以使用。假设有$\frac{2}{4}$，烦琐地表示，可以是$\frac{4}{8}$。又可以约简地表示之，就是$\frac{1}{2}$。虽然表示形式不同，而作为数，还是同样的结果。法与实互相推求，常常有参差不齐的情况，所以探讨计算法则的人，首先要研究各种分数的运算法则。术：可以取分子、分母一半的，就取它们的一半；如果不能取它们的一半，就在旁边布置分母、分子的数值，以小减大，辗转相减，求出它们的等数。用等数约简之。用等数约简之，就是除。之所以用它们辗转相减，是因为分子、分母都是等数的重叠，所以用等数约简之。

分数的起源

古代的埃及人就已经使用分数了，很久以前，在埃及的尼罗河畔和沼泽地带，生长着一种像芦苇那样的水生植物。由于把这种水生植物的茎逐层剖开后可以用来写字，因此埃及人把它叫作“纸草”，埃及人便在这种纸草上写字。公元 1858 年，在埃及发现了 1 卷古代纸草——阿默斯纸草卷，世界上最早的分数就被发现在埃及的阿默斯纸草卷。在阿默斯纸草卷中，我们看见 4000 年前分数的记数法和运算法，当时，埃及人所使用的分数都是分子为 1 的，例如：$\frac{1}{2}$、$\frac{1}{3}$、$\frac{1}{9}$等。以现代人的角度看埃及分数的表示方式不是很理想，但它毕竟是目前已知人类最早使用分数的记录，让我们不得不佩服埃及人的智慧。

原典

今有三分之一，五分之二。问：合之得几何？答曰：十五分之十一。又有三分之二，七分之四，九分之五。问：合之得几何？答曰：得一又六十三分之五十。又有二分之一，三分之二，四分之三，五分之四。问：合之得几何？答曰：得二又六十分之四十三。

合分[①]臣淳风等谨按：合分知[②]，数非一端，分无定准，诸分子杂互，群母参差。粗细既殊，理难从一。故齐[③]其众分，同其群母，令可相并[④]，故曰合分。术曰：母互乘子，并以为实。母相乘为法。母互乘子，约而言之者，其分粗[⑤]繁而言之者，其分细[⑥]。虽则粗细有殊，然其实一也。众分错难，非细不会[⑦]。乘而散之，所以通[⑧]之。通之则可并也。凡母互乘子谓之齐，群母相乘谓之同[⑨]。同者，相与通同共一母也；齐者，子与母齐，势不可失本数也[⑩]。

注释

① 合分：将分数相加。

② 合分知：与下文“远而通体知”“近而殊形知”，此三“知”字，训“者”，见刘徽序“故枝条虽分而同本干知”之注释。

③ 齐：使一个数量与其相关的数量同步增长的运算。此处谓使各个分数的分子分别与其分母同步增长。

④ 并：即相加。

⑤ 粗：指数值大。

⑥ 细：指数值小。

⑦ 众分错难，非细不会：诸分数错互（指分数单位不同）难以处理，不将它们的分数单位变小，便不能相会通。

⑧ 通：通过等量变换使各组数量会通的运算。对分数而言就是通分。

⑨ 这是刘徽关于齐、同的定义。

⑩ 此谓通过“同”的运算，使

诸分数有一共同的分母，而通过“齐”的运算，使诸分数的值不丧失什么，亦即其值保持不变。势，本义是力量，威力，权力，权势。引申为形势，态势。失，遗失，丧失，丢掉。

译文

假设有$\frac{1}{3}$，$\frac{2}{5}$，问：将它们相加，得多少？答：$\frac{11}{15}$。又假设$\frac{2}{3}$，$\frac{4}{7}$，$\frac{5}{9}$，问：将它们相加，得多少？答：$1\frac{50}{63}$。又假设$\frac{1}{2}$，$\frac{2}{3}$，$\frac{3}{4}$，$\frac{4}{5}$，问：将它们相加，得多少？答：$2\frac{43}{60}$。

合分淳风等按：合分，是因为分数不止一个，分数单位也不同一；诸分子互相错杂，众分母参差不齐；分数单位的大小既然不同，从道理上说难以遵从其中一个数。因此，要让各个分数分别与分母相齐，让众分母相同，使它们可以相加，所以叫作合分。术曰：分母互乘分子，相加作为实。分母相乘作为法。分母互乘分子：约简地表示一个分数，其分数单位大；烦琐地表示一个分数，其分数单位小。虽然单位的大小有差别，然而其实是一个。各个分数互相错杂难以处理，不将其分数单位化小，就不能会通。通过乘就使分数单位散开，借此使它们互相通达。使它们互相通达就可以相加。凡是分母互乘分子，就把它叫作齐；众分母相乘，就把它叫作同。同就是使诸分数相互通达，有一个共同的分母；齐就是使分子与分母相齐，其态势不会改变本来的数值。

原典

方以类聚，物以群分[①]。数同类者无远，数异类者无近。远而通体知，虽异位而相从也；近而殊形知，虽同列而相违也[②]。然则齐同之术要矣[③]：错综度数，动之斯谐[④]，其犹佩鐫解结，无往而不理焉。乘以散之，约以

注释

①方以类聚，物以群分：义理按类分别相聚，事物按群分门别类。

②数同类者无远，数异类者无近。远而通体知，虽异位而相从也；近而殊形知，虽同列而相违也：刘徽借鉴稍前的何晏的“同类无远而相应，异类无近而不相违”，反其意而用之，是说同类的数不管表面上有什么差异，总还是相近的；不同类的数不管表面上多么接近，其差异总是很大的。通体：相似、相通。相从：狭义地指相加，广义地指相协调。

③在数学运算中，“齐”与“同”一般同时运用，

聚之，齐同以通之，此其算之纲纪乎[⑤]。其一术者[⑥]，可令母除为率[⑦]，率乘子为齐[⑧]。实如法而一[⑨]。不满法者，以法命之[⑩]。今欲求其实，故齐其子，又同其母，令如母而一。其余以等数约之，即得知。所谓同法为母，实余为子，皆从此例。其母同者，直相从之[⑪]。

称为“齐同术”，今称为“齐同原理”。它最先产生于分数的通分。

④ 错综度数，动之斯谐：错综复杂的数量，施之齐同术就会和谐。

⑤ 刘徽在这里将“乘以散之，约以聚之，齐同以通之”这三种等量变换看成“算之纲纪”。这三种等量变换本来源于分数运算，刘徽将其从分数推广到“率”的运算中，实际上将“率”看成“算之纲纪”。纲纪：大纲要领。法，法度。

⑥ 其一术者：另一种方法。

⑦ 母除为率：指分别以各分数的分母除众分母之积，以其结果作为这个分数的率。

⑧ 率乘子为齐：以各个率乘各自的分子，就是齐。

⑨ 实如法而一：此即分数加法法则。

⑩ 以法命之：即以法为分母命名一个分数。

⑪ 其母同者，直相从之：如果各个分数的分母相同，就直接相加。

译文

各种方法根据各自的种类聚合在一起，天下万物根据各自的性质分成不同的群体。数只要是同类的就不会相差很远，数只要是异类的就不会很切近，相距很远而能相通者，虽在不同的位置上，却能互相依从；相距很近而有不同的形态，即使在相同的行列上，也会互相背离。那么，齐同之术是非常关键的：不管多么错综复杂的度量、数值，只要运用它就会和谐，这就好像用佩戴的觿解绳结一样，不论碰到什么问题，没有不能解决的。乘使之散开，约使之聚合，齐同使之互相通达，这难道不是算法的纲纪吗？另一术：可以用分母除众分母之积作为率，用率分别乘各分子作为齐。实除以法。实不满法者，就用法命名一个分数。现在要求它们的实，所以使它们的分子分别相齐，使它们的分母相同，用分母分别相除。其余数用等数约简，就得到结果。所谓相同的法作为分母，实中的余数作为分子的情况，都遵从此例。如果分母本来就相同，便直接将它们相加。

趣味数学题

01. 让我们一起来试营一家有 80 间套房的旅馆，看看知识是如何转化为财富的。经调查得知，若我们把每日租金定价为 160 元，则可客满；而租金每涨 20 元，就会失去 3 位客人。每间住了人的客房每日所需服务、维修等项支出共计 40 元。

问题：我们该如何定价才能赚最多的钱？

分数的计算法则

1. 分数加、减计算法则：

a. 分母相同时，只把分子相加、减，分母不变。

b. 分母不相同时，要先通分成同分母分数再相加、减。

2. 分数乘法法则：把各个分数的分子乘起来作为分子，各个分数的分母相乘起来作为分母（即乘上这个分数的倒数），然后再约分。

3. 分数的除法法则：

a. 用被除数的分子与除数的分母相乘作为分子。

b. 用被除数的分母与除数的分子相乘作为分母。

原典

今有九分之八，减其五分之一。问：余几何？答曰：四十五分之三十一。又有四分之三，减其三分之一。问：余几何？答曰：十二分之五。

减分[①]臣淳风等谨按：诸分子、母数各不同，以少减多，欲知余几，减余为实，故曰减分。术曰：母互乘子，以少减多，余为实。母相乘为法。实如法而一[②]。“母互乘子”知[③]，以齐其子也，“以少减多”知，齐故可相减也。“母相乘为法”者，同其母。母同子齐，故如母而一，即得。

注释

① 减分：就是将分数相减。

② 实如法而一：此即分数减法法则。

③ 知：与下文“以少减多知”，二“知”字，训“者”，见刘徽序“故枝条虽分而同本干知”之句意。

译文

假设有$\frac{8}{9}$，它减去$\frac{1}{5}$。问：剩余是多少？答：$\frac{31}{45}$。又假设有$\frac{3}{4}$，它减去$\frac{1}{3}$。问：剩余是多少？答：$\frac{5}{12}$。

减分淳风等按：诸分子、分母的数值各不相同，以小减大，要知道余几。使相减的余数作为实，所以叫作减分。术：分母互乘分子，以小减大，余数作为实。分母相乘作为法。实除以法。“分母互乘分子”，是为了使它们的分子相齐；“以小减大”，是因为分子已经相齐，故可以相减，“分母相乘作为法”，是为了使它们的分母相同。分母相同，分子相齐，所以相减的余数除以分母，即得结果。

《说文》中关于“减分”

减：《说文解字》与李籍均云：“减，损也。”减分：将分数相减。李籍云“减分者，欲知其余”。减分术，就是将分数相减的方法。

《说文解字》，简称《说文》，东汉许慎著，是世界上最早的字典之一。创稿于汉和帝永元十二年，至汉安帝建光元年九月病笃中的许慎遣其子许冲进上。它是中国第一部按部首编排的字典，对文字学影响深远。

一个擅长文字的人能如此熟知分数的要义，可见分数的概念在当时十分普及了。

许 慎

原典

今有八分之五，二十五分之十六。问：孰多？多几何？答曰：二十五分之十六多，多二百分之三。又有九分之八，七分之六。问：孰多？多几何？答曰：九分之八多，多六十三分之二。又有二十一分之八，五十分之十七。问：孰多？多几何？答曰：二十一分之八多，多一千五十分之四十三。

课分[①]臣淳风等谨按：分各异名，理不齐一，校其相多之数，故曰课分也。术曰：母互乘子，以少减多，余为实。母相乘为法。实如法而一，即相多也[②]。臣淳风等谨按：此术母互乘子，以少分减多分。按：此术多与减分义同。唯相多之数，意共减分有异：减分知，求其余数有几；课分知，以其余数相多也。

注释

①课分：就是考察分数的大小。

②课分术的程序与减分术基本相同。

译文

假设有$\frac{5}{8}$，$\frac{16}{25}$，问：哪个多？多多少？答：$\frac{16}{25}$多，多$\frac{3}{200}$。又假如$\frac{8}{9}$，$\frac{6}{7}$，问：哪个多？多多少？答：$\frac{8}{9}$多，多$\frac{2}{63}$。又假如$\frac{8}{21}$，$\frac{17}{50}$，问：哪个多？多多少？答：$\frac{8}{21}$多，多$\frac{43}{1050}$。

课分淳风等按：诸分数各有不同的分数单位，在数理上不整齐划一。比较它们多少的数，所以叫作课分。术：分母互乘分子，以小减大，余数作为实。分母相乘作为法，实除以法，就得到相多的数。淳风等按：此术中分母互乘分子，以小减大。按：此术与减分的意义大体相同，只是求相多的数，意思跟减分有所不同：减分是求它们的余数有几，课分是将余数看作相多的数。

趣味数学题

02. 一个锐角三角形的三条边的长度分别是两位数，而且是三个连续偶数，它们个位数字的和是 7 的倍数，则这个三角形的周长最长是多少厘米？

原典

今有七人，分①八钱三分钱之一。问：人得几何？答曰：人得一钱二十一分钱之四。

又有三人三分人之一，分六钱三分钱之一，四分钱之三。问：人得几何？答曰：人得二钱八分钱之一。

经分②臣淳风等谨按：经分者，自合分已下，皆与诸分相齐，此乃直求一人之分。以人数分所分，故曰经分也③。术曰：以人数为法，钱数为实，实如法而一。有分者通之④；母互乘子知⑤，齐其子；母相乘者，同其母；以母通之者，分母乘全内子⑥。乘，散全则为积分⑦，积分则与分子

注释

① 分：平均分配。

② 经：划分，分割。经分：本义是分割分数，也就是分数相除。

③ 李淳风等将“经分”理解成“以人数分所分”“直求一人之分”，也就是说含有整数除法。

④ 此言实即被除数是分数，法即除数是整数的情形。此时需将实与法通分。

⑤ 母互乘子知：与下文“率知”，此二“知”字，训“者”，其说见刘徽序“故枝条虽分而同本干知”之注释。

⑥ 此谓以分母通分，就是将分

相通之，故可令相从。凡数相与者谓之率[⑧]。率知，自[⑨]相与通。有分则可散，分重叠则约也[⑩]。等除法实，相与率[⑪]也。故散分者，必令两分母相乘法实也。重有分[⑫]者同而通之。又以法分母乘实，实分母乘法[⑬]。此谓法、实俱有分，故令分母各乘全分[⑭]内子，又令分母互乘上下。

数的整数部分乘以分母后纳入分子，化成假分数。

⑦ 积分：即分之积。

⑧ 凡数相与者谓之率：凡诸数相关就称之为率。

⑨ 自：本来，本是。

⑩ 有分则可散，分重叠则约也：如果有分数就可以散开，分数单位重叠就可以约简。散：散分。通过乘以散之，即下文之“两分母相乘法实化成相与率”。

⑪ 相与率：就是没有等数（公约数）的一组率关系。

⑫ 重有分：在这里是分数除分数的情形，将除写成分数的关系，就是繁分数。

⑬ 以法分母乘实，实分母乘法：这是分数除法中的颠倒相乘法。

⑭ 全分：即“全”，整数部分。

译文

假设有 7 人分 $8\frac{1}{3}$钱。问：每人得多少？答：每人得 $1\frac{4}{21}$钱。

又假设有 $3\frac{1}{3}$人分 $6\frac{1}{3}$钱，$\frac{3}{4}$钱。问：每人得多少？答：每人得 $2\frac{1}{8}$钱。

经分淳风等按：经分，自合分术以下，皆使诸分数相齐。这里却是直接求一人所应分得的部分。用人数去分所分的数，所以叫作经分。术：把人数作为法，钱数作为实，实除以法。如果有分数，就将其通分。分母互乘分子，是为了使它们的分子相齐；分母相乘，是为了使它们的分母相同；用分母将其通分，使用分母乘整数部分再纳入分子。通过乘将整数部分散开，就成为积分。积分就与分子相通达，所以可以使它们相加。凡是互相关联的数量，就把它们叫作率。率，本来就互相关联通达；如果有分数就可以散开，分数单位重叠就可以约简；用等数除法与实，就得到相与率。所以，散分就必定使两分母互乘法与实。有双重分数的，就要化成同分母而使它们通达。又可以用法的分母乘实，用实的分母乘法。这里是说法与实都是分数，所以分别用分母乘整数部分纳入分子，又用分母互乘分子、分母。

关于"经分"的由来

《孟子·滕文公》："夫仁政必自经界始。"李籍引《释名》曰："经者，径也。"经分，本义是分割分数，也就是分数相除。李籍云："经分者，欲径求一人之分而至于径。"似受李淳风等影响，未必符合原意。经分术指分数除法。"经分"在《算数书》中作"径分"。《九章算术》与《算数书》中的经分术的例题中被除数都是分数，而除数可以是分数也可以是整数。

原典

今有田广七分步之四，从五分步之三。问：为田几何？答曰：三十五分步之十二。

又有田广九分步之七，从十一分步之九。问：为田几何？答曰：十一分步之七。又有田广五分步之四，从九分步之五。问为田几何？答曰：九分步之四。

乘分①，臣淳风等谨按：乘分者，分母相乘为法，子相乘为实，故曰乘分。术曰：母相乘为法，子相乘为实，实如法而一②。凡实不满法者而有母、子之名③。若有分，以乘其实而长之④。则亦满法，乃为全耳⑤。又以子有所乘，故母当报除⑥。报除者，实如法而一也。今子相乘则母各当报除，因令分母相乘而连除⑦也。此田有广从，难以广谕。

设有问者曰：马二十匹，直⑧金十二斤。今卖马二十匹，三十五人分之，人得几何？答曰：三十五分斤之十二。其为之也，当如经分术，以十二斤金为实，三十五人为法。设更言马五匹，直金三斤。今卖四匹，七人分之，人得几何？答曰：人得三十五分斤之十二。其为之也，当齐其金、人之数，皆合初问入于经分⑨矣。然则"分子相乘为实"

注释

①乘分：分数相乘。

②母相乘为法，子相乘为实，实如法而一：此即分数乘法法则。

③当实除以法时，如果出现实不满法的情形，即有余数，则以余数作为分子，法作为分母，就成为一个分数。这是分数产生的第二种方式。

④若有分，以乘其实而长之：如果有分数，以某数乘其实（分子），会使它增长。

⑤则亦满法，乃为全耳：则如果有满法（分母）的部分，就得到整数。

⑥报除：回报以除。

⑦今子相乘则母各当报除，因令分母相乘而连除：如果分子相乘，则应当分别以分母回报以除，因而将分母相乘而连在一起除。

⑧直：值，价格。

⑨入于经分：纳入经分术。

者，犹齐其金也；“母相乘为法”者，犹齐其人也。同其母为二十，马无事于同，但欲求齐而已[⑩]。又，马五匹，直金三斤，完全[⑪]之率；分而言之[⑫]，则为一匹直金五分斤之三。七人卖四马，一人卖七分马之四金与人交互相生，所从言之异，而计数则三术[⑬]同归也。

⑩ 此是以齐同术解卖马分金的问题。

⑪ 完全：整数。5 匹马值 3 斤金，是整数。

⑫ 分而言之：以分数表示之。

⑬ 三术：指解决此问的经分术、齐同术和乘分术。

译文

今假设有一块田宽$\frac{4}{7}$步，纵$\frac{3}{5}$步。问：田的面积是多少？答：$\frac{12}{35}$平方步。

又假设有一块田，广$\frac{7}{9}$步，纵$\frac{9}{11}$步。问：田的面积是多少？答：$\frac{7}{11}$平方步。又假设有一块田，广$\frac{4}{5}$步，纵$\frac{5}{9}$步。问：田的面积是多少？答：$\frac{4}{9}$平方步。

乘分，淳风等按对于乘分，分母相乘作为法，分子相乘作为实，所以叫作乘分。术：分母相乘作为法，分子相乘作为实，实除以法。凡是有实法的情况才有分母、分子的名称。若有分数，通过乘它的实而扩大它，则如果满了法，就形成整数部分。又因为分子有所乘，所以在分母上应当用除回报。用除回报，就是实除以法。如果分子相乘，则应当分别以分母回报，因而将分母相乘而连在一起除。这里田地有广纵，难以比喻更多的方面。

假设有人问：20 匹马值 12 斤金。如果卖掉 20 匹马 35 人分所得的金，每人得多少？答：$\frac{12}{35}$斤金。那处理它的方式，应当像经分术那样以 12 斤金作为实，以 35 人作为法。又假设说：5 匹马，值 3 斤金，如果卖掉 4 匹，7 人分所得的金，每人得多少？答：每人得$\frac{12}{35}$斤金。那处理它的方式，应当使金、人的数相齐，都符合开始的问题，而纳入经分术了。那么，“分子相乘作为实”，如同使其中的金相齐；“分母相乘作为法”，如同使其中的人相齐。使它们的分母相同，成为 20。马除了用来使分母相同之外没有什么作用，只是想用它求金、人相齐之数罢了。又，5 匹马，值 3 斤金，这是整数之率；若用分数表示之，就是 1 匹马值$\frac{3}{5}$斤金。7 人卖 4 匹马，1 人卖$\frac{4}{7}$匹马$\frac{3}{5}$金与人交互相生。表示它们的言辞虽然不同，然而计算所得的数值，则 3 种方法殊途同归。

趣味数学题

03. 清朝书画家郑板桥在山东潍县当县官时，有一年春天，他提着一壶酒在街上边走边饮，又是吟诗，又是画画，正好遇上老朋友计山，计山说："光你一个人喝酒，也不说请我喝呀？"郑板桥说："请倒是想请，只是你来晚了，我的酒已经喝完了。"计山问道："你一个人喝了多少酒呀？"郑板桥"哈哈"一笑，吟出一首诗来："我有一壶酒，提着街上走，吟诗添一倍，画画喝一斗。三作诗和画，喝光壶中酒。你说我壶中，原有多少酒？"

原典

今有田广三步三分步之一，从五步五分步之二。问：为田几何？答曰：十八步。又有田广七步四分步之三，从十五步九分步之五。问：为田几何？答曰：一百二十步九分步之五。又有田广十八步七分步之五，从二十三步十一分步之六。问：为田几何？答曰：一亩二百步十一分步之七。

大广田[①]臣淳风等谨按：大广田知[②]，初术[③]直有全步而无余分；次术空[④]有余分而无全步；此术先见[⑤]全步复有余分，可以广兼兰术，故曰大广[⑥]。术曰：分母各乘其全，分子从之，"分母各乘其全，分子从之"者，通全步内分子，如此则母、子皆为实矣。相乘为实。分母相乘为法。犹乘分也。实如法而一[⑦]。今为术广从俱有分，当各自通其分。命母入者，还须出之，故令"分母相乘为法"而连除之。

注释

① 大广田：《算数书》的"大广"条提出大广术，与此基本一致。

② 知：训"者"，说见刘徽序"故枝条虽分而同本干知"之注释。

③ 初术：指方田术，此术中的数都是整数。

④ 次术：指乘分术，此术中的数都是真分数。空：只，仅。

⑤ 见：显露，显现。下文"见径""见其形""见幂"之"见"均同。

⑥ 大广：是方田术、乘分术。

⑦ 实如法而一：分母分别乘自己的整数部分，加入分子，"分母分别乘自己的整数部分，加入分子"，这是将整数部分通分，纳入分子。这样，分子、分母都化成为实。互相乘作为实。

译文

假设有田广 $3\frac{1}{3}$步，从 $5\frac{2}{5}$步。问：田的面积多大？答：18 平方步。又假设田广 $7\frac{3}{4}$，从 $15\frac{5}{9}$步。问：田的面积多大？答：$120\frac{5}{9}$平方步。又假设田广 $18\frac{5}{7}$步，从 $23\frac{6}{11}$步，问：田的面积多大？答：1 亩 $200\frac{7}{11}$平方步。

大广田淳风等按：开头的术只有整数步而无分数，第二术只有分数而无整数，此术先出现整数步，又有分数，可以广泛地兼容三种术，所以叫作大广。术：分母分别乘自己的整数部分，加入分子，“分母分别乘自己的整数部分，加入分子”，这是将整数部分通分，纳入分子。这样，分子、分母都化成为实。互相乘作为实，分母相乘作为法。如同乘分术，实除以法。现在所建立的术是广、纵都有分数部分，应当各自通分。既然分母已融入分子，那么还必须将它剔除，所以将分母相乘作为法而完成。

九九表与乘除法则

乘除法法则要用到九九表。《管子》与刘徽都谈到伏羲作九九之术。九九之术就是九九表，唐宋间又引申为数学的代称。古代的九九表从“九九八十一”起到“二二如四”止，故名。战国末《吕氏春秋》、汉初《韩诗外传》等典籍还记载了齐桓公设庭燎以九九招贤的故事，可见九九表是当时人们的常识。早在先秦时人们已经谙熟乘除法则。据《孙子算经》记载，二数相乘，作三行布算。上、下为相乘数，中行为积。将下数向左移，使下数末位与上数首位相齐，以上数首位自左向右乘下行各数，相加后放入中行。去掉上行首位，下数右移一位，以上数次位自左向右乘下行各数，加入中行，如此类推，便得到乘积。

除法是乘法的逆运算。被除数称为实，放在中行，除数称为法，在下行，除的过程称为“实如法而一”。“实”源于被分的实在的东西，法是法式、标准的意思，这句话的意义是：实中有等于法的数，便得一，因此，实中有几个法便得几。使法、实首位相齐（如实与法相齐部分小于法，则将法向右移一位），议得商数首位，放于上行，从左向右乘法的各数，随即减实。然后将法向右移一位，再议商的次位，重复上述步骤，一直进行到法、实个位相齐。如实不尽，便以余数为分子，法为分母命名一个分数。

趣味数学题

04. 王老太到集市上去卖鸡蛋，第一个人买走篮子里鸡蛋的一半又一个，第二个人买走剩下鸡蛋的一半又一个，这时篮子里还剩一个鸡蛋，请问王老太共卖出多少个鸡蛋?

原典

今有圭田[①]，广十二步，正从[②]二十一步。问：为田几何？答曰：一百二十六步。又有圭田，广五步二分步之一，从八步三分步之二[③]。问：为田几何？答曰：二十三步六分步之五。

术曰：半广以乘正从[④]。半广知[⑤]，以盈补虚[⑥]为直田也。亦可半正从以乘广[⑦]。按半广乘从，以取中平之数[⑧]，故广从相乘为积步[⑨]。亩法除之，即得也。

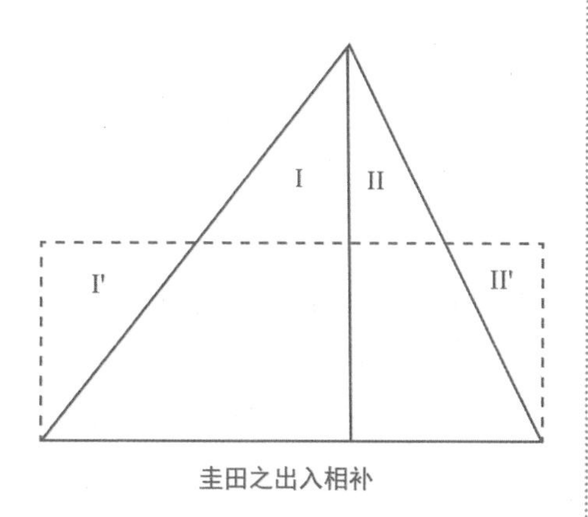

圭田之出入相补

注释

① 圭田：圭，本是古代帝王、诸侯举行隆重仪式所执玉制礼器，上尖下方。圭田是古代卿大夫士供祭祀用的田地。《孟子·滕文公上》："卿以下必有圭田。"圭田应是等腰三角形。《九章算术》之圭田可以理解为三角形。

② 正从：即"正纵"，三角形的高。

③ 此圭田给出"从"，而不说"正从"，可见从就是正从，即其高。因此此圭田应是勾股形。

④ 这是圭田面积公式。

⑤ 知：训"者"，说见刘徽序"故枝条虽分而同本干知"之句意。

⑥ 以盈补虚：今通称为出入相补原理。

⑦ 这是刘徽记载的圭田面积的另一公式。

⑧ 中平之数：平均值。中平，中等，平均。

⑨ 此是刘徽记载的关于圭田面积公式的推导。

译文

假设有一块圭田，广 12 步，纵 21 步。问：田的面积是多少？答：126 平方步。又假设有一块圭田，广 $5\frac{1}{2}$ 步，纵 $8\frac{2}{3}$ 步。问：田的面积是多少？答：$23\frac{5}{6}$ 平方步。

术：用广的一半乘正纵。取广的一半，是为了以盈补虚，使它变为长方形田。又可以取正纵的一半，以它乘广。按：广的一半乘正纵，是为了取其广的平均值，所以广与纵相乘成为积步。以亩法除之，就得到答案了。

圭田的含义

圭：本是古代帝王、诸侯举行隆重仪式所执的玉制礼器，上尖下方。李籍引《白虎通》曰："圭者，上锐，象物皆生见于上也者。"圭田：本是古代卿大夫士供祭祀用的田地。《孟子·滕文公上》："卿以下必有圭田。"圭田应是等腰三角形。李籍云："圭田者，其形上锐有如圭然。"《九章算术》之圭田可以理解为三角形。刘徽记载了以盈补虚的证明方法，将三角形拼补成长方形。以盈补虚，又称出入相补，是中国古代解决面积、体积、勾股等问题的主要方法之一。

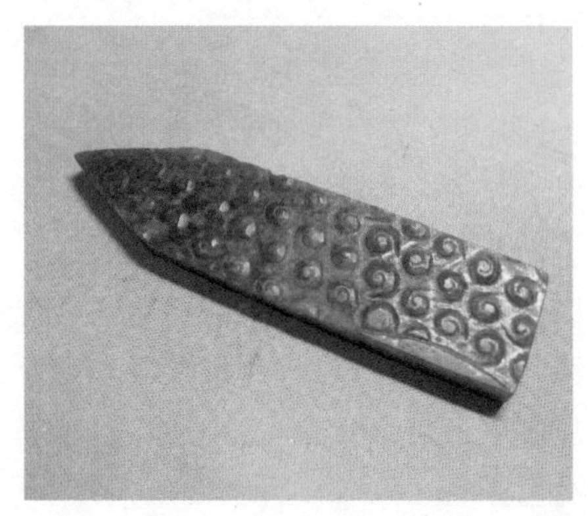
玉 圭

趣味数学题

05. 古希腊数学家丢番图的墓志铭里包含一个有趣的一元一次方程问题：过路人！这儿埋葬着丢番图，他生命的六分之一是童年；在过了一生的十二分之一后，他开始长胡须；又过了一生的七分之一后他结了婚；婚后五年他有了儿子，但可惜儿子的寿命只有父亲的一半；儿子死后，老人再活了四年就结束了余生。根据这个墓志铭，请计算出丢番图的寿命。

原典

今有邪田①，一头广三十步，一头广四十二步，正从②六十四步。问：为田几何？答曰：九亩一百四十四步。又有邪田，正广③六十五步，一畔从一百步，一畔从七十二步。问：为田几何？答曰：二十三亩七十步。

术曰：并两邪④而半之，以乘正从若广⑤。又可半正从若广，以乘并⑥。亩法而一。并而半之者，以盈补虚也⑦。

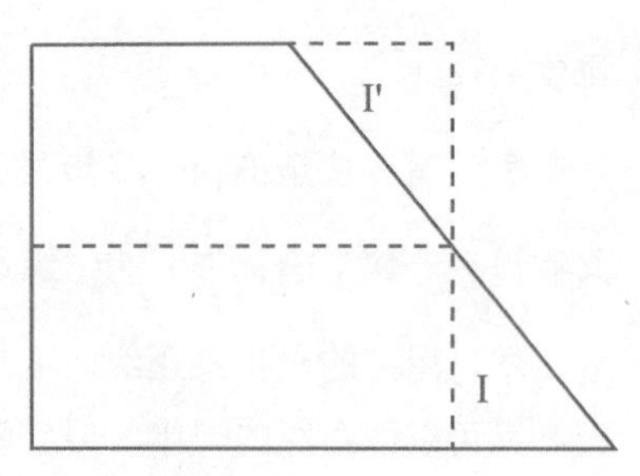

直角梯形的出入相补

注释

①邪田：直角梯形。邪，斜。

②正从：高。

③正广：指直角梯形两直角间的边。

④两邪：指与邪边相邻的两广或两从，此是古汉语中实词活用的修辞方式。

⑤以乘正从若广：以并两邪而半之乘正从或广。这里给出邪田面积公式。

⑥给出邪田面积的另一公式。

⑦证明以上两个公式的以盈补虚方法。

译文

假设有一块斜田，一头广 30 步，一头广 42 步，正纵 64 步。问：田的面积是多少？答：9 亩 144 平方步。又假设有一块斜田，正广 65 步，一侧的纵 100 步，另一侧的纵 72 步。问：田的面积是多少？答：23 亩 70 平方步。

术：求与斜边相邻两广或两纵之和，取其一半，以乘正纵或正广。又可以取其正纵或正广的一半，用以乘两广或两纵之和。除以亩法。求其和，取其一半，这是以盈补虚。

图形的出入相补

所谓出入相补原理，用现代语言来说，就是指这样的明显事实：一个平面图形从一处移置他处，面积不变。又若把图形分割成若干块，那么各部分面积的和等于原来图形的面积，因而图形移置前后诸面积间的和、差有简单的相等关系。立体的情形也是这样。出入相补（又称以盈补虚），是古代中国数学中一个用于推证几何图形的面积或体积的基本原理。其内容有四：一个几何图形，可以切割成任意多块任何形状的小图形，总面积或体积维持不变，等于所有小图形面积或体积之和。一个几何图形，可以任意旋转、倒置、移动、复制，面积或体积不变。多个几何图形，可以任意拼合，总面积或总体积不变。几何图形与其复制图形拼合，总面积或总体积加倍。

原典

今有箕田[①]，舌广二十步，踵广五步，正从三十步。问：为田几何？答曰：一亩一百三十五步。又有箕田，舌广一百一十七步，踵广五十步，正从一百三十五步。问：为田几何？答曰：四十六亩二百三十二步半。

术曰：并踵、舌而半之，以乘正从。亩法而一[②]。中分箕田则为两邪田[③]，故其术相似。又可并踵、舌，半正从以乘之[④]。

注释

① 箕田：是形如簸箕的田地，即一般的梯形。

② 此给出箕田面积公式。

③ 箕田分割成两邪田。

④ 刘徽提出箕田的另一面积公式。

箕田（面积：1 亩 135 步）

译文

假设有一块箕田，舌处广 20 步，踵处广 5 步，正纵 30 步。问：田的面积是多少？答：1 亩 135 平方步。又假设有一块箕田，舌处广 117 步，踵处广 50 步，正纵 135 步。问：田的面积是多少？答：46 亩 $232\frac{1}{2}$平方步。

术：求踵、舌处的两广之和而取其一半，以它乘正纵。除以亩法。从中间分割箕田，则成为两块斜田，所以它们的术相似。又可求踵、舌处两广之和，取正纵的一半，用来相乘。

趣味数学题

06. 今有 a、b、c、d 四人在晚上都要从桥的左边到右边。此桥一次最多只能走两人，而且只有一个手电筒，过桥时一定要用手电筒。a、b、c、d 四人过桥最快所需时间分别是 2 分钟、3 分钟、8 分钟和 10 分钟。走得快的人要等走得慢的人，请问怎样的走法才能在 21 分钟让所有的人都过桥？

原典

今有圆田[①]，周三十步，径十步[②]。臣淳风等谨按：术意以周三径一为率，周三十步，合径十步。今依密率[③]，合径九步十一分步之六。问：为田几何？答曰：七十五步。此于徽术[④]，当为田七十一步一百五十七分步之一百三。臣淳风等谨依密率，为田七十一步二十二分步之三。又有圆田，周一百八十一步，径六十步三分步之一。臣淳风等谨按：周三径一，周一百八十一步，径六十

步三分步之一。依密率，径五十七步二十二分步之十三。问田几何？答曰：十一亩九十步十二分步之一。此于徽术，当为田十亩二百八步三百一十四分步之一百一十三。臣淳风等谨依密率，为田十亩二百五步八十八分步之八十七。

术曰：半周半径相乘得积步⑤。按：半周为从，半径为广，故广从相乘为积步⑥也。假令圆径二尺：圆中容六觚⑦之一面与圆径之半，其数均等。合径率一而弧周率三⑧也。

注释

① 圆田：即圆。

② 由此问及下问知当时取“周三径一”之率，即 $\pi=3$。后来常将此率称为“古率”。

③ 密率：精密之率。密率是个相对概念。

④ 徽术：又称作“徽率”，即下文刘徽所求出的圆周率近似值。

⑤ 此即圆面积公式。

⑥ 半周为从，半径为广，故广从相乘为积步：这是刘徽记载的前人对《九章算术》的圆面积公式的求法。

⑦ 觚：多棱角的器物。

⑧ 合径率一而弧周率三：刘徽指出，以上的推证是以周三径一为前提的，实际上是以圆内接正六边形的周长代替圆周长，以圆内接正十二边形的面积代替圆面积，因而并没有真正证明《九章算术》的圆面积公式。

译文

假设有一块圆田，周长 30 步，直径 10 步。淳风等按：问题的意思是以周三径一作为率，那么周长 30 步，直径应当是 10 步。现在依照密率，直径应当是 $9\frac{6}{11}$步。问：田的面积是多少？答：75 平方步。用我的方法，此田的面积应当是 $71\frac{130}{157}$平方步。淳风等按：依照密率，此田的面积是 $71\frac{3}{22}$平方步。又假设有一块圆田，周长 180 步，直径 $60\frac{1}{3}$步。淳风等按：按照周三径一，周长 181 步，直径应当是 $60\frac{1}{3}$步。依照密率，直径为 $57\frac{13}{22}$。问：田的面积是多少？答：11 亩 $90\frac{1}{12}$平方步。用我的方法，此田的面积应当是 10 亩 $208\frac{113}{314}$平方步。淳风等依照密率，此田的面积是 10 亩 $205\frac{87}{88}$平方步。

术：半周与半径相乘便得到圆面积的积步。按：以圆内接正六边形的周长之半作为纵，圆半径作为广，所以广纵相乘就成为圆面积的积步。假设圆的直径为 2 尺，圆内接正六边形的一边与半径，其数值相等。这符合周三径一。

关于 π

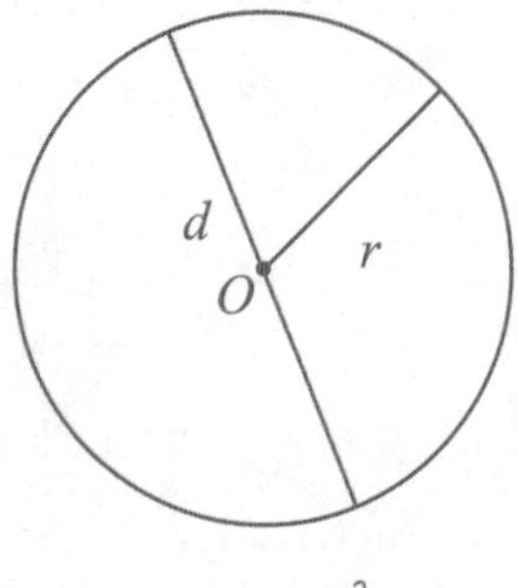

$S=\pi\times r^2$

在《周髀算经》中有“径一周三”的记载，取 π 值为 3。魏晋时，刘徽曾用使正多边形的边数逐渐增加以逼近圆周的方法（即“割圆术”），求得 π 的近似值 3.1416。汉朝时，张衡得出 π 的平方除以 16 等于 5/8，即 π 等于 10 的开方（约为 3.162）。虽然这个值不太准确，但它简单易理解，所以也在亚洲风行了一阵。王蕃（229—267）发现了另一个圆周率值，这就是 3.156，但没有人知道他是如何求出来的。公元 5 世纪，祖冲之和他的儿子以正 24 576 边形，求出圆周率约为$\frac{355}{113}$，和真正的值相比，误差小于八亿分之一。这个纪录在一千年后才被打破。

原典

为图[①]，以六觚之一面乘一弧半径[②]，三之，得十二觚之幂[③]。若又割之，次以十二觚之一面乘一弧之半径[④]，六之，则得二十四觚之幂。

割之弥细[⑤]，所失弥少[⑥]。割之又割，以至于不可割[⑦]，则与圆周合体[⑧]而无所失矣。觚面之外，犹有余径，以面乘余径[⑨]，则幂出弧表[⑩]。若夫觚之细者，与圆合体，则表无余径[⑪]。表无余径，则幂不外出矣。觚而裁之[⑫]。以一面乘半径，每辄自倍[⑬]。故以半周乘半径而为圆幂[⑭]。

注释

① 为图：作图。

② 一弧半径：即圆半径。

③ 十二觚之幂：即圆内接正十二边形之面积。

④ 一弧之半径：即圆半径。

⑤ 这里指将圆内接正六边形割成正二十四、四十八、九十六……边形，那么割的次数越多，则它们的边长就越细小。

⑥ 此谓如果把圆内接正多边形的面积当作圆面积，则圆面积的损失越来越少。

⑦ 不可割：不可再割。这里指无限割下去，会达到对圆内接多边形不可再割的境地。当然只有圆内接多边形的边都变成点，才会不可再割。

⑧ 合体：合为一体，重合。此谓无限分割下去，割到不可割的境地，则圆内接正无穷多边形就与圆周完全重合。

⑨ 余径：半径剩余的部分，即圆半径与圆内接正多边形的边心距之差。

⑩ 幂出弧表：面积超出了圆周。弧表：即圆周。

⑪ 圆内接正多边形与圆周合体的时候，则不再有余径。

⑫ 觚而裁之：将与圆周合体的正多边形从每个角将其裁开。

⑬ 以一面乘半径：以正多边形的一边乘圆半径。每辄自倍：由于每个小等腰三角形的高就是圆半径，显然以正多边形的一边乘圆半径，总是每个小等腰三角形面积的二倍。

⑭ 故以半周乘半径而为圆幂：所以以圆周长的一半乘半径就得到圆面积。

译文

以圆内接正六边形的一边乘圆半径，以 3 乘之，便得到正十二边形的面积。如果再分割它，以正十二边形的一边乘圆半径，又以 6 乘之，便得到正二十四边形的面积。

分割得越细，正多边形与圆的面积之差就越小。这样分割后再割，一直分割到不可再分割的地步，则正多边形就与圆周完全吻合而没有什么差别了。正多边形每边之外，还有余径。以边长乘余径，加到正多边形上，则其面积就超出了圆弧的表面。如果是其边非常细微的正多边形，因为与圆吻合，那么每边之外就没有余径。每边之外没有余径，则它的面积就不会超出圆弧的表面。将与圆周合体的正多边形从每个角到圆心裁开，分割成无穷多个小等腰三角形。以正多边形的每边乘圆半径，其乘积总是每个小等腰三角形的面积的 2 倍。所以以圆的周长之半乘半径，就成为圆面积。

趣味数学题

07. 严冬松柏树，斑鸠夜来住。每树卧 3 只，5 只无去处。每树卧 5 只，空了一棵树。请您算一算，鸠、树各几数？

原典

此以周、径，谓至然之数①，非周三径一之率也。周三者，从其六觚之环②耳。以推圆规多少之觉③，乃弓之与弦也④。然世传此法，莫肯精核；学者踵古⑤，习⑥其谬失。不有明据，辩之斯难。凡物类形象，不圆则方。方圆之率，诚著于近，则虽远可知也⑦。由此言之，其用博矣。谨按图验，更造密率。恐空设法，数昧而难譬⑧，故置诸检括⑨，谨详其记注⑩焉。

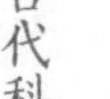

注释

① 至然之数：非常精确的数值。

② 六觚之环：圆内接正六边形的周长。

③ 觉："较"之通假字。

④ 此谓圆内接正六边形与圆的关系，就是弓与弦的关系。

⑤ 踵古：追随古人。

⑥ 习：沿袭。

⑦ 此谓在近处求出方率与圆率，在远处也是可以知道的。其意思是，方率与圆率是常数，在任何地方都是一样的。

⑧ 譬：明白，通晓。

⑨ 检括：法则，法度。

⑩ 其记注就是刘徽在中国首创的求圆周率的程序。

译文

这里所用的圆周和直径，说的是非常精确的数值，而不是周三径一之率。周三，只符合正六边形的周长，用来推算与圆周多少的差别，就像弓与弦一样。然而世代传袭这一方法，不肯精确地核验；学者跟随古人的脚步，沿袭他们的谬失。没有明晰的证据，辩论这个问题就很困难。凡是事物的形象，不是圆的，就是方的。方率与圆率，如果在切近处确实很明显，那么即使在邈远处也是可以知道的。由此说来，它的应用是非常广博的。我谨借助图形作为验证，提出计算精密圆周率值的方法。我担心凭空设立一种方法数值不清晰而且使人难以通晓，因此把它置于一个法度之中，谨详细地写下这个注释。

圆面积的 4 种计算方法的比较

《九章算术》提出了圆面积的 4 种算法："半周半径相乘得积步"，即 $S=\frac{1}{2}Lr$；"周径相乘，四而一"，即 $S=\frac{1}{4}Ld$；"径自相乘，三之，四而一"，即 $S=\frac{3}{4}d^2$；"周自相乘，十二而一"，即 $S=\frac{1}{12}L^2$。其中 S、L、r、d 分别是圆面积、周长、半径、直径。前两个公式是等价的，并且在理论上是正确的，只是《九章算术》时代取周三径一之率，实际计算误差较大。后两个公式本身就不准确。刘徽用极限思想证明了第一个公式的准确性，并利用这个公式求出了圆周率 π=157/50，以此修正了后两个公式。

趣味数学题

08. 公鸡每只值 5 文钱，母鸡每只值 3 文钱，而 3 只小鸡值 1 文钱。现在用 100 文钱买 100 只鸡，问这 100 只鸡中母鸡、小鸡、公鸡各有多少只？

原典

割六觚以为十二觚术曰：置圆径二尺，半之为一尺，即圆里觚之面也。令半径一尺为弦，半面五寸为句，为之求股：以句幂[①]二十五寸减弦幂，余七十五寸，开方除之，下至秒、忽[②]。又一退法，求其微数[③]。微数无名知以为分子，以十为分母，约作五分忽之二。故得股八寸六分六厘二秒五忽五分忽之二。以减半径，余一寸三分三厘九毫七秒四忽五分忽之三，谓之小句。觚之半面而又谓之小股。为之求弦。其幂二千六百七十九亿[④]四千九百一十九万三千四百四十五忽，余分弃之[⑤]。开方除之，即十二觚之一面也。

注释

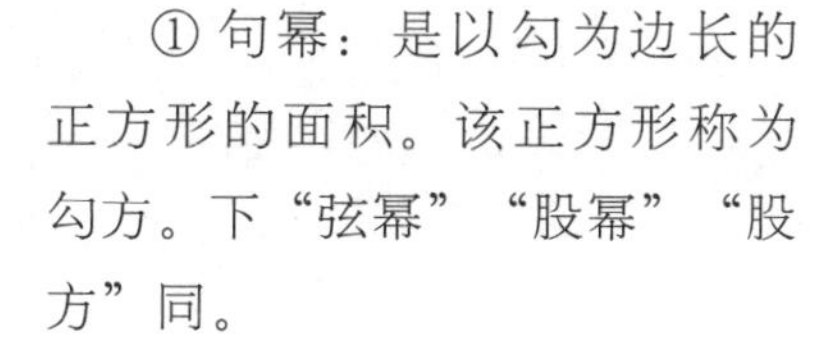

① 句幂：是以勾为边长的正方形的面积。该正方形称为勾方。下“弦幂”“股幂”“股方”同。

② 秒、忽：都是长度单位。李籍云：“忽者，数之始也。一蚕所吐谓之忽。”

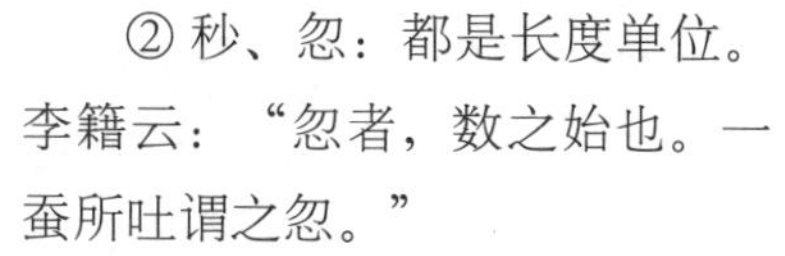

③ 微数：微小的数。求微数是刘徽创造的以十进分数逼近无理根的近似值方法。

④ 亿：万万曰亿。李籍云：“十万曰亿。万者，物数也。以人之意数为足以胜物数故也。”

⑤ 余分弃之：舍去分数部分。

译文

割圆内接正六边形为正十二边形之术：布置圆直径2尺，取其一半，为1尺，就是圆内接正六边形之一边长。取圆半径1尺作为弦，正六边形边长之半5寸作为勾，求它们的股：以勾方的面积25平方寸减弦方的面积，余75平方寸。对它作开方除法，求至秒、忽。又再退法，求它的微数。微数中没有名数单位的，就作为分子，以10作为分母，约简成$\frac{2}{5}$忽。因此得到股是8寸6分6厘2秒5$\frac{2}{5}$忽。以它减圆半径，余1寸3分3厘9毫7秒4$\frac{3}{5}$忽，称作小勾。正六边形边长之半又称作小股。求它们的弦。它的面积是267 949 193 445平方忽，舍弃了忽以下剩余的分数。对它作开方除法，就是圆内接正十二边形的一边长。

原典

割十二觚以为二十四觚术曰：亦令半径为弦，半面为句，为之求股。置上小弦幂，四而一，得六百六十九亿八千七百二十九万八千三百六十一忽，余分弃之，即句幂也。以减弦幂，其余开方除之，得股九寸六分五厘九毫二秒五忽五分忽之四。以减半径，余三分四厘七秒四忽五分忽之一，谓之小句。觚之半面又谓之小股。为之求小弦。其幂六百八十一亿四千八百三十四万九千四百六十六忽，余分弃之。开方除之，即二十四觚之一面也。

译文

割圆内接正十二边形为正二十四边形之术：也取圆半径作为弦，正十二边形边长之一半作为勾，求它们的股。布置上述小弦方的面积，除以4，得66 987 298 361平方忽，舍弃了忽以下剩余的分数，就是勾方的面积。以它减弦方的面积，对其余数作开方除法，得到股是9寸6分5厘9毫2秒5$\frac{4}{5}$忽。以它减圆半径，余3分4厘7秒4$\frac{1}{5}$忽，称作小勾。正十二边形边长之半又称作小股。求它们的小弦。它的面积是68 148 349 466平方忽，舍弃了忽以下剩余的分数。对它作开方除法，就是圆内接正二十四边形的一边长。

原典

割二十四觚以为四十八觚术曰：亦令半径为弦，半面为句，为之求股。置上小弦幂，四而一，得一百七十亿三千七百八万七千三百六十六忽，余分弃之，即句幂也。以减弦幂，其余，开方除之，得股九寸九分一厘四毫四秒四忽五分忽之四。以减半径，余八厘五毫五秒五忽五分忽之一，谓之小句。觚之半面又谓之小股。为之求小弦。其幂一百七十一亿一千二十七万八千八百一十三忽，余分弃之。开方除之，得小弦一寸三分八毫六忽，余分弃之，即四十八觚之一面。以半径一尺乘之，又以二十四乘之，得幂三万一千三百九十三亿四千四百万忽。以百亿除之，得幂三百一十三寸六百二十五分寸之五百八十四，即九十六觚之幂也。

译文

割圆内接正二十四边形为正四十八边形之术：也取圆半径作为弦，正二十四边形边长之一半作为勾，求它们的股。布置上述小弦方的面积，除以4，得17 037 087 366平方忽，舍弃了忽以下剩余的分数，就是勾方的面积。以它减弦方的面积，对其余数作开方除法，得到股是9寸9分1厘4毫4秒4$\frac{4}{5}$忽。以它减圆半径，余8厘5毫5秒5$\frac{1}{5}$忽，称作小勾。正二十四边形边长之半又称作小股。求它们的小弦。它的面积是17 110 278 813平方忽，舍弃了忽以下剩余的分数。对它作开方除法，就是圆内接正四十八边形的一边长。以圆半径 1 尺乘之，又以 24 乘之，得到面积 3 139 344 000 000 平方忽。以 10 000 000 000 除之，得到面积 313 $\frac{584}{625}$平方寸，就是圆内接正九十六边形的面积。

原典

割四十八觚以为九十六觚术曰：亦令半径为弦，半面为句，为之求股。置次上弦幂，四而一，得四十二亿七千七百五十六万九千七百三忽，余分弃之，则句幂也。以减弦幂，其余，开方除之，得股九寸九分七厘八毫五秒八忽十分忽之九。以减半径，余二厘一毫四秒一忽十分忽之一，谓之小句。觚之半面又谓之小股。为之求小弦。其幂四十二亿八千二百一十五万四千一十二忽，余分弃之。开方除之，得小弦六分五厘四毫三秒八忽，余分弃之，即九十六觚之一面。以半径一尺乘之，又以四十八乘之，得幂三万一千四百一十亿二千四百万忽。以百亿除之，得幂三百一十四寸六百二十五分寸之六十四，即一百九十二觚之幂也。以九十六觚之幂减之，余六百二十五分寸之一百五，谓之差幂[①]。倍之，为六百二十五分寸之二百一十，即九十六觚之外弧田九十六所，谓以弦乘矢之凡幂[②]也。加此幂于九十六觚之幂，得三百一十四寸六百二十五分寸之一百六十九，则出于圆之表矣。故还就一百九十二觚之全幂三百一十四寸以为圆幂之定率[③]而弃其余分。

注释

① 差幂：谓圆内接正一百九十二边形与九十六边形的面积之差。

② 以弦乘矢之凡幂：以弦乘矢的总面积。凡，总共，总计。

③ 定率：确定的率。此谓取圆内接正一百九十二边形面积的整数部分 314 平方寸作为圆面积的近似值。

译文

割圆内接正四十八边形为正九十六边形之术：也取圆半径作为弦，正四十八边形边长之一半作为勾，求它们的股。布置上述小弦方的面积，除以 4，得 4 277 569 703 平方忽，舍弃了忽以下剩余的分数，就是勾方的面积。以它减弦方的面积，对其余数作开方除法，得到股是 9 寸 9 分 7 厘 8 毫 5 秒 8 $\frac{9}{10}$忽。以它减圆半径，余 2 厘 1 毫 4 秒 1 $\frac{1}{10}$忽，称作小勾。正四十八边形边长之半又称作小股。求它们的小弦。它的面积是 4 282 154 012 平方忽，舍弃了忽以下剩余的分数。对它作开方除法，得小弦6分5厘4毫3秒8忽，舍弃了忽以下剩余的分数，就是圆内接正九十六边形的一边长。以圆半径1尺乘之，又以48乘之，得到面积3 141 024 000 000平方忽。以10 000 000 000除之，得到面积$314\frac{64}{625}$平方寸，就是圆内接正一百九十二边形的面积。以圆内接正九十六边形的面积减之，余$\frac{105}{625}$平方寸，称作差幂。将其加倍，为$\frac{210}{625}$平方寸，就是圆内接正九十六边形之外96块位于圆弧上的田，是以弦乘矢之总面积。将此面积加到正九十六边形的面积上，得到$314\frac{169}{625}$平方寸，则就超出于圆弧的表面了。因而回过头来取圆内接正一百九十二边形的面积的整数部分314平方寸作为圆面积的定率，而舍弃了剩余的分数。

原典

以半径一尺除圆幂，倍所得，六尺二寸八分，即周数[①]。令径自乘为方幂四百寸，与圆幂相折，圆幂得一百五十七为率，方幂得二百为率。方幂二百，其中容圆幂一百五十七也。圆率犹为微少[②]。按：弧田图令方中容圆，圆中容方，内方合外方之半。然则圆幂一百五十七，其中容方幂一百也。又令径二尺与周六尺二寸八分相约，周得一百五十七，径得五十，则其相与之率也。周率犹为微少也。

注释

①以半径一尺除圆幂，倍所得，六尺二寸八分，即周数：以半径1尺除圆面积，将结果加倍，得到6尺2寸8分，就是圆周长。

②圆率犹为微少：圆率仍然微少。犹，还，仍。

译文

以圆半径1尺除圆面积，将所得的数加倍，为6尺2寸8分，就是圆周长。使圆的直径自乘，为正方形的面积400平方寸，与圆面积相折算，圆面积得157作为率，正方形面积得200作为率。如果正方形面积是200，其内切圆的面积就是157，而圆面积之率仍然稍微小一点。按：弧田图中，使正方形中有内切圆，内切圆中又有内接正方形，内接正方形的面积恰恰是外切正方形的一半。那么，如果圆面积是157，其内接正方形的面积就是100。又使圆直径2尺与圆周长6尺2寸8分相约，圆周得157，直径得50，就是它们的相与之率。而圆周的率仍然稍微小一点。

原典

晋武库[①]中汉时王莽作铜斛，其铭曰：律嘉量斛[②]，内方尺而圆其外[③]，庣旁[④]九厘五毫，幂一百六十二寸，深一尺，积一千六百二十寸，容十斗。以此术求之，得幂一百六十一寸有奇，其数相近矣。此术微少。而觚差幂六百二十五分寸之一百五。以一百九十二觚之幂以率消息，当取此分寸之三十六，以增于一百九十二觚之幂，以为圆幂，三百一十四寸二十五分寸之四。置径自乘之方幂四百寸，令与圆幂通相约，圆幂三千九百二十七，方幂得五千，是为率。方幂五千中容圆幂三千九百二十七；圆幂三千九百二十七中容方幂二千五百也。以半径一尺除圆幂三百一十四寸二十五分寸之四，倍所得，六尺二寸八分二十五分分之八，即周数也。全径二尺与周数通相约，径得一千二百五十，周得三千九百二十七，即其相与之率。若此者，盖尽其纤微矣。举而用之，上法为约耳。当求一千五百三十六觚之一面，得三千七十二觚之幂，而裁其微分，数亦宜然，重其验耳。

注释

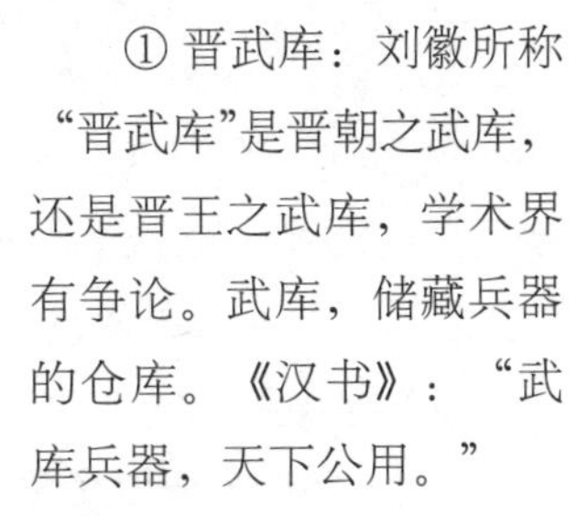

① 晋武库：刘徽所称"晋武库"是晋朝之武库，还是晋王之武库，学术界有争论。武库，储藏兵器的仓库。《汉书》："武库兵器，天下公用。"

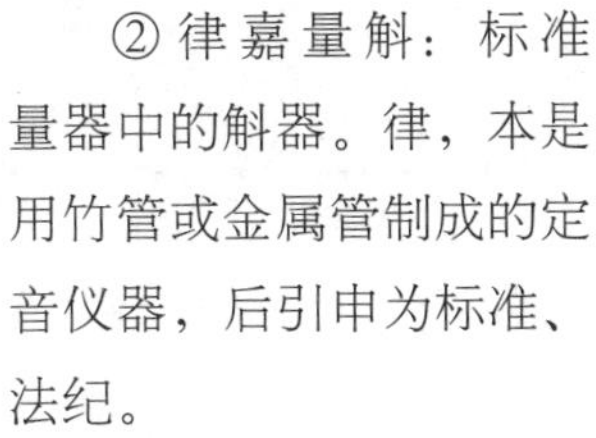

② 律嘉量斛：标准量器中的斛器。律，本是用竹管或金属管制成的定音仪器，后引申为标准、法纪。

③ 内方尺而圆其外：王莽铜斛的斛量的截面是圆形的，内部的一个边长1尺的正方形，这是虚拟的，实际上并不存在。

⑤ 庣旁：是铜斛的截面中假设的边长1尺的正方形的对角线不满外圆周的部分。

译文

晋武库中西汉王莽制作的铜斛，其铭文说"律嘉量斛"，外面是圆形的，而内部相当于一个有9厘5毫的庣旁而边长为1尺的正方形，面积是162平方寸，深是1尺，容积是1620立方寸，容量为10斗。用这种周径之率计算之，得到面积为161平方寸，还带有奇零。它们的数值相近，而这样的计算结果稍微小一点。而圆内接正一百九十二边形与正九十六边形的面积差为$\frac{105}{625}$平方寸。以一百九十二边形的面积作为求率时增减的基础，应该取$\frac{36}{625}$平方寸，加到正一百九十二边形的面积上，作为圆面积，即$314\frac{4}{25}$平方寸。布置圆直径自乘的正方形面积400平方寸，使之与圆面积通分约简，圆面积得3927，正方形面积得5000，这就是方圆之率。如果正方形面积是5000，其内切圆的面积就是3927；如果圆面积是3927，则其内接正方形的面积是2500。以圆半径1尺除圆面积$314\frac{4}{25}$平方寸，将所得的数加倍，为6尺2寸$8\frac{8}{25}$分，就是圆周长。圆直径2尺与圆周长通分相约，直径得1250，圆周得3927，就是它们的相与之率。如果取这样的值，大概达到非常精确的地步了。拿来应用，前一种方法是简约一些。应当求出圆内接正一千五百三十六边形的一边长，得出正三千零七十二边形的面积，裁去其微小的分数，其数值也是这样，再次得到验证。

原典

臣淳风等谨按：旧术[①]求圆，皆以周三径一为率。若用之求圆周之数，则周少径多。

用之求其六觚之田，乃与此率合会耳。何则？假令六觚田，觚间各一尺为面，自然从角至角，其径二尺可知。此则周六径二与周三径一已合。恐此犹以难晓今更引物为喻。设令刻物作圭形者六枚，枚别三面，皆长一尺。攒此六物，悉使锐头向里，则成六觚之周，角径亦皆一尺。更从觚角外畔，围绕为规[②]，则六觚之径尽达规矣。当面径短，不至外规。若以径言之，则为规六尺，径二尺，面径皆一尺。面径股不至外畔，定无二尺可知。

故周三径一之率于圆周乃是径多周少。径一周三，理非精密。盖术从简要，举大纲略而言之。刘徽将[③]以为疏，遂乃改张其率。但周、径相乘，数难契合。徽虽出斯二法[④]，终不能究其纤毫也。祖冲之以其不精，就中更推其数。今者修撰，据摭[⑤]诸家，考其是非，冲之为密。故显之于徽术之下，冀学者之所裁焉[⑥]。

注释

① 旧术：指《九章算术》时代的圆周率。

② 规：这里指用圆规画出的圆。

③ 将：训“则”。

④ 二法：指刘徽求出的两个圆周率近似值。

⑤ 据摭：摘取，搜集。

⑥ 李淳风等指出祖冲之所求的圆周率比徽率精确，是对的。但对刘徽有微词，则不妥。

译文

淳风等按：以旧术解决圆的各种问题，皆以周三径一为率。若用之求圆周长，则圆周小，直径大。

用来求正六边形的田地，才与此率相吻合。为什么呢？假设正六边形的田，棱角之间各是1尺，作为边长，那么自然可以知道，从角至角，直径

为2尺。这就是周六径二，与周三径一相吻合。我们担心，这仍然使人难以明白，今进一步拿一种物品作为比喻。假设将一种物品刻成三角形，共6枚，每一枚各有3边，每边1尺。把这6个物品集中起来，使它们的尖头都朝里，就成为正六边形的周长，相邻两角间的长度都是1尺。再从棱角的外缘，围绕成圆弧形，则正六边形的直径全都抵达圆弧。而正六边形对边之间的直径短，不能抵达外圆弧。如果以圆直径说来，则应该为圆弧6尺，直径2尺，每边长都是1尺。然而每边的股不能抵达外圆弧，可以知道肯定不足2尺长。

所以周三径一之率对圆直径而言就是直径略大而圆周长略小。周三径一，从数理上说并不精密。因为数学方法都要遵从简易的原则，所以略举它的大纲，概略地表示之。刘徽则认为这个率太粗疏，于是就改变它的率。但是圆周长与直径相乘，其数值难以吻合。刘徽尽管提出了这两种方法，终究不能穷尽其纤毫。祖冲之因为他的值不精确，就此重新推求其数值。现在修撰，搜集各家的方法，考察他们的是非，认为祖冲之的值是精密的。因此，将它显扬于刘徽的方法之下，希望读者有所裁断。

祖冲之简介

祖冲之是南北朝宋、齐数学家、天文学家。字文远。祖籍范阳遒（今河北涞水），父祖均仕，南朝。青年时直华林学省（学术机关），后任南徐州（今江苏镇江）从事史、娄县（今江苏昆山）令。入齐，官至长水校尉。注《九章算术》，撰《缀术》，均亡佚。特善算，推算出圆周率近似值领先世界约千年。制定《大明历》，首先引入岁差，其日月运行周期的数据比以前的历法更为准确。撰《驳议》，不畏权贵，坚持科学真理，反对“虚推古人”。又曾改造指南车、水碓磨、千里船、木牛流马欹器，解钟律、博、塞，当时独绝。注《周易》《老子》《庄子》，释《论语》，亦亡佚。又撰《述异记》，今有辑本。更重新计算圆周率的数值。李淳风《隋书·律历志》云：“宋末，南徐州从事史祖冲之更开密法，以圆径一亿为一丈，圆周盈数三丈一尺四寸一分五厘九毫二秒七忽，朒数三丈一尺四寸一分五厘九毫二秒六忽，正数在盈、朒二限之间。密率是圆径一百一十三，圆周三百五十五。约率：圆径七，周二十二。”这相当于3.141 592 6和3.141 592 7之间。李淳风等数学家在此将后者称为密率。

祖冲之

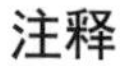

原典

又术曰：周、径相乘，四而一[①]。此周与上弧同耳。周、径相乘各当以半。而今周、径两全，故两母相乘为四，以报除之。于徽术，以五十乘周，一百五十七而一，即径也[②]。以一百五十七乘径，五十而一，即周也[③]。新术径率犹当微少。则据周以求径，则失之长[④]；据径以求周，则失之短[⑤]。诸据见径以求幂者，皆失之于微[⑥]少；据周以求幂者，皆失之于微多。臣淳风等按：依密率，以七乘周，二十二而一，即径[⑦]。以二十二乘径，七而一，即周[⑧]。依术求之，即得。

注释

① 此即圆面积的又一公式，$S=\frac{1}{4}Ld$。

② 此为刘徽修正的由圆周求直径的公式 $d=\frac{50}{157}L$。

③ 此为刘徽修正的由圆直径求圆周的公式 $L=\frac{157}{50}d$。

④ 此谓 $d=\frac{50}{157}L$ 的失误在于稍微大了点。

⑤ 此谓 $L=\frac{157}{50}d$ 的失误在于稍微小了点。

⑥ 微：稍微。

⑦ 此为李淳风等修正的由圆周求直径的公式 $d=\frac{7}{22}L$。

⑧ 此为李淳风等修正的由圆直径求圆周的公式 $L=\frac{22}{7}d$。

译文

又术：圆周与直径相乘，除以 4。此处的圆周与上术中的周是相同的。圆周与直径相乘，应当各用它们的一半。而现在圆周与直径两者都是整个的，所以两者的分母相乘为 4，回报以除。用我的方法，用 50 乘圆周，除以 157，就是直径；用 157 乘直径，除以 50，就是圆周。新的方法中，直径的率还应当再稍微小一点。那么，根据圆周来求直径，则产生的失误在于长了；根据直径来求圆周，则产生的失误在于短了。至于根据已给的直径来求圆面积，那么产生的失误都在于稍微小了一点，根据已给的圆周来求圆面积，那么产生的失误都在于稍微大了一点。淳风等按：依照密率，用 7 乘圆周，除以 22，就是直径；用 22 乘直径，除以 7，就是圆周。用这种方法求，就得到了。

趣味数学题

09. 秋天到了，小猴征征种的苹果都成熟了，他挑了最好的苹果装在6个箱子中，准备送给好朋友童童和欣欣，6个箱子中分别装有11、12、14、16、17、20个苹果。因为童童小，吃东西少一些，所以他准备只把$\frac{1}{3}$的苹果分给童童，其余的分给欣欣，箱子不能拆分，你知道征征是怎么分的吗?

原典

又术曰：径自相乘，三之，四而一①。按：圆径自乘为外方②。“三之，四而一”者，是为圆居外方四分之三也③。若令六觚之一面乘半径，其幂即外方四分之一也。因而三之，即亦居外方四分之三也④。是为圆里十二觚之幂耳。取以为圆，失之于微少。于徽新术，当径自乘，又以一百五十七乘之，二百而一⑤。臣淳风等谨按：密率，令径自乘，以十一乘之，十四而一，即圆幂也⑥。

注释

①此即圆面积的第三个公式。

②外方：即圆的外切正方形。

③这是说，圆面积是其外切正方形面积。

④此谓以圆内接正十二边形的面积为圆面积。

⑤此为刘徽修正的公式。

⑥此为李淳风等修正的公式。

译文

又术：圆直径自乘，乘以3，除以4。按：圆的直径自乘为它的外切正方形。“乘以3，除以4”，这是因为圆占据外切正方形的$\frac{3}{4}$。若令圆内接正六边形的一边长乘圆半径，其面积就是外切正方形的$\frac{1}{4}$乘以3，就占据外切正方形的$\frac{3}{4}$，这就成为圆内接正十二边形的面积。取它作为圆，产生的失误在于小了一点。用我的方法，应该使圆直径自乘，又乘以157，除以200。淳风等按：依照密率，使圆直径自乘，乘以11，除以14，就是圆面积。

趣味数学题

10. 桌上一壶酒，不知几斤酒，请先加上九，再去乘以九，接着减去九，最后除以九，结果还是九，壶中几斤酒，烦您求一求，求好再喝酒。

原典

又术曰：周自相乘，十二而一[①]。六觚之周，其于圆径，三与一[②]也。故六觚之周自相乘为幂，若圆径自乘者九方[③]，九方凡为十二觚者十有二[④]，故曰十二而一，即十二觚之幂也[⑤]。今此令周自乘，非但若为圆径自乘者九方而已[⑥]。然则十二而一，所得又非十二觚之类也[⑦]。若欲以为圆幂，失之于多矣[⑧]。以六觚之周，十二而一可也[⑨]。于徽新术，直令圆周自乘，又以二十五乘之，三百一十四而一，得圆幂[⑩]。其率：二十五者，圆幂也；三百一十四者，周自乘之幂也。周数六尺二寸八分，令自乘，得幂三十九万四千三百八十四分。又置圆幂三万一千四百分。皆以一千二百五十六约之，得此率[⑪]。

臣淳风等谨按：方面自乘即得其积。圆周求其幂，假率乃通。但此术所求用三、一为率。圆田正法，半周及半径以相乘。今乃用全周自乘，故须以十二为母。何者？据全周而求半周，则须以二为法。就全周而求半径，复假六以除之。是二、六相乘除周自乘之数。依密率，以七乘之，八十八而一[⑫]。

注释

① 此即圆面积的又一公式。

② 三与一：3与1之率。此谓圆内接正六边形的周长是圆直径的3倍。

③ 以圆直径自乘形成一个正方形（含有4个以半径为边长的小正方形），而以圆内接正六边形的边长自乘形成一个大正方形，含有9个以直径为边长的正方形。

④ 这里仍以圆内接正十二边形的面积代替圆面积。

⑤ 此谓1个正十二边形的面积恰为大正方形的面积。

⑥ 此谓以圆周形成的正方形不只9个圆直径形成的正方形，换言之，不只12个圆内接正十二边形的面积。非但：不仅，不只。若，乃，就。

⑦ 此谓不是圆内接正十二边形的面积。

⑧ 此谓如果以此作为圆面积，失误在于多了一点。

⑨ 此谓圆内接正六边形周长形成的正方形的面积，除以12，是圆内接正十二边形的面积，是可以的。

⑩ 此为刘徽的修正公式。

⑪ 以上的率这样得到。

⑫ 此为李淳风等的修正公式。

译文

又术：圆周自乘，除以12。圆内接正六边形的周长对于圆的直径是3比1。因此，正六边形的周长自乘形成的面积，相当于9个圆直径自乘所形成的正方形。这9个正方形总共形成12个正十二边形，所以说除以12，就是正十二边形的面积。现在使圆周自乘，那就不只是9个圆直径自乘所形成的正方形。那么，除以12，更不是正十二边形之类。如果想把它作为圆面积，产生的失误就在于多了一点。用正六边形的周长作正方形，除以12，作为正十二边形的面积，是可以的。用我的新方法，径直使圆周自乘，又乘以25，除以314，就得到圆面积。其中的率，25是圆面积的，314是圆周自乘的面积的。布置圆周数6尺2寸8分，使自乘，得到面积394 384平方分。又布置圆面积31 400平方分，都以1256约简，就得到这个率。

淳风等按：边长自乘就得到它的面积。用圆周求它的面积，借助于率就会通达。但是这一方法中所求的却是用周三径一作为率。正确的圆田面积计算方法是半圆周与半径相乘，现在却是整个圆周自乘，所以须以12作为分母。为什么呢？根据整个圆周而求半圆周，则必须以2作为法。根据整个圆周而求它的半径，应再除以6。这就是用2与6相乘，去除圆周自乘之数。依照密率，乘以7，除以88。

刘徽的割圆术

“割圆术”，则是以“圆内接正多边形的面积”来无限逼近“圆面积”。刘徽形容他的“割圆术”说：割之弥细，所失弥少，割之又割，以至于不可割，则与圆合体，而无所失矣。即通过圆内接正多边形细割圆，并使正多边形的周长无限接近圆的周长，进而来求得较为精确的圆周率。

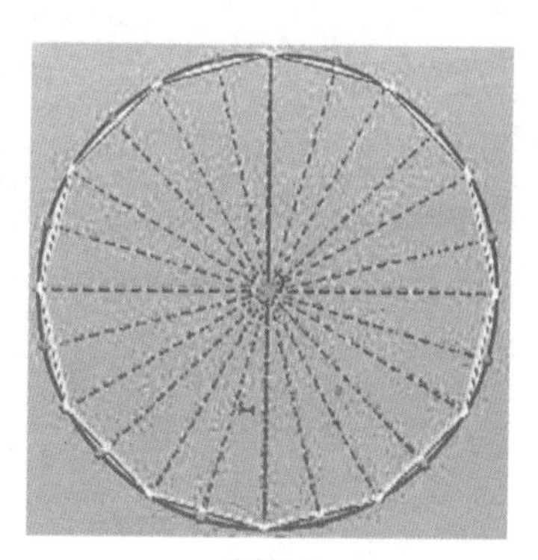
割圆术

刘徽发明“割圆术”是为求“圆周率”。那么圆周率究竟是指什么呢？它其实就是指“圆周长与该圆直径的比率”。由于“圆周率 = 圆周长 / 圆直径”，其中“直径”是直的，好测量；难计算精确的是“圆周长”。而通过刘徽的“割圆术”，这个难题就解决了。

趣味数学题

11. 第三届动物运动会上，老虎和狮子在1200米的长跑比赛中成绩相同。为最后决出胜负，裁判老猴让老虎和狮子举行附加赛。这两头猛兽最后赛的是百米来回跑，共计200米远。老虎每跨一步为2米，狮子每跨一步为3米，但老虎每跨三步，狮子却只能跨两步。据以上的“情报”，你能提前判断出谁将取胜吗？

原典

今有宛田[1]，下周三十步，径十六步。问：为田几何？答曰：一百二十步。又有宛田，下周九十九步，径五十一步。问：为田几何？答曰：五亩六十二步四分步之一。

术曰：以径乘周，四而一[2]。此术不验[3]。故推方锥以见其形[4]。假令方锥下方六尺，高四尺。四尺为股，下方之半三尺为句，正面邪为弦[5]，弦五尺也。令句、弦相乘，四因之，得六十尺，即方锥四面见者之幂[6]，若令其中容圆锥，圆锥见幂[7]与方锥见幂，其率犹方幂之与圆幂也。按：方锥下六尺，则方周二十四尺。以五尺乘而半之，则亦方锥之见幂。故求圆锥之数，折径以乘下周之半，即圆锥之幂也。今宛田上径圆穹，而与圆锥同术，则幂失之于少矣[8]。然其术难用，故略举大较[9]，施之大广田也。求圆锥之幂，犹求圆田之幂也。今用两全相乘，故以四为法，除之，亦如圆田矣。开立圆术说圆方诸率甚备，可以验此。

注释

① 宛田：是类似于球冠的曲面形。其径指宛田表面上穿过顶心的大弧。

② 此是《九章算术》提出的宛田面积公式。

③ 刘徽指出，《九章算术》宛田术是错误的。

④ 此谓通过计算方锥的体积以显现《九章算术》宛田术不正确。

⑤ 刘徽考虑以方锥下方之半为勾，方锥高为股，正面邪为弦构成的勾股形。正面邪：即方锥侧面上的高。

⑥ 方锥四面见者之幂：即“方锥见幂”，也就是方锥的表面积（不计底面）。

⑦ 圆锥见幂：即圆锥的表面积（不计底面）。此即刘徽提出的重要原理。

⑧ 刘徽指出《九章算术》宛田术“不验”是对的，然而此处的论证并不充分。

⑨ 大较：大略，大致。

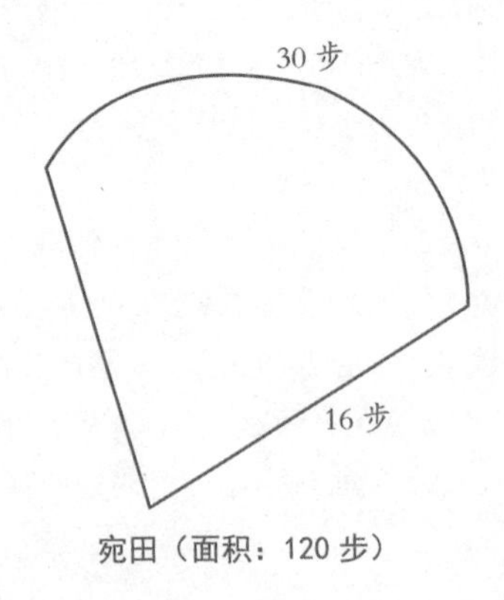

宛田（面积：120 步）

译文

假设有一块宛田，下周长 30 步，穹径 16 步。问：田的面积是多少？答：120 平方步。又假设有一块宛田，下周长 99 步，穹径 51 步。问：田的面积

是多少？答：5 亩 $62\frac{1}{4}$平方步。

术：以穹径乘下周，除以 4。这一方法不正确。特地用方锥进行推算以显现这一问题的真相。假令方锥底面 6 尺见方，高 4 尺。把 4 尺作为股，底边长的一半 3 尺作为勾，那么侧面上的高就是弦，弦是 5 尺。使勾与弦相乘，乘以 4，得 60 平方尺，就是方锥四个侧面所显现的面积，如果使其中内切一个圆锥，那么圆锥所显现的面积与方锥所显现的面积，其率如同正方形的面积之对于内切圆的面积。按：方锥底边 6 尺，那么底的周长是 24 尺，乘以 5，取其一半，那么也是方锥所显现的面积。所以求圆锥的数值，将穹径折半，乘以底周长的一半，就是圆锥的面积。现在宛田的上径是一段圆弧，而与圆锥用同一种方法，则产生的面积误差在于过小。然而这一方法难以处置，因此粗略地举出其大概，应用于大的田地。求圆锥的面积，如同求圆田的面积。现在用两个整体相乘，因此以 4 作为法除之，也像圆田那样。开立圆术注解释圆方诸率非常详细，可以检验这里的方法。

宛田，是类似于球冠的曲面形。其径指宛田表面上穿过顶心的大弧，李籍云：“宛田者，中央隆高。《尔雅》曰：‘宛中宛丘。’又曰：‘丘上有丘为宛丘。’皆中央隆高之义也。”亦有人根据所设的两个例题的数值，计算出若为球冠，必为优球冠，而世间不可能有此类田地，从而认为宛田不是球冠形，而是优扇形。《九章算术》的例题只是说明其术文的应用，并不是都来源于人们的生产生活实践。元朱世杰《四元玉鉴·混积问元门》的宛田有图示，正是球。

原典

今有弧田[①]，弦三十步，矢十五步。问：为田几何？答曰：一亩九十七步半。又有弧田，弦七十八步二分步之一，矢十三步九分步之七。问：为田几何？答曰：二亩一百五十五步八十一分步之五十六。

术曰：以弦乘矢，矢又自乘，并之，二而一[②]。方中之圆，圆里十二觚之幂，合外方之幂四分之三也。中方合外方之半，则朱青合外方四分之一也[③]。弧田，半圆之幂也[④]，故依半圆之体而为之术[⑤]。以弦乘矢而半之则为黄幂[⑥]，矢自乘而半之为二青幂[⑦]。青、黄相连为弧体[⑧]。弧体法当应规[⑨]。今觚面不至外畔[⑩]，失之于少矣。圆田旧术以周三径一为率，俱得十二觚之幂，亦失之于少也。与此相似，指验半圆之弧耳。若不满半圆者，益复疏阔。

注释

①弧田：即今之弓形、扇形。

②此即扇形面积公式。

③“中方”是圆内接正方形，其面积是外方之半。两朱幂、两青幂是圆内接正十二边形减去中方所剩余的部分。

④弧田可以是半圆之幂。

⑤故以半圆为例论证《九章算术》弧田术之不准确。

⑥黄幂是弦矢相乘之半即勾股形。

⑦矢自乘而半之为二青幂：即勾股形之和。

⑧青、黄相连为弧体：二青幂与黄幂形成所设的弧体，亦即半圆。

⑨此谓弧田的弧应与圆弧重合。

⑩这是说，如此算出的面积是圆内接正十二边形的一半，达不到外面的圆弧。

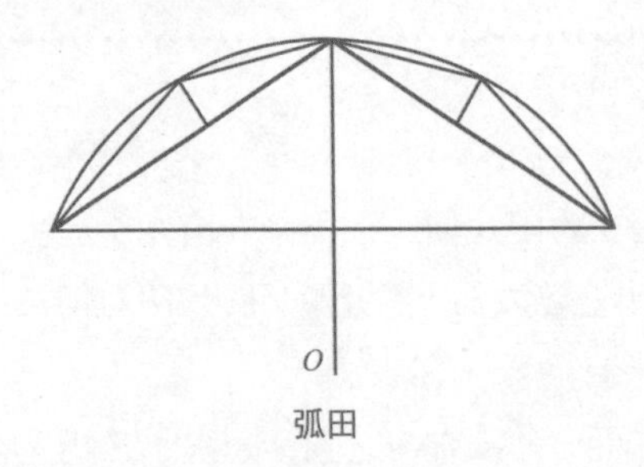

弧田

译文

假设有一块弧田，弦是30步，矢是15步。问：田的面积是多少？答：1亩97平方步。

又假设有一块弧田，弦是$78\frac{1}{2}$步，矢是$13\frac{7}{9}$步。问：田的面积是多少？答：2亩$155\frac{56}{81}$平方步。

术：以弦乘矢，矢又自乘，两者相加，除以2。正方形中有一个内切圆，圆中的内接正十二边形的面积等于外切正方形面积的$\frac{3}{4}$，中间的正方形的面积等于外正方形的一半，那么朱青的面积等于外正方形面积的$\frac{1}{4}$，这里的弧田是半圆，因此就依照半圆的图形而考察该术。以弦乘矢，取其一半，作为黄色的面积；矢自乘，取其一半，是二青色的面积。如果青色的与黄色的面积连在一起成为弧体，那么弧体在道理上应当与圆弧相吻合。但现在这个多边形的边达不到圆弧的外周，产生的失误在于小了。旧的圆田面积的方法以周三径一为率，都是得到圆内接正十二边形的面积，产生的失误也在于太小了，与此相同。这里只考察了半圆形弧田，如果不是半圆形弧田，这种方法更有疏漏。

弧田密率

圆周率的计算及用十进分数（微数）逼近无理根实际上是极限思想在近似计算中的应用。刘徽还把这一思想用于弧田面积的计算中。他首先证明了《九章算术》的弧田面积计算公式不准确，进而提出了求弧田密率的方法：他用勾股锯圆材的方法求出弧田所在的圆的直径，再利用类似于割圆的程序，将弧分成2、4……“割之又割，使至极细”，然后用一串小三角形面积之和逼近弧田面积。他又用勾股定理求出与上述小三角形相对应的一串小弧田的弦、矢，即这串小三角形的底与高，“但举弦矢相乘之数，则必近密率矣。”用这种方法，可以把弧田面积精确到所需要的程度。《九章算术》和后来的数学家只考虑弧田面积，未讨论过弧长的问题。北宋科学家沈括在《梦溪笔谈》中创造了会圆术。

趣味数学题

12. 100个包子，100个人吃，1个大人吃3个，3个小孩吃1个，多少个大人和多少个小孩刚好能吃完？

原典

宜依句股锯圆材之术①，以弧弦为锯道长，以矢为锯深②。而求其径③。既知圆径，则弧可割分也④。割之者，半弧田之弦以为股，其矢为句，为之求弦，即小弧之弦⑤也。以半小弧之弦为句，半圆径为弦，为之求股⑥，以减半径，其余即小弦之矢⑦也。割之又割，使至极细。但举弦、矢相乘之数，则必近密率矣⑧。然于算数差繁⑨，必欲有所寻究也⑩。若但度田，取其大数，旧术为约⑪耳。

注释

① 锯圆材之术：见卷九。

② 以弧弦为锯道长，以矢为句深：把弧田的弦作为锯道长，把矢作为锯道深。

③ 依据勾股章勾股锯圆材之直径。

④ 这是将弧田分割成以弦。

⑤ 小弧之弦：小弧的弦。

⑥ 为之求股：求它的股。

⑦ 小弦之矢即小弧之矢。

⑧ 上述的分割过程可以无限继续下去。

⑨ 差繁：繁杂。差，不整齐，参差。

⑩ 刘徽的意思是，有所寻究，才这样做。

⑪ 约：简约。刘徽认为，如果实际应用，还是用旧的方法。

译文

应当按照勾股章锯圆材之术，把弧田的弦作为锯道长，把矢作为锯道深，而求弧田所在圆的直径。既然知道了圆的直径，那么弧田就可以被分割。如果分割它的话，以弧田弦的一半作为股，它的矢作为勾，求它的弦，就是小弧的弦。以小弧弦的一半作为勾，圆半径作为弦，求它的股。以股减半径其剩余就是小弦的矢。对弧割了又割，使至极细。只要全部列出弦与矢相乘的数值，则必定会接近密率。然而这种方法的算数非常繁杂，必定要有所研求才这样做。如果只是度量田地，取它大概的数，那么旧的方法还是简约的。

小数的历史

在数学史上，小数的产生比分数晚得多。刘徽在开方不尽时用十进分数（微数）逼近无理根的近似值，开十进小数之先河。古代用分、厘、毫、丝、秒、忽表示分以下的奇零部分。赝本《夏侯阳算经》常常以某个整单位表示，不再列出微数单位，如将绢1525匹3丈7尺5寸化为1525匹9375（1匹=4丈），实际上是一个十进小数。杨辉、朱世杰先后总结了民间化斤两为十进小数的歌诀。中国是世界上最先使用小数的国家。中亚的阿尔·卡西13世纪才掌握十进分数。西方斯台汶1585年才有十进小数概念，记法远不如唐宋时的中国。

趣味数学题

13. 小明上班的办公楼和居住的家属楼都是6层楼，而小明工作和居住的楼层均在3层。小明每天所爬的台阶数是家住6楼、工作也在6楼的同事的几分之几呢?

原典

今环田，中周九十二步，外周一百二十二步，径五步①。此欲令与周三径一之率相应，故言径五步也。据中、外周，以徽术言之，当径四步一百五十七分步之一百二十二也②。臣淳风等谨按：依密率，合径四步二十二分步之十七③。问：为田几何？答曰：二亩五十五步。于徽术，当为田二亩三十一步一百五十七分步之二十三④。臣淳风等依密率，为田二亩三十步二十二分步之十五⑤。又有环田，中周

注释

①今环田，中周……径五步：环田，即今之圆环。中周，即圆环的内圆之周。外周，即圆环的外圆之周。径，即中外周之间的距离。

②记圆环之径，构成圆环的内圆的周长和半径分别是外圆的周长和半径，分别是刘徽求出圆环之径。

③李淳风等求出圆环之径。

④刘徽求得面积。

六十二步四分步之三，外周一百一十三步二分步之一，径十二步三分步之二。此田环而不通匝[⑥]，故径十二步三分步之二。若据上周求径者，此径失之于多，过周三径一之率，盖为疏矣。于徽术，当径八步六百二十八分步之五十一[⑦]。臣淳风等谨按：依周三径一考之，合径八步二十四分步之一十一[⑧]。依密率，合径八步一百七十六分步之一十三[⑨]。问：为田几何？答曰：四亩一百五十六步四分步之一。于徽术，当为田二亩二百三十二步五千二十四分步之七百八十七也[⑩]。依周三径一，为田三亩二十五步六十四分步之二十五[⑪]。臣淳风等谨按密率，为田二亩二百三十一步一千四百八分步之七百一十七也[⑫]。

术曰：并中、外周而半之，以径乘之，为积步[⑬]。此田截而中之周则为长。并而半之知[⑭]，亦以盈补虚也[⑮]。此可令中、外周各自为圆田，以中圆减外圆，余则环实也[⑯]。

⑤ 李淳风等求得面积。

⑥ 此田环而不通匝：匝，周。环绕一周曰一匝。

⑦ 不知为什么，刘徽和李淳风等都将其看成“通匝”的圆环进行计算。

⑧ 李淳风等依周三径一的计算。

⑨ 李淳风等依密率的计算。

⑩ 刘徽依环田密率术的计算。

⑪ 刘徽依周三径一之率的计算。

⑫ 李淳风等依环田密率术的计算。

⑬ 术曰：并中、外周而半之，以径乘之，为积步。术：中外周长相加，取其一半，乘以环径长，就是积步。

⑭ 知：训“者”，见刘徽序“故枝条虽分而同本干知”之句意。

⑮ 此处“以盈补虚”是将圆环沿环径剪开，展成等腰梯形，然后如梯形（箕田）那样出入相补。

⑯ 这是刘徽提出的圆环的另一面积公式。

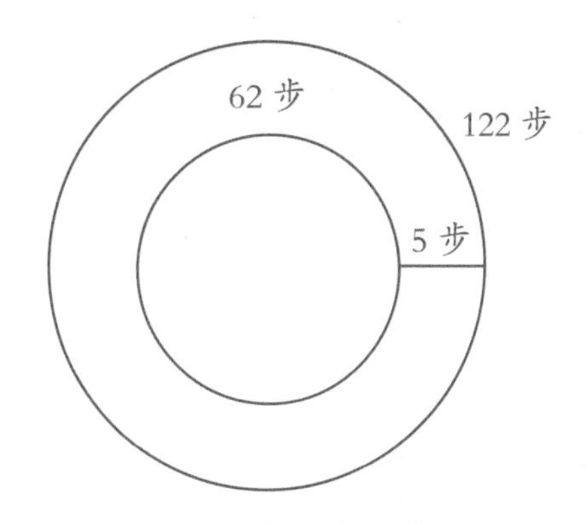

环田（面积：2 亩 55 步）

译文

假设有一块环田，中周长 92 步，外周长 122 步，环径 5 步。这里想与周三径一之率相应，所以说环径 5 步。根据中、外周，用我的方法处理，环径应当是 $4\frac{122}{157}$步。淳风等按：依照密率，环径是 $4\frac{17}{22}$步。问：田的面积是多少？答：2 亩 55 平方步。用我的方法，田的面积应当是 2 亩 $31\frac{23}{157}$平方步。淳风等按：依照密率，田的面积是 2 亩 $30\frac{15}{22}$平方步。又假设有一块环田，中周长是 $62\frac{3}{4}$步，外周长是 $113\frac{1}{2}$步，环径是 $12\frac{2}{3}$步。这块田是环形的但不满一周，所以环径为 $12\frac{2}{3}$步。如果根据上述周长求环径，这一环径的误差在于太大，超过了周三径一之率，很粗疏。用我的方法，环径应当是 $8\frac{51}{628}$步。淳风等按：依照周三径一之率考察之，环径是 $8\frac{11}{24}$步。依照密率，环径是 $8\frac{13}{176}$步。问：田的面积是多少？答：4 亩 $156\frac{1}{4}$平方步。用我的方法，田的面积应当是 2 亩 $232\frac{787}{5024}$平方步，依周三径一之率，田的面积是 3 亩 $25\frac{25}{64}$平方步。淳风等按：依照密率，田的面积是 2 亩 $231\frac{717}{1408}$平方步。

术：中外周长相加，取其一半，乘以环径长，就是积步。这块田被截割而得到的中平之周，就作为长。“中外周长相加，取其一半”，也是以盈补虚。这里也可以使中、外周各自构成圆田，以中周减外周，由其余数就得到环田的面积。

环田

环田，即今之圆环。李籍云：“环田者，有肉有好，如环之形。《尔雅》曰：‘肉好若一，谓之环。’或作缳。”知当时还有一抄本作“镙田”。中周，即圆环的内圆之周。外周，即圆环的外圆之周。径，即中外周之间的距离。

$S_{环}=\pi\times r_{外}$的平方（大圆）$-\pi\times r_{内}$的平方（小圆），还可以写成 $S_{环}=\pi$（$r_{外}$的平方 $-r_{内}$的平方）解出。

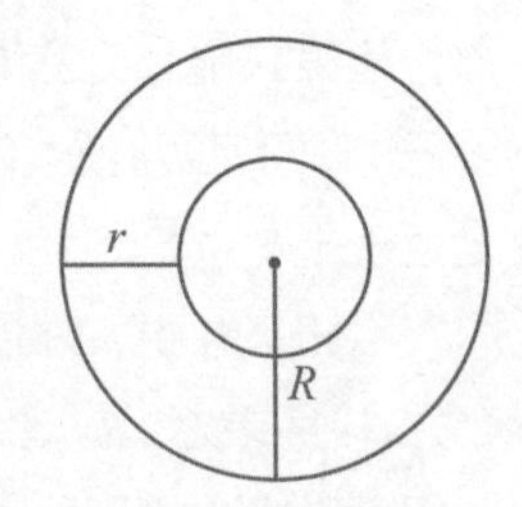

趣味数学题

14. 有一个 80 人的旅游团，其中男 50 人，女 30 人，他们住的旅馆有 11 人、7 人和 5 人的三种房间，男、女分别住不同的房间，他们至少要住多少个房间？

原典

密率术[①]曰：置中、外周步数，分母、子各居其下。母互乘子，通全部，内分子。以中周减外周，余半之，以益中周。径亦通分内子，以乘周为密实。分母相乘为法。除之为积步，余，积步之分。以亩法除之，即亩数也[②]。按：此术，并中、外周步数于上，分母、子于下。母互乘子者，为中、外周俱有分，故以互乘齐其子。母相乘同其母。子齐母同，故通全步，内分子。

“半之”知[③]，以盈补虚，得中平之周[④]。周则为从，径则为广，故广、从相乘而得其积。既合分母，还须分母出之。故令周、径分母相乘而连除之，即得积步。不尽，以等数除之而命分。以亩法除积步，得亩数也。

注释

① 此术是针对各项数值都带有分数的情形而设的，比关于整数的上术精密，故称“密率术”。

② 计算面积的方法。

③知：训“者”，其说见刘徽序“故枝条虽分而同本干知”之注释。

④ 中平之周：中周与外周长的平均值。

译文

密率术：布置中、外周长的步数，分子、分母各置于下方，分母互乘分子，将整数部分通分，纳入分子。以中周减外周，取其余数的一半，增益到中周上。对环径亦通分，纳入分子。以它乘周长，作为密实。周、径的分母相乘，作为法。实除以法，就是积步；余数是积步中的分数。以亩法除之，就是亩数。按：在此术中，将中、外周长步数相加，置于上方，分子、分母置于下方。“分母互乘分子”，是因为中、外周长都有分数，所以通过互乘使它们的分子相齐。分母相乘，是使它们的分母相同。分子相齐，分母相同，所以可以将步数的整数部分通分，纳入分子。

取中、外周长之和的一半，这是为了以盈补虚，得中平之周。中平之周就是纵，环径就是广，所以广纵相乘就得到它们的积。既然分子中融合了分母，还需把分母分离出去，所以要使周、径的分母相乘而合起来除，就得到积步。如不尽，就用等数约之，命名一个分数。以亩数除积步，便得到亩数。

密率和约率在数学中的含义

南北朝时期数学家祖冲之进一步得出小数点后7位的 π 值，给出不足近似值 3.141 592 6（比 π 小）和过剩近似值 3.141 592 7（比 π 大），得出两个近似分数值，密率$\frac{355}{113}$和约率$\frac{22}{7}$。

趣味数学题

15. 有13个零件，外表完全一样，但有一个是不合格品，其重量和其他的不同，且轻重不知。请你用天平称3次，把它找出来。

卷　二

粟米[①]以御交质[②]变易

（粟米：处理抵押交换问题）

原典

粟米之法[③]凡此诸率相与大通，其特[④]相求，各如本率。可约者约之。别术然也。

粟率五十，粝米[⑤]三十，粺米[⑥]二十七，糳米[⑦]二十四，御米[⑧]二十一，小䵂[⑨]十三半，大䵂[⑩]五十四，粝饭七十五，粺饭五十四，糳饭四十八，御饭四十二，菽[⑪]、荅[⑫]、麻[⑬]、麦各四十五，粺饭五十四，稻六十，豉[⑭]六十三，飧[⑮]九十，熟菽一百三半，糵[⑯]一百七十五。

译文

粟米之率这里的各种率都相互关联而广泛地通达。如果特地互相求取，则要遵从各自的率。可以进行约简的，就约简之。其他的术也是这样。

粟率50，粝米30，粺米27，糳米24，御米21，小䵂13.5，大䵂54，粝饭75，粺饭54，糳饭48，御饭42，菽、荅、麻、麦各45，粺饭54，稻60，豉63，飧90，熟菽103.5，糵175。

① 粟米：泛指谷类，粮食。粟：古代泛指谷类，又指谷子。下文粟率指后者之率。

② 交质：互相以物品作抵押，即交易称量。

③ 粟米之法：这里是互换的标准，即各种粟米的率。法：标准。

④ 特：特地。

⑤ 粝米：糙米，有时省称为米。《九章算术》及其刘徽注、李淳风等注释单言“米”，则指粝米。粝：李籍云：“粗也。”指粗米，糙米。

⑥ 粺米：精米。李籍云：“精于粝也。”《诗经·大雅》：“彼疏斯粺，胡不自替。”《毛传》：“彼宜食疏，今反食精　。”

⑦ 糳米：粜过的精米。

⑧ 御米：供宫廷食用的米。

⑨ 小䵂：细麦屑。

⑩ 大䵂：粗麦屑。

⑪ 菽：大豆。又，豆类的总称。

⑫ 荅：小豆。

⑬ 麻：古代指大麻，亦指芝麻。

⑭ 豉：用煮熟的大豆发酵后制成的食品。

⑮ 飧：熟食。

⑯ 糵：曲糵。李籍引《说文》曰：“米芽。”

古代的五谷杂粮

在《黄帝内经》中，五谷被称之为：“粳米、小豆、麦、大豆、黄黍”，而在《孟子·滕文公》中称五谷为“稻、黍、稷、麦、菽”，在佛教祭祀时又称五谷为“大麦、小麦、稻、小豆、胡麻”，李时珍在《本草纲目》中记载谷类有33种，豆类有14种，总共47种之多。还有一种说法认为五谷泛指五类作物，即“悬、藤、根、角、穗”。

五谷杂粮

现代汉语中，通常说的五谷是指稻谷、麦子、大豆、玉米和薯类，同时也习惯地将米和面粉以外的粮食称作杂粮，而五谷杂粮也泛指粮食作物，所以五谷也是粮食作物的统称。

原典

今有此都术[①]也。凡九数以为篇名，可以广施诸[②]率，所谓告往而知来[③]，举一隅而三隅反[④]者也。诚能分诡数[⑤]之纷杂通彼此之否塞[⑥]，因物[⑦]成率，审辨名分[⑧]，平其偏颇[⑨]，齐其参差[⑩]，则终无不归于此术也[⑪]。术[⑫]曰：以所有数乘所求率[⑬]为实。以所有率为法。少者多之始，一者数之母[⑭]，故为率者必等之于一[⑮]。

注释

①都术：总术，总的方法，普遍方法。

②诸：之于的合音。

③告往而知来：根据已经发生的事情，可以推知事物未来的发展趋势。

④举一隅而三隅反：根据某一事物的性质，可以推知与它同类的事物的性质。

⑤诡数：不同的数。

⑥通彼此之否塞：通过“通分”等运算使各种阻隔不通的数量关系互相通达。

⑦物：这里指各种物品的数量。

⑧名分：地位，身份。

⑨偏颇：又作“偏陂”，本义是不公正。

⑩平其偏颇，齐其参差：即“齐同”运算。

⑪刘徽将《九章算术》大部分术文，200余个题目归结为今有术。

⑫术：指今有术，即今之三率法，或称三项法。

⑬所求率：今有术的重要概念，指所求物品的率。

⑭少者多之始，一者数之母：1是数之母，在有理数范围之内无疑是正确的，但在实数内则不尽然。

⑮为率者必等之于一：某物率的确定，必须以1为标准。多少数量的某物能化为1，则该物的率就是多少。

译文

今有术：这是一种普遍方法。凡是用九数作为篇名的问题，都可以对它们广泛地施用率。这就是所谓告诉了过去的就能推知未来的，举出一个角，就能推论到其他三个角，如果能分辨各种不同的数的错综复杂，疏通它们彼此之间的闭塞之处，根据不同的物品构成各自的率，仔细地研究辨别它们的地位与关系，使偏颇的持平，参差不齐的相齐，那么就没有不归结到这一术的。术：以所有数乘所求率作为实，以所有率作为法。小是大的开始，1是数的起源。所以建立率必须使它等于1。

原典

据粟率五、粝率三，是粟五而为一，粝米三而为一也。欲化粟为米者，粟当先本是一①。一者，谓以五约之，令五而为一也。讫，乃以三乘之，令一而为三。如是，则率至于一②，以五为三矣。然先除后乘，或有余分③，故术反之。又完言之④知，粟五升为粝米三升；分言之⑤知，粟一斗为粝米五分斗之三。以五为母，三为子。以粟求粝米者，以子乘，其母报除⑥也。然则所求之率常为母也。臣淳风等谨按：宜云"所求之率常为子，所有之率常为母"。今乃云"所求之率常为母"知，脱错也⑦。实如法而一⑧。

注释

① 粟当先本是一：粟本来应当先成为1。

② 则率至于一：由率的本义，粟率5是说粟5为1，粝率3是说粝米3为1。从粟求粝米，粟数先除以粟率5，就是粟5变成了1，再乘以粝率3，粝米1又变成了3。如是，则率至于1。

③ 余分：剩余的分数。

④ 完言之：以整数表示之。

⑤ 分言之：以分数表示之。

⑥ 报除：回报以除。

⑦ 李淳风等所见到的刘徽注已有脱错。

⑧ 实如法而一：实除以法。

译文

根据粟率是5，粝米率是3，这是说粟5成为1，粝米3成为1。如果想把粟化成粝米，那么粟应当本身先变成1。变成1，是说用5约之，使5变为1。完了，再以3乘之，使1变为3。像这样，那么率就达到了1，把粟5变成了粝米3。然而，先作除法，后作乘法，有时会剩余分数，所以此术将运算程序反过来。又，如果以整数表示之，5升粟变成3升粝米；以分数表示之，1斗粟变成$\frac{3}{5}$斗粝米，以5作为分母，3作为分子。如果用粟求粝米，就用分子乘，用它的分母回报以除。那么，所求率永远作为分母。淳风等按：应该说"所求率永远作为分子，所有率永远作为分母"。这里却说"所求率永远作为分母"，有脱错。实除以法。

关于三率法

三率法是算学术语。已知所有数、所有率与所求率三项，而计算所求数的方法。《九章算术》已包括了现代算术中的全部比例的内容，形成了一个完整的体系。印度于公元五、六世纪间有“三率法”的算法。所谓三率法相当于术。印度三率法传入阿拉伯国家，再传到西欧各国，欧洲在更晚的时期也有类似的算法，欧洲商人很重视这种算法，称它为“金法”。从《九章算术》的“今有术”逐渐演变到现在教科书中的比例，已有二千年的发展历史。

比例和比例分配都要用到率。率的这种意义至今仍然使用。刘徽拓展了率的意义，提出“凡数相与者谓之率”。成率关系的数量同时扩大或缩小同样的倍数，其率关系不变。

趣味数学题

16. 一只老虎发现离它 10 米远的地方有一只兔子，马上扑了过去，老虎跑 7 步的距离兔子要跑 11 步，但兔子的步子密，老虎跑 3 步的时间兔子能跑 4 步。问：老虎是否能追上兔子？如果能追上，要跑多远的路？

原典

今有粟一斗，欲为粝米。问：得几何？答曰：为粝米六升。术曰：以粟求粝米，三之，五而一①。臣淳风等谨按：都术，以所求率乘所有数，以所有率为法。此术以粟求米，故粟为所有数。三是米率，故三为所求率。五为粟率，故五为所有率。粟率五十，米率三十，退位求之，故唯云三、五也。

今有粟二斗一升，欲为粺米。问：得几何？答曰：为粺米一斗一升五十分升之十七。术曰：以粟求粺米，二十七之，五十而一。臣淳风等谨按：粺米之率二十有七，故直以二十七之，五十而一也。

今有粟四斗五升，欲为糳米。问：得几何？答曰：为糳米二斗一升五分升之三。术曰：以粟求糳米，十二之，二十五而一②。臣淳风等谨按：糳米之率二十有四，以为率太繁，故因而半之，故半所求之率，以乘所有之数。所求之率既减半，所有之率亦减半。是故十二乘之，二十五而一也。

今有粟七斗九升，欲为御米。问：得几何？答曰：为御米三斗三升五十分升之九。术曰：以粟求御米，二十一之，五十而一。

注释

①三之，五而一：即乘以 3，除以 5，或说以 3 乘，以 5 除。这是今有术在以粟求米问题中的应用。余类此。

②十二之，二十五而一：是将有关的粟米之法以等数 2 约简，得相与之率，再入算。

译文

假设有 1 斗粟，想换成粝米。问：得多少？答：换成 6 升粝米。术：由粟求粝米，乘以 3，

除以 5。淳风等按：普遍方法是以所求率乘所有数作为实，以所有率作为法。此术由粟求粝米，所以粟为所有数，3 是粝米率，所以 3 是所求率，5 是粟率，所以 5 是所有率。粟率是 50，粝米率是 30。通过退一位约简之，所以只说 5 与 3 就够了。

假设有 2 斗 1 升粟，想换成粺米。问：得多少？答：换成 1 斗 $1\frac{17}{50}$升粺米。术：由粟求粺米，乘以 27，除以 50。淳风等按：粺米率是 27，直接乘以 27，除以 50。

假设有 4 斗 5 升粟，想换成糳米。问：得多少？答：换成 2 斗$1\frac{3}{5}$升糳米。术：由粟求糳米，乘以 12，除以 25。淳风等按：糳米率是 24，以它作为率太繁琐，所以取其一半，也就是取所求率的一半，以它乘所有数。所求率既然减半，所有率也应减半。这就是为什么乘以 12，除以 25。

假设有 7 斗 9 升粟，想换成御米。问：得多少？答：换成 3 斗 $3\frac{9}{50}$升御米。术：由粟求御米，乘以 21，除以 50。

原典

今有粟一斗，欲为小䵂。问：得几何？答曰：为小䵂二升一十分升之七。术曰：以粟求小䵂，二十七之，百而一①。臣淳风等谨按：小䵂率十三有半。半者二为母，以二通之，得二十七，为所求率。又以母二通其粟率，得一百，为所有率。凡本率有分者，须即乘除也。

今有粟九斗八升，欲为大䵂。问：得几何？答曰：为大䵂一十斗五升二十五分升之二十一。术曰：以粟求大䵂，二十七之，二十五而一。臣淳风等谨按：大䵂之率五十有四，其可半，故二十七之，亦如粟求糳米，半其

① 二十七之，百而一：以 2 通之，化为整数，以相与之率入算。

译文

假设有 1 斗粟，想换成小䵂。问：得多少？答：换成 $2\frac{7}{10}$升小䵂。术：由粟求小䵂类，乘以 27，除以 100。淳风等按：小䵂率是 13.5。是以 2 为分母。用 2 通分，得 27，作为所求率。又用分母 2 通其粟率，得 100，作为所有率。凡原来的率有分数的，必须做乘除化成整数。其他的都仿照此术。

假设有 9 斗 8 升粟，想换成大䵂，问：得多少？答：换成 10 斗 $5\frac{21}{25}$升大䵂。术：由粟求大䵂乘以 27，除以 25。淳

二率。

今有粟二斗三升，欲为粝饭。问：得几何？答曰：为粝饭三斗四升半。术曰：以粟求粝饭，三之，二而一。臣淳风等谨按：粝饭之率七十有五。粟求粝饭，合以此数乘之。今以等数二十有五约其二率，所求之率得三，所有之率得二，故以三乘二除。

今有粟三斗六升，欲为粺饭。问：得几何？答曰：为粺饭三斗八升二十五分升之二十二。术曰：以粟求粺饭，二十七之，二十五而一。臣淳风等谨按：此术与大䵂多同。

风等按：大率是54，它可以被2除，所以乘以27。这也像由粟求糳米那样，取两种率的一半。

假设有2斗3升粟，想换成粝饭。问：得多少？答：换成3斗$4\frac{1}{2}$升粝饭。术：由粟求粝饭，乘以3，除以2。淳风等按：粝饭率是75，由粟求粝饭，应当用此数乘。现在用等数25约简这两种率。所求率得3，所有率得2。所以乘以3，除以2。

假设有3斗6升粟，想换成粺饭。问：得多少？答：换成3斗$8\frac{22}{25}$升粺饭。术：由粟求粺饭，乘以27，除以25。淳风等按：此术与求大䵂之术大体相同。

原典

今有粟八斗六升，欲为糳饭。问：得几何？答曰：为糳饭八斗二升二十五分升之一十四。术曰：以粟求糳饭，二十四之，二十五而一。臣淳风等谨按：糳饭率四十八。此亦半二率而乘除。

今有粟九斗八升，欲为御饭。问：得几何？答曰：为御饭八斗二升二十五分升之八。术曰：以粟求御饭，二十一之，二十五而一。臣淳风等谨按：此术半率，亦与糳饭多同。

今有粟三斗少半①升，欲为菽。问：得几何？答曰：为菽二斗七分升之三。

今有粟四斗一升太半②升，欲为荅。问：得几何？答曰：为荅三斗七升半。

今有粟五斗太半升，欲为麻。问：得几何？答曰：为麻四斗五升五分升之三。

注释

① 少半：即$\frac{1}{3}$。

② 太半：即$\frac{2}{3}$。

译文

假设有8斗6升粟，想换成糳饭。问：得多少？答：换成8斗$2\frac{14}{25}$升糳饭。术：由粟求糳饭，乘以24，除以25。淳风等按：糳饭率是48。这也是取两种率的一半再做乘除。

假设有9斗8升粟，

想换成御饭。问：得多少？答：换成 8 斗 $2\frac{8}{25}$升御饭。术：由粟求御饭，乘以 21，除以 25。淳风等按：此术取两种率的一半，也与求糳饭之术大体相同。

假设有 $3\frac{1}{3}$斗粟，想换成菽。问：得多少？答：换成 2 斗$\frac{3}{7}$升菽。

假设有 4 斗 $1\frac{2}{3}$升粟，想换成荅。问：得多少？答：换成 3 斗 $7\frac{1}{2}$升荅。

假设有 5 斗$\frac{2}{3}$升粟，想换成麻。问：得多少？答：换成 4 斗 $5\frac{3}{5}$升麻。

原典

今有粟一十斗八升五分升之二，欲为麦。问：得几何？答曰：为麦九斗七升二十五分升之一十四。术曰：以粟求菽、荅、麻、麦，皆九之，十而一。臣淳风等谨按：四术率并四十五，皆是为粟所求，俱合以此率乘其本粟。术欲从省[①]，先以等数五约[②]之，所求之率得九，所有之率得十。故九乘十除，义由于此。

今有粟七斗五升七分升之四，欲为稻。问：得几何？答曰：为稻九斗三十五分升之二十四。术曰：以粟求稻，六之，五而一。臣淳风等谨按：稻率六十，亦约二率而乘除。

注释

① 省：简单。

② 约：约分。

译文

假设有 10 斗 $8\frac{2}{5}$升粟，想换成麦。问：得多少？答：换成 9 斗 $7\frac{14}{25}$升麦。术：由粟求菽、荅、麻、麦，皆乘以 9，除以 10。淳风等按：四种术中的率全是 45，都是由粟所求，所以都应当用此率乘本来的粟。想算法简单，先用等数 5 约简之，所求率得 9，所有率得 10。所以乘以 9，除以 10，其义理源于此。

假设有 7 斗 $5\frac{4}{7}$升粟，想换成稻。问：得多少？答：换成 9 斗$\frac{24}{35}$升稻。术：由粟求稻，乘以 6，除以 5。淳风等按：稻率是 60，也约简两种率再做乘除。

原典

今有粟七斗八升，欲为豉。问：得几何？答曰：为豉九斗八升二十五分升之七。术曰：以粟求豉，六十三之，五十而一。

今有粟五斗五升，欲为飧[①]。问：得几何？答曰：为飧九斗九升。术曰：以粟求飧，九之，五而一。臣淳风等谨按：飧率九十，退位[②]，与求稻多同。

今有粟四斗，欲为熟菽。问：得几何？答曰：为熟菽八斗二升五分升之四。术曰：以粟求熟菽，二百七之，百而一。臣淳风等谨按：熟菽之率一百三半。半者其母二，故以母二通之。所求之率既被二乘，所有之率随而俱长，故以二百七之，百而一。

今有粟二斗，欲为糵。问：得几何？答曰：为糵七斗。术曰：以粟求糵，七之，二而一。臣淳风等谨按：糵率一百七十有五，合以此数乘其本粟。术欲从省，先以等数二十五约之，所求之率得七，所有之率得二。故七乘二除。

注释

① 飧：熟食。

② 退位：退一位。

译文

假设有 7 斗 8 升粟，想换成豉。问：得多少？答：换成 9 斗 $8\frac{7}{25}$升豉。术：由粟求豉，乘以 63，除以 50。

假设有 5 斗 5 升粟，想换成熟食。问：得多少？答：换成 9 斗 9 升熟食。术：由粟求飧，乘以 9，除以 5。淳风等按：熟食率是 90，退一位，与求稻的方式大体相同。

假设有 4 斗粟，想换成熟菽。问：得多少？答：换成 8 斗 $2\frac{4}{5}$升熟菽。术：由粟求熟菽，乘以 207，除以 100。淳风等按：熟菽的率是 103.5，分母是 2，所以用分母 2 通分。既然所求率乘以 2，那么所有率应随着一起增加。所以乘以 207，除以 100。

假设有 2 斗粟，想换成糵。问：得多少？答：换成 7 斗糵。术：由粟求糵，乘以 7，除以 2。淳风等按：糵率是 175，应当用此数，乘本来的粟。想使术简省，先用等数 25 约简之。所求率得 7，所有率得 2。所以乘以 7，除以 2。

原典

今有粝米十五斗五升五分升之二，欲为粟。问：得几何？答曰：为粟二十五斗九升。术曰：以粝米求粟，五之，三而一。臣淳风等谨按：上术以粟求米，故粟为所有数，三为所求率，五为所有率。今此以米求粟，故米为所有数，五为所求率，三为所有率。准[①]都术求之，各合其数。以下所有反求多同，皆准[②]此。

今有粺米二斗，欲为粟。问：得几何？答曰：为粟三斗七升二十七分升之一。术曰：以粺米求粟，五十之，二十七而一。

今有糳米三斗少半升，欲为粟。问：得几何？答曰：为粟六斗三升三十六分升之七。术曰：以糳米求粟，二十五之，十二而一。

今有御米十四斗，欲为粟。问：得几何？答曰：为粟三十三斗三升少半升。术曰：以御米求粟，五十之，二十一而一。

注释

① 准：依照，按照。

② 准：仿效，效法。

译文

假设有 15 斗 $5\frac{2}{5}$升粝米，想换成粟。问：得多少？答：换成 25 斗 9 升粟。术：由粝米求粟，乘以 5，除以 3。淳风等按：前面的术由粟求粝米，所以粟为所有数，3 为所求率，5 为所有率。现在这里由粝米求粟，所以粝米为所有数，5 为所求率，3 为所有率。按照普遍方法求之，都符合各自的数。以下所有的逆运算都大体相同，皆按照这一方法。

假设有 2 斗粺米，想换成粟。问：得多少？答：换成 3 斗 $7\frac{1}{27}$升粟。术：由粺米求粟，乘以 50，除以 27。

假设有 3 斗$\frac{1}{3}$升糳米，想换成粟。问：得多少？答：换成 6 斗 $3\frac{7}{36}$升粟。术：由糳米求粟，乘以 25，除以 12。

假设有 14 斗御米，想换成粟。问：得多少？答：换成 33 斗 $3\frac{1}{3}$升粟。术：由御米求粟，乘以 50，除以 21。

原典

今有稻一十二斗六升五十分升之一十四，欲为粟。问：得几何？答曰：为粟一十斗五升九分升之七。术曰：以稻求粟，五之，六而一。

今有粝米一十九斗二升七分升之一，欲为粺米。问：得几何？答曰：

为粺米一十七斗二升四十分升之一十三。术曰：以粝米求粺米，九之，十而一[①]。臣淳风等谨按：粺率二十七，合以此数乘粝米。术欲从省，先以等数三约之，所求之率得九，所有之率得十，故九乘而十除。

今有粝米六斗四升五分升之三，欲为粝饭。问：得几何？答曰：为粝饭一十六斗一升半。术曰：以粝米求粝饭，五之，二而一[②]。臣淳风等谨按：粝饭之率七十有五，宜以本粝米乘此率数。术欲从省，先以等数十五约之，所求之率得五，所有之率得二。故五乘二除，义由于此。

注释

① 此处亦将粝米率 24 与粟率 50 以等数 2 约简，得相与之率，再入算。

② 五之，二而一：将有关的粟米之法以等数 15 约简，得相与之率。

译文

假设有 12 斗 $6\frac{14}{50}$升稻，想换成粟。问：得多少？答：换成 10 斗 $5\frac{7}{9}$升粟。术：由稻求粟，乘以 5，除以 6。

假设有 19 斗 $2\frac{1}{7}$升粝米，想换成粺米。问：得多少？答：换成 17 斗 $2\frac{13}{40}$升粺米。术：由粝米求粺米，乘以 9，除以 10。淳风等按：粺米率 27，应当用这一数乘粝米。想使术简省，就先用等数 3 约简之，所求率得 9，所有率得 10，所以乘以 9，除以 10。

假设有 6 斗 $4\frac{3}{5}$升粝米，想换成粝饭。问：得多少？答：换成 16 斗$\frac{1}{2}$升粝饭。术：由粝米求粝饭，乘以 5，除以 2。淳风等按：粝饭率是 75，应当用本来的粝米乘这一率的数。想使术简省，先用等数 15 约简之，所求率得 5，所有率得 2，所以乘以 5，除以 2。其义理源于此。

原典

今有粝饭七斗六升七分升之四，欲为飧。问：得几何？答曰：为飧九升三十五分升之三十一。术曰：以粝饭求飧，六之，五而一。臣淳风等谨按：飧率九十，为粝饭所求，宜以粝饭乘此率。术欲从省，先以等数十五约之，所求之率得六，所有之率得五。以此故六乘五除也。

今有菽一斗，欲为熟菽。问：得几何？答曰：为熟菽二斗三升。术曰：以

菽求熟菽，二十三之，十而一[①]。臣淳风等谨按：熟菽之率一百三半。因其有半，各以母二通之，宜以菽数乘此率。术欲从省[②]，先以等数九约之，所求之率得一十一半，所有之率得五也。

今有菽二斗，欲为豉。问：得几何？答曰：为豉二斗八升。术曰：以菽求豉，七之，五而一[③]。臣淳风等谨按：豉率六十三，为菽所求，宜以菽乘此率。术欲从省，先以等数九约之，所求之率得七，而所有之率得五也。

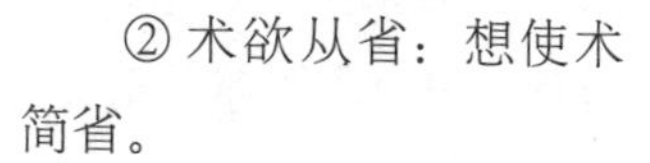

注释

①二十三之，十而一：以2通之。所得的结果又有等数9，故以9约简，为相与之率，再入算。

②术欲从省：想使术简省。

③七之，五而一：将有关的粟米之法以等数9约简，得相与之率。

译文

假设有7斗$6\frac{4}{7}$升粝饭，想换成飧。问：得多少？答：换成$9\frac{31}{35}$升飧。术：由粝饭求飧，乘以6，除以5。淳风等按：飧率是90，从粝饭求飧，应当用粝饭乘这一率。想使术简省，先用等数15约简之，所求率得6，所有率得5。因此，乘以6，除以5。

假设有1斗菽，想换成熟菽。问：得多少？答：换成2斗3升熟菽。术：由菽求熟菽，乘以23，除以10。淳风等按：熟菽率是103.5，因为它有半，各用分母2通分。应当用菽数乘这一率，想使术简省，先用等数9约简之，所求率得11.5，所有率得5。

假设有2斗菽，想换成豉。问：得多少？答：换成2斗8升豉。术：由菽求豉，乘以7，除以5。淳风等按：豉率是63，从菽求豉，应当用菽率乘这一率。想使术简省，先用等数9约简之，所求率得7，而所有率得5。

原典

今有麦八斗六升七分升之三，欲为小䵂。问：得几何？答曰：为小䵂二斗五升四分升之三。术曰：以麦求小䵂，三之，十而一。臣淳风等谨按：小䵂之率十三半，宜以母二通之[①]，以乘本麦之数[②]。术欲从省，先以等数九约之，所求之率得三，所有之率得十也。

今有麦一斗，欲为大䵂。问：得几何？答曰：为大䵂一斗二升。术曰：以麦求大䵂，六之，五而一。臣淳风等谨按：大䵂之率五十有四，合以麦数乘此率。术欲从省，先以等数九约之，所求之率得六，所有之率得五也。

注释

① 应当用分母 2 通分。

② 用来乘麦本来的数。

译文

假设有8斗$6\frac{3}{7}$升麦，想换成小䵂。问：得多少？答：换成2斗$5\frac{3}{4}$升小䵂。术：由麦求小䵂，乘以3，除以10。淳风等按：小䵂率是13.5，应当用分母2通分，用来乘麦本来的数。想使术简省，先用等数9约简之，所求率得3，所有率得10。

假设有 1 斗麦，想换成大䵂。问：得多少？答：换成 1 斗 2 升大䵂。术：由麦求大䵂，乘以 6，除以 5。淳风等按：大䵂率是 54，应当用麦的数量乘这一率。想使术简省，先用等数 9 约简之，所求率得 6，所有率得 5。

筹算乘除法

筹算乘除法三行布算，很不方便。唐中叶之后为适应商业发展的需要，人们着手简化筹算乘除法，一是化三行布算为一行布算，二是化乘除为加减，通常称为乘除捷算法。赝本《夏侯阳算经》中有许多化多位乘法为一位乘法的例子。把一个含有三位有效数字的小数乘法化成一位的两次乘，两次除，便可在一行内完成运算。一位乘法称为因，这种方法叫重因法。化乘除为加减的方法称为身外加减法，是乘（除）数首位为 1 的一种乘除捷算法。

杨辉在《乘除通变本末》中系统总结了唐宋时期化乘除为加减的方法，提出加法代乘五术，减法代除四术。对乘（除）数首位不是 1 的乘（除）法，可以用加倍、折半等方法将乘（除）数的首位变成 1，再用加（减）法代乘（除），这种方法称为“求一”术。杨辉的《乘除通变本末》中有“求一代乘除”歌诀。“求一乘”的歌诀是：“五、六、七、八、九，倍之数不走。二、三须当半，遇四两折。倍折本从法，实即反其有（自注：倍法必折实，倍实必折法）。用加以代乘，斯数足可守。”归除是在九归与减法基础上发展起来的。归指一位除法，从 1 到 9 的一位除法称为九归。经过杨辉、朱世杰等的总结发展，《算学启蒙》中的九归歌诀与现今珠算口诀形式基本一致：

一归如一进，九一进成十。二一添作五，逢二进成十。三一三十一，三二六十二，逢三进成十。四一二十二，四二添作五，四三七十二，逢四进成十。五归添一倍，逢五进成十。六一下加四，六二三十二，六三添作五，六四六十四，六五八十二，逢六进成十……九归随身下，逢九进成十。

后来，人们又创造了撞归口诀，解决大除数如何确定商的问题。至此，筹算捷算法及其歌诀已发展到算筹与筹算无法容纳的地步，便产生了珠算盘和珠算术，筹算口诀变成了珠算口诀，即珠算的算法语言。

趣味数学题

17. 有一个人带着猫、鸡、米过河，船除需要人划外，至少能载猫、鸡、米三者之一，而当人不在场时猫要吃鸡，鸡要吃米。试设计一个安全过河方案，并使渡船次数尽量少。

原典

今有出钱一百六十，买瓴甓[①]十八枚。瓴甓，砖也。问：枚几何？答曰：一枚，八钱九分钱之八。今有出钱一万三千五百，买竹二千三百五十个。问：个几何？答曰：一个，五钱四十七分钱之三十五。

经率[②]臣淳风等谨按：今有之义，以所求率乘所有数，合以瓴甓一枚乘钱一百六十为实。但以一乘不长[③]，故不复乘，是以径将所买之率与所出之钱为法、实也。此又按：今有之义，出钱为所有数，一枚为所求率，所买为所有率，而今有之，即得所求数。一乘不长，故不复乘。是以径将所买之率为法，以所出之钱为实。故实如法得一枚钱。不尽者，等数而命分。术曰：以所买率为法，所出钱数为实，实如法得一钱。

注释

① 瓴甓：长方砖。

②《九章算术》有两条“经率术”。此条是整数除法法则。

③一乘不长：以1乘任何数，不改变其值。

译文

假设出160钱，买18枚瓴甓。瓴甓是砖。问1枚瓴甓值多少钱？答：1枚瓴甓值$8\frac{8}{9}$钱。假设出13 500钱，买2350根竹。问：1根竹值多少钱？答：1根竹值$5\frac{35}{47}$钱。

经率淳风等按：根据今有术的意义，用所求率乘所有数，应当用瓴甓1枚乘160钱作为实。但是用1来乘，并不增加，所以不再乘，因此直接把所买率与所出钱作为法与实。又按：根据今有术的意义，出钱作为所有数，1枚作为所求率，所买物作为所有率，对它施行今有术，就得到所求数。用1乘并不增加，所以不再乘，因此直接把所买物的率作为法，把所出的钱作为实。所以实除以法就得到1枚的钱数。除不尽的，就用等数约简之而命名一个分数。术：以所买率作为法，所出钱数作为实。实除以法，得1枚的钱数。

其率术、反其率术、经率术、今有术之间的关系

“今有术”是比率算法“都术”，其产生背景是上古时期的“物物交换”。随着商品交换的日益增多，出现了“铸币”，冲击了只适合于物物交换的“今有率”，促成了“经率术”的产生。该术旨在推求单位实物对应的货币量，实质上是一种单价算法。为方便实际运算，古人巧妙地易除为乘，改变“所率”除“所买率”为“所率乘钱数”，“其率术”先如“经率术”布筹运算，但在“实”不能被“法”除尽时，并不“命分”，而是“反以实减法”。作为一种比率算法，“反其率”源于“今有术”。事实上，求近似数值单价问题的“反其率术”既是“其率术”的一个并行算法，又是“其率术”的一个补充算法。当“物数”小于“钱数”时，选定“其率术”，当“物数”大于“钱数”时，选定“反其率术”。

趣味数学题

18. 有个人去买葱，问葱多少钱一斤，卖葱的人说 1 块钱 1 斤，但这至少要买 100 斤。买葱的人又问：葱白跟葱绿分开卖不？卖葱的人说：卖！葱白 7 毛，葱绿 3 毛。

买葱的人称葱白 50 斤，葱绿 50 斤，最后一算葱白 35 元，葱绿 15 元，35+15 等于 50 元。买葱的人给了卖葱的人 50 元就走了。而卖葱的人却纳闷了：为什么明明要卖 100 元的葱，而那个买葱的人 50 元就买走了呢？你说这是为什么？

原典

今有出钱五千七百八十五，买漆一斛[①]六斗七升太半升。欲斗率之[②]，问：斗几何？答曰：一斗，三百四十五钱五百三分钱之一十五。今有出钱七百二十，买缣[③]一匹二丈一尺。欲丈率之，问：丈几何？答曰：一丈，一百一十八钱六十一分钱之二。今有出钱二千三百七十，买布九匹二丈七尺。欲匹率之，问：匹几何？答曰：一匹，二百四十四钱一百二十九分钱之一百二十四。今有出钱一万三千六百七十，买丝一石二钧[④]七斤。欲石率之，问：石几何？答曰：一石，八千三百二十六钱一百九十七分钱之一百七十八。

经率[⑤]此术犹经分[⑥]。术曰：以所求率乘钱数为实，以所买率为法，实如法得一[⑦]。

注释

① 斛：容量单位。1 斛为 10 斗。

② 斗率之：求以斗为单位的价钱。下“丈率之”“匹率之”“石率之”“斤率之”“钧率之”“两率之”“铢率之”等同。

③ 缣：双丝织成的细绢。

④ 钧：重量单位，1 钧为 30 斤。

⑤ 此条经率术是除数为分数的除法，与经分术相同。

⑥ 此条南宋本、大典本都有舛误，诸家校勘均不合理，暂不翻译。

⑦ 此处出钱数为所有数，所买率就是所有率，斗(丈，匹，石)率之为所求率，则归结为今有术。

译文

假设出 5785 钱，买 1 斛 6 斗 7$\frac{2}{3}$升漆。想以斗为单位计价，问：每斗多少钱？答：1 斗值 345$\frac{15}{503}$钱。假设出 720 钱，买 1 匹 2 丈 1 尺缣。想以丈为单位计价，问：每丈多少钱？答：1 丈值 118$\frac{2}{61}$钱。假设出 2370 钱，买 9 匹 2 丈 7 尺布。想以匹为单位计价，问：每匹多少钱？答：1 匹值 244$\frac{124}{129}$钱。假设出 13 670 钱，买 1 石 2 钧 17 斤丝。想以石为单位计价，问：每石多少钱？答：1 石值 8326$\frac{178}{197}$钱。

经率此术如同经分术。术：以所求率乘出钱数作为实，以所买率作为法，实除以法。

古代量器——斛

斛，呈直口直壁的圆筒形，平底，腹两侧各有一柄。《汉书·律历志》：“量者，龠、合、升、斗、斛也，所以量多少……合龠为合，十合为升，十升为斗，十斗为斛，而五量嘉矣”。中国旧量器名，亦是容量单位，一斛本为十斗，后来改为五斗。

斛

原典

今有出五百七十六钱，买竹七十八个。按大小率之[①]。问：各几何？答曰：其四十八个，个七钱；其三十个，个八钱。今有出钱一千一百二十，买丝一石二钧十八斤。欲其贵贱斤率之[②]，问：各几何？答曰：其二钧八斤，斤五钱；其一石一十斤，斤六钱。今有出钱一万三千九百七十，买丝一石二钧二十八斤三两五铢。欲其贵贱石率之，问：各几何？答曰：其一钧九两一十二铢，石八千五十一钱；其一石一钧二十七斤九两一十七铢，石八千五十二钱。今有出钱一万三千九百七十，买丝一石二钧二十八斤三两五铢。欲其贵贱钧率之，问：各几何？曰：其七斤一十两九铢，钧二千一十二钱；其一石二钧二十斤八两二十铢，钧二千一十三钱。今有出钱一万三千九百七十，买丝一石二钧二十八斤三两五铢。欲其贵贱斤率之，问：各几何？答曰：其一石二钧七斤十两四铢，斤六十七钱；其二十斤九两一铢，斤六十八钱。今有出钱一万三千九百七十，买丝一石二钧二十八斤三两五铢。欲

译文

假设出576钱，买78根竹。想按大小计价，问：各多少钱？答：其中48根，1根值7钱；其中30根，1根值8钱。假设出1120钱，买1石2钧18斤丝。想按贵贱以斤为单位计价，问：各多少钱？答：其中2钧8斤，1斤值5钱；其中1石10斤，1斤值6钱。假设出13 970钱，买1石2钧28斤3两5铢丝。想按贵贱以石为单位计价，问：各多少钱？答：其中1钧9两12铢1石值8051钱；其中1石1钧27斤9两17铢，1石值8052钱。假设出13 970钱，买1石2钧28斤3两5铢丝。想按贵贱以钧为单位计价，问：各多少钱？答：其中7斤10两9铢，1钧值2012钱；其中1石2钧20斤8两20铢，1石值2013钱。假设出13 970钱，买1石2钧28斤3两5铢丝。想按贵贱以斤为单位计价，问：各多少钱？答：其中1石2钧7斤10两4铢，1斤值67钱；其中20斤9两1铢，1斤值68钱。假设出13 970钱，买1石2钧28斤3两5铢丝。想按贵贱以两为单位计价，问：各多少钱？答：其中1石1钧17斤14两1铢，1两值4钱；其中1钧10斤5两4铢，1两值5钱。其率，其率是想使答案没有分数。按：出576钱，买78根竹。用它除钱数，得到7。实还剩余30，这就是说，有30根，每根的价钱可再增加1。那么，实中剩余的数量就是价钱贵的物品的数量，所以说“剩余的实是贵的数量”。本来以78作为法，现在以贱的数量减之，那么它的剩余就是价钱贱的物品的数量，所以说

其贵贱两率之，问：各几何？答曰：其一石一钧一十七斤一十四两一铢，两四钱；其一钧十斤五两四铢，两五钱。其率③“其率”知④，欲令无分⑤。按：“出钱五百七十六，买竹七十八个”，以除钱，得七，实余三十，是为三十个复可增一钱。然则实余之数则是贵者之数⑥。故曰“实贵”⑦也。本以七十八个为法，今以贵者减之，则其余悉是贱者之数。故曰“法贱”⑧也。“其求石、钧、斤、两，以积铢各除法、实，各得其积数，余各为铢”知，谓石、钧、斤、两积铢除实，以石、钧、斤、两积诛除法，余各为铢，即合所问。

术曰：各置所买石、钧、斤、两以为法，以所率乘钱数为实，实如法而一。不满法者，反以实减法，法贱实贵⑨。其求石、钧、斤、两，以积铢各除法、实，各得其积数，余各为铢。

“剩余的法是贱的数量”。如果求石、钧、斤、两，就用积铢的数分别除剩余的法和实，依次得到石、钧、斤、两的数，每次余下的都是铢数，就符合所问问题的答案。

术：布置所买的石、钧、斤、两作为法，以所要计价的单位乘钱数作为实，实除以法。不满法者，反过来用剩余的实减法，剩余的法是贱的数量，剩余的实是贵的数量。如果求石、钧、斤、两的数，就用积铢数分别除剩余的法和实，依次得到石、钧、斤、两的数，每次余下的都是铢数。

注释

① 大小率之：按大小两种价格计算，此问实际上是按“大小个率之”。

② 贵贱斤率之：以斤为单位，求物价，而贵贱差1钱。

③ 其率：揣度它们的率。

④“其率”知：与下文“‘其求……余各为铢’知”，二“知”字，训见刘徽序“故枝条虽分而同本干知”之注释。

⑤ 欲令无分：是说要求没有零分的正整数解。

⑥ 实余之数则是贵者之数：实中的余数就是贵者的数量。

⑦ 实贵：由实的余数得到贵的数。比如在买竹问中，贵的个数30，由“实余”产生，所以称为“实贵”。

⑧ 法贱：由法的余数得到贱的数。

⑨ 不满法者，反以实减法，法贱实贵：有不满法的余实，就以余实减法，法中的剩就是贱的数量，实中的剩余就是贵的数量。

古代重量单位的换算

中国古代的重量单位三十斤是一钧，十圭重一铢，二十四铢重一两，十六两重一斤。石：古代的容量或者重量单位。十斗为一石，一百二十斤为一石。钧和匀是中国的重量单位，以见于彝器上的钧和匀为最早，中国的钧虽有轻重两种说法，大概通行的是重的一种，即三钧重二十两。这由毛公鼎铭中的“取三十钧”可以证明那里的钧不可能只有十一铢多重。在战国时期只有两种重量单位，即斤和镒，一斤为十六两，一镒为二十两。从当时文献中的记载来看，这两个单位是乱用的。这两个单位同钧和匀似乎没有正式的联系，这是一件难以解释的事。虽然后来的人用铢、两把这几个单位联系起来，四个单位都成为铢或两的倍数，可是在甲骨文和殷周间的金文中似乎并没有铢和两这两种单位。

原典

今有出钱一万三千九百七十，买丝一石二钧二十八斤三两五铢。欲其贵贱铢率之，问：各几何？答曰：其一钧二十斤六两十一铢，五铢一钱；其一石一钧七斤一十二两一十八铢，六铢一钱。今有出钱六百二十，买羽①二千一百䅉。䅉，羽本也。数羽称其本，犹数草木称其根株。欲其贵贱率之，问：各几何？答曰：其一千一百四十䅉，三䅉一钱；其九百六十䅉，四䅉一钱。今有出钱九百八十，买矢簳五千八百二十枚。欲其贵贱率之，问：各几何？答曰：其三百枚，五枚一钱；其五千五百二十枚，六枚一钱。

反其率②臣淳风等谨按：“其率”者，钱多物少；“反其率”知③，钱少物多。多少相反，故曰反其率也。其率者，以物数为法，钱数为实；反之知，以钱数为法，物数为实。不满法知，实余也。当以余物化为钱矣。法为凡钱，而今以化钱减之，故以实减法。“法少”知，经分④之所得

译文

假设出13 970钱，买1石2钧28斤3两5铢丝。想按贵贱以铢为单位计价，问：各多少钱？答：其中1钧27斤6两11铢，5铢值1钱；其中1石1钧7斤12两18铢，6铢值1钱。假设出620钱，买2100䅉羽。䅉，鸟羽的本。数鸟羽称本，就如同数草称根，数木称株一样。想按贵贱计价，问：各多少钱？答：其中1140䅉，3䅉值1钱；其中960䅉，4䅉值1钱。假设出980钱，买5820枚箭杆。想按贵贱计价，问：各多少钱？答：其中300枚，5枚值1钱；其中5520枚，6枚值1钱。

反其率淳风等按：其率术是出的钱数量大，而买的物品数量小；反其率术是出的钱数

故曰“法少”⑤“实多”者，余分之所益，故曰“实多”⑥。乘实宜以多，乘法宜以少，故曰“各以其所得多少之数乘法、实，即物数”。“其求石、钧、斤、两，以积铢各除法、实，各得其数，余各为铢”者，谓之石、钧、斤、两积铢除实，石、钧、斤、两积铢除法，余各为铢，即合所问。术曰：以钱数为法，所率为实，实如法而一⑦。不满法者，反以实减法，法少实多⑧。二物各以所得多少之数乘法、实，即物数⑨。其率，按：出钱六百二十，买羽二千一百䮐。反之，当二百四十钱，一钱四䮐；其三百八十钱，一钱三䮐。是钱有二价，物有贵贱。故以羽乘钱，反其率也。

量小，而买的物品数量大；大与小的情况正好相反，所以叫作反其率术。术：以出的钱数作为法，所买物品作为实，实除以法。不满法者，反过来用剩余的实减法。剩余的法是买的少的物品的数量，剩余的实是买的多的物品的数量。分别用所得到的买的多少两种物品数乘剩余的实与法，就得到贱与贵的物品的数量。按：其率术是出620钱买2100䮐鸟羽。反过来，应当是其中240钱，1钱买4䮐其中380钱，1钱买3䮐。这是出钱有两个价钱，物品有贵有贱。所以用1钱买的鸟羽数乘钱数，这就是反其率术。

注释

①羽：箭翎，装饰在箭杆的尾部，用以保持箭飞行的方向。

②反其率：与其率相反。盖其率术求单价贵贱差1，故以物数为法，钱数为实。

③“反其率”知：与下文“反之知”“不满法知”“‘法少’知”此四“知”字，训“者”，见刘徽序“故枝条虽分而同本干知”之注释。

④经分：《九章算术》中的分数除法。

⑤故曰“法少”：从上文看不出为什么说“故曰‘实少’”。

⑥故曰“实多”：从上文看不出为什么说“故曰‘实多’”。

⑦以钱数为法，所率为实，实如法而一：以出的钱作为法，所买物品作为实，相除以法。

⑧不满法者，反以实减法，法少实多：有不满法的余实，就以余实减法，余法就是1钱买的少的钱数，余实就是1钱买的多的钱数。

⑨二物各以所得多少之数乘法、实，即物数：两种东西分别以1钱所买的多、少的数乘余实，得1钱买的多的东西的数量。

趣味数学题

19. 市场上鹅蛋 5 元 1 个，鸭蛋 3 元 1 个，鸡蛋 1 元 3 个，100 元买 100 个蛋，各种蛋多少个？各种蛋多少钱？

卷　三

衰分[①]以御贵贱禀[②]税

（衰分：处理物价贵贱、赐予谷物及赋税等问题）

原典

衰分衰分，差[③]也。术曰：各置列衰[④]；列衰，相与率也[⑤]。重叠[⑥]，则可约。副并为法[⑦]，以所分[⑧]乘未并者各自为实。法集而衰别[⑨]。数本一也，今以所分乘上别，以下集除之，一乘一除适足相消。故所分犹存，且各应率而别也。于今有术，列衰各为所求率，副并为所有率，所分为所有数[⑩]。又以经分[⑪]言之。

假令甲家三人，乙家二人，丙家一人，并六人，共分十二，为人得二也。欲复作逐家[⑫]者，则当列置人数，以一人所得乘之。今此术先乘而后除[⑬]也。实如法而一[⑭]。不满法者，以法命之[⑮]。

注释

① 衰分：按一定的等级进行分配，即按比例分配。

② 禀：赐人以谷。《说文解字》："禀"赐谷也。

③ 差：次第，等级。

④ 列衰：列出的等级数，即各物品的分配比例。

⑤ 列衰，相与率也：计算中所使用的列衰都是相与率。

⑥ 重叠：重复叠加。这里实际上指有等数。如果有等数，可以约简。

⑦ 副并为法：合在一起作为法。

⑧ 所分：被分配的总量。

⑨ 法集而衰别：法是列衰集中到一起，而列衰是有区别的。

⑩ 刘徽将列衰作为所求率，副并作为所有率，所分作为所有数，从而将衰分术归结为今有术。

⑪ 经分：从以下的内容看，这里的经分指整数除法。

⑫ 逐家：一家一家依次（求之）。逐，依次，挨着次序。

⑬ 此术先乘而后除：指衰分术是先乘后除。

⑭ 实如法而一：实除以法。

⑮ 以法命之：如果实有余数，便用法命名一个分数。

译文

衰分，就是按等级分配。术：分别布置列衰。列衰是相与之率。如果有重叠，就可以约简。在旁边将它们相加作为法。以所分的数量乘未相加的列衰，分别作为实。法是将列衰集合在一起，而列衰是各自的，这个所分的数量本来是一个整体，现在用所分的数量乘布置在上方的各自的列衰，用布置在下方的集合在一起的法除之，一乘一除恰好相消，所以所分的数量仍然存在，只是分别对应于各自的率而有所区别罢了。对于今有术，列衰分别是所求率，在旁边将它们相加的结果是所有率，所分的数量是所有数。又用经分术来表述之。

假设甲家有 3 人，乙家有 2 人，丙家有 1 人，相加为 6 人，共同分 12，就是每人得到 2。想再得到一家一家的数量，则应当列出各家的人数，以 1 人所得的数量乘之。现在此术是先作乘法而后作除法。实除以法。不满法者，用法命名一个分数。

有趣的衰分术

比例分配图

衰分术就是按已知的比例分配某物的方法。各部分的比例称为列衰。在民间仍然流传着这样一个有趣的衰分问题：有一老翁膝下有三子，对家中 17 头耕牛立遗嘱分之，老大得一半，老二得$\frac{1}{3}$，老三得$\frac{1}{9}$。老翁死后，由于耕牛要耕地，耕牛无法分之。三兄弟求助于邻居老太给予分之，老太牵出自家一耕牛并入这 17 头耕牛，老大得一半分得 9 头，老二得$\frac{1}{3}$分得 6 头，老三得$\frac{1}{9}$分得 2 头，余下 1 头，老太仍牵回家。

趣味数学题

20. 假设有一个池塘，里面有无穷多的水。现有 2 只空水壶，容积分别为 5 升和 6 升。问题是：如何只用这 2 只水壶从池塘里取得 3 升的水？

原典

今大夫[①]、不更[②]、簪裹[③]、上造[④]、公士[⑤]五个人得五鹿。欲以爵次[⑥]分之，问：各得几何？答曰：大夫得一鹿三分鹿之二；不更得一鹿三分鹿之一；簪裹得一鹿；上造得三分鹿之二；公士得三分鹿之一。术曰：列置爵数，各自为衰；爵数者，谓大夫五，不更四，簪裹三，上造二，公士一也。《墨子·号令》以爵级为赐[⑦]，然则战国之初有此名也。今有术，列衰各为所求率，副并为所有率，今有鹿数为所有数，而今有之，即得。副并为法；以五鹿乘未并者各自为实。实如法得一鹿[⑧]。

注释

① 大夫：官名，起自殷周。大夫为第五级。

② 不更：爵位名。秦汉爵位之第四级。

③ 簪裹：亦作簪袅。爵位名，秦汉爵位之第三级。

④ 上造：爵位名，秦汉爵位之第二级。

⑤ 公士：爵位名，秦汉爵位之第一级。

⑥ 爵次：爵位的等级。

⑦ 以爵级为赐：按照爵位的等级进行赏赐。

⑧ 实如法得一鹿：实除以法，得到每人的鹿数。

译文

假设大夫、不更、簪裹、上造、公士 5 人，共猎得 5 只鹿。想按爵位的等级分配，问：各得多少？答：大夫得 $1\frac{2}{3}$只鹿，不更得 $1\frac{1}{3}$只鹿，簪裹得 1 只鹿，上造得$\frac{2}{3}$只鹿，公士得$\frac{1}{3}$只鹿。术：列出爵位的等级，各自作为衰。爵位的级数，是说大夫是 5，不更是 4，簪裹是 3，上造是 2，公士是 1。《墨子 . 号令》说按照爵位的等级进行赏赐，那么战国初期就有这些名号了。对于今有术，列衰各自作为所求率，在旁边将它们相加作为所有率，现猎得的鹿数作为所有数，对之施用今有术，就得到答案。在旁边将它们相加作为法，以 5 只鹿乘未相加的列衰作为实，实除以法，得到每人的鹿数。

原典

今有牛、马、羊食人苗。苗主责之粟五斗。羊主曰："我羊食半马。"马主曰："我马食半牛。"今欲衰偿[①]之，问：各出几何？答曰：牛主出二斗八升七分升之四，马主出一斗四升七分升之二，羊主出七升七分升之一。

术曰：置牛四、马二、羊一，各自为列衰；副并为法；以五斗乘未并者[②]各自为实。实如法得一斗。臣淳风等谨按：此术问意，羊食半马，马食半牛，是谓四羊当一牛，二羊当一马。今术置羊一、马二、牛四者，通其率以为列衰。

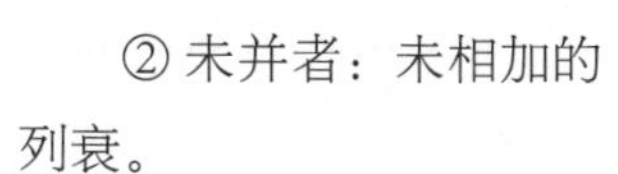

注释

①衰偿：按列衰赔偿。偿：偿还。

②未并者：未相加的列衰。

译文

假设牛、马、羊啃了人家的庄稼。庄稼的主人索要 5 斗粟作为赔偿。羊的主人说："我的羊啃的是马的一半。"马的主人说："我的马啃的是牛的一半。"现在想按照比例偿还，问：各出多少？答：牛的主人出 2 斗 $8\frac{4}{7}$升，马的主人出 1 斗 $4\frac{2}{7}$升，羊的主人出 $7\frac{1}{7}$升。术：布置牛 4、马 2、羊 1，各自作为列衰。在旁边将它们相加作为法。以 5 斗乘未相加的列衰各自作为实。实除以法，得每人赔偿的斗数。淳风等按：这一问题的意思是，羊啃的是马的一半，马啃的是牛的一半，这是说 4 只羊啃的相当于 1 头牛啃的，2 只羊啃的相当于 1 匹马啃的，现在术中布置羊 1、马 2、牛 4，这是使它们的率相通并以其作为列衰。

原典

今有甲持钱五百六十，乙持钱三百五十，丙持钱一百八十，凡三人俱出关，关税[①]百钱。欲以钱数多少衰出之，问：各几何？答曰：甲出五十一钱一百九分钱之四十一，乙出三十二钱一百九分钱之一十二，丙出一十六钱一百九分钱之五十六。术曰：各置钱数为列衰，副并为法，以百钱乘未并者，各自为实，实如法得一钱。臣淳风等谨按：此术甲、乙、丙持钱数以为列衰，副并为所有率，未并者各为所求率，百钱为所有数，而今有之[②]，即得。

注释

①关税：指关卡征收赋税。

②而今有之：应用今有术。

译文

假设某甲带着 560 钱，乙带着 350 钱，丙带着 180 钱，3 人一道出关，关防征税 100 钱。想按照所带钱数多少分配税额，问：各出多少？答：甲出 $51\frac{41}{109}$钱，乙出 $32\frac{12}{109}$钱，丙出 $16\frac{56}{109}$钱。术：分别布置所带的钱数作为列衰，在旁边将它们相加作为法。用 100 钱乘未相加的列衰，各自作为实。实除以法，得到每人出的税钱。淳风等按：此术中以甲、乙、丙所带的钱数作为列衰，在旁边将它们相加，作为所有率，未相加的列衰分别作为所求率，100 钱作为所有数，应用今有术，就得到答案。

原典

今有女子善织日自倍[①]五日织五尺，问：日织几何？答曰：初日织一寸三十一分寸之十九，次日织三寸三十一分寸之七，次日织六寸三十一分寸之十四，次日织一尺二寸三十一分寸之二十八，次日织二尺五寸三十一分寸之二十五。术曰：置一、二、四、八、十六[②]为列衰；副并为法；以五尺乘未并者，各自为实，实如法得一尺。

注释

①日自倍：第二日是第一日的 2 倍。

②此处的列衰是第二天是第一天的 2 倍而来的。

译文

假设一女子善于纺织，每天都增加一倍，5 天共织了 5 尺。问：每天织多少？答：第一天织 $1\frac{19}{31}$寸，第二天织 $3\frac{7}{31}$寸，第三天织 $6\frac{14}{31}$寸，第四天织 1 尺 $2\frac{28}{31}$寸，第五天织 2 尺 $5\frac{25}{31}$寸。术：布置 1、2、4、8、16 作为列衰，在旁边将它们相加作为法。以 5 尺乘未相加的列衰，各自作为实。实除以法，得到每天织的尺数。

原典

今有北乡算[①]八千七百五十八，西乡算七千二百三十六，南乡算八千三百五十六，凡三乡发徭[②]三百七十八人。欲以算数多少衰出之，问：各几何？答曰：北乡遣一百三十五人一万二千一百七十五分人之一万一千六百三十七，西乡遣一百一十二人一万二千一百七十五分人之四千四，南乡遣一百二十九人一万二千一百七十五分人之八千七百九。术曰：各置算数为列衰；臣淳风等谨按：三乡算数，约、可半者，为列衰。副并为法；以所发徭人数乘未并者，各自为实。实如法得一人。

注释

①算：算赋，汉代的人丁税。

②徭：劳役。

译文

假设北乡的算赋是 8758，西乡的算赋是 7236，南乡的算赋是 8356。三乡总共要派遣徭役 378 人。想按照各

乡算赋数的多少分配，问：各乡派遣多少人？答：北乡派遣 $135\frac{11637}{12175}$人，西乡派遣 $112\frac{4400}{12175}$人，南乡派遣 $129\frac{8790}{12175}$人。术：分别布置各乡的算赋数作为列衰，淳风等按：三乡的算赋数，可约简，或可取其一半的，就约简或取其一半，作为列衰，在旁边将它们相加作为法，以所要派遣的徭役人数乘未相加的列衰，分别作为实。实除以法，得每乡派遣的徭役人数。

原典

按：此术，今有之义也。今有禀粟[①]，大夫、不更、簪裹、上造、公士凡五人，一十五斗。今有大夫一人后来，亦当禀五斗。仓无粟，欲以衰出之，问：各几何？答曰：大夫出一斗四分斗之一，不更出一斗，簪裹出四分斗之三，上造出四分斗之二，公士出四分斗之一。术曰：各置所禀粟斛斗数，爵次均之[②]，以为列衰；副并，而加后来大夫亦五斗，得二十以为法；以五斗乘未并者，各自为实。实如法得一斗。禀前“五人十五斗”者，大夫得五斗，不更得四斗，簪裹得三斗，上造得二斗，公士得一斗。欲令五人各依所得粟多少减与后来大夫，即与前来大夫同。据前来大夫已得五斗，故言“亦”[③]也。各以所得斗数为衰，并得十五，而加后来大夫亦五斗，凡二十，为法也。是为六人共出五斗，后来大夫亦俱损折。今有术，副并为所有率，未并者各为所求率，五斗为所有数，而今有之，即得。

注释

① 禀粟：仓库里的粟。

② 爵次均之：以爵位等级调节之。

③ “亦”：也。

译文

按：此术有今有术的意义。假设要发放粟米，大夫、不更、簪裹、上造、公士共 5 人，发放 15 斗。如果有另一个大夫来晚了，也应当发给他 5 斗。可是粮仓中已经没有粟米，想让各人按爵位等级拿出粟给他，问：各人出多少？答：大夫拿出 $1\frac{1}{4}$斗，不更拿出 1 斗，簪裹拿出$\frac{3}{4}$斗，上造拿出$\frac{2}{4}$斗，公士拿出$\frac{1}{4}$斗。术：分别布置所发放的粟米的斗数，以爵位等级调节之，作为列衰。在旁边将它们相加，又加晚来的大夫的爵位数也是 5 斗，得到 20，作为法。以 5 斗乘未相加的列衰，各自作为实，实除以法，得到每人拿出的斗数。重新发放粟米之前，“5 人共 15 斗”，这时大夫得 5 斗，不更得 4 斗，簪裹得 3 斗，上造得 2 斗，公士得 1 斗。想使 5 人各按照所得到的粟的多少减损并给晚来的大夫，使他与先来的大夫相同。根据先来的大夫已得到5斗，所以说晚来的大夫“也是5斗”。各以所得的斗数作为列衰，相加得15，又加晚来的大夫也是5斗，总共是20斗，作为法。这就成为6人共出5斗，晚来的大夫也一道减损。对于今有术，在旁边相加列衰作为所有率，未相加的列衰各为所求率，5斗作为所有数，应用今有术，就得到答案。

原典

今有禀粟五斛，五人分之。欲令[①]三人得三，二人得二，问：各几何？答曰：三人，人得一斛一斗五升十三分升之五，二人，人得七斗六升十三分升之十二。术曰：置三人，人三；二人，人二，为列衰；副并为法[②]；以五斛乘未并者各自为实。实如法得一斛。

注释

①令：使得。

②副并为法：在旁边将它们相加，作为法。

译文

假设发放粟米5斛，5个人分配。想使3个人每人得3份，2个人每人得2份，问：各得多少？答：3个人，每人得1斛1斗$5\frac{5}{13}$升，2个人，每人得7斗$6\frac{12}{13}$升。术：布置3个人，每人3；2个人，每人2，作为列衰。在旁边将它们相加，作为法。以5斛乘未相加的列衰，各自作为实。实除以法，得到每斛的答案。

开平方

《周髀》载陈子应用勾股定理测望太阳距离时要开平方，但无开方程序。《九章·少广》提出了世界上最早的开平方的完整抽象程序。刘徽认为，开平方的几何意义是已知一正方形面积求其边长。《九章》按四行布算，最上行准备放“根”，下面一行布置被开方数，称为实，第三行是法，最下一行是借一算，与实的个位相齐，将借算自右向左隔一位移一步，至不能移为止。根的位数比移的步数多1，实是个位、十位数，借一算根是一位数，实是三位、四位数，借算移一步，根是二位数，依此类推。《九章》的例题中被开方数有的高达10位。如果被开方数是分数，则通分后，分子、分母分别开方，然后相除。如果分母不可开（无理数），则以分母乘实，开方之后，除以分母。

《孙子算经》《张丘建算经》未提出抽象的开方程序，但从题目的开方细草中可以看出，它们在求得根的一位得数后，不再撤去借算，而是保留借算，改称下法，退二位求减根方程。它们还吸取了刘徽的改进。北宋贾宪提出立成释锁法，继承了以往开方法的长处并加以改进，与现今方法无异。

趣味数学题

21. 话说某天一艘海盗船被天上砸下来的一头牛给击中了，5 个倒霉的家伙只好逃难到一个孤岛，发现岛上空荡荡的，幸好有棵椰子树，还有一只猴子。大家把椰子全部采摘下来放在一起，但是天已经很晚了，所以就先睡觉。晚上某个家伙悄悄起床，悄悄地将椰子分成 5 份，结果发现多了一个椰子，顺手就给了幸运的猴子，然后又悄悄地藏了 1 份，然后把剩下的椰子混在一起放回原处，最后悄悄地回去睡觉了。过了一会儿，另一个家伙也悄悄地起床，悄悄地将剩下的椰子分成 5 份，结果发现多了一个椰子，顺手就又给了幸运的猴子，然后又悄悄地藏了 1 份，把剩下的椰子混在一起放回原处，最后悄悄地回去睡觉了。又过了一会儿……总之 5 个家伙都起过床，都做了一样的事情。早上大家都起床，各自心怀鬼胎地分椰子了，这个猴子还真不是一般的幸运，因为这次把椰子分成 5 份后居然还是多一个椰子，只好又给它了。问题来了，这堆椰子最少有多少个？

原典

返衰①以爵次言之，大夫五、不更四……欲令高爵得多者，当使大夫一人受五分，不更一人受四分……人数为母，分数为子。母同则子齐，齐即衰也。故上衰分宜以五、四……为列焉。今此令高爵出少，则当使大夫五人共出一人分，不更四人共出一人分……故谓之返衰。

人数不同，则分数不齐。当令母互乘子。母互乘子，则“动者为不动者衰”也。亦可先同其母，各以分母约，其子②为返衰；副并为法；以所分乘未并者，各自为实。实如法而一。术曰：列置衰而令相乘③，动者为不动者衰。

注释

①返衰：以列衰的倒数进行分配。

②其子：指以分母约“同”的结果。同即公分母。

③列置衰而令相乘：就是布置列衰，使分母互乘分子。

译文

返衰以爵位等级表述之，大夫是 5，不更是 4……想使爵位高的得的多，应当使大夫 1 人接受 5 份，不更 1 人接受 4 份……人数作为分母，每人接受的份数作为分子。分母相同，则分子应该相齐，相齐就能作列衰。所以应用上面的衰分术应当以 5，4……作为列衰。现在此处使爵位高的出的少，那么应当使大夫 5 个人共出 1 份，不更 4 个人共出 1 份……所以称之为返衰。

人数不同，则份数不相齐。应当使分母互乘分子。分母互乘分子，就是变动了的为不变动的进行衰分。也可以先使它们的分母相同，以各自的分母除同，以它们的分子作为返衰术的列衰。在旁边将它们相加作为法。用所分的数量乘未相加的列衰，分别作为实。实除以法。术：布置列衰而使它们相乘，变动了的为不变动的进行衰分。

趣味数学题

22. 小猴子吃桃子，吃掉的比剩下的多 4 个，小猴子又吃掉了一个桃子，这时吃掉的是剩下的 3 倍，问小猴子一共有多少个桃子？

原典

今有大夫、不更、簪袅、上造、公士凡五人，共出百钱。欲令高爵出少，以次渐多[①]，问：各几何？答曰：大夫出八钱一百三十七分钱之一百四，不更出一十钱一百三十七分钱之一百三十，簪袅出一十四钱一百三十七分钱之八十二，上造出二十一钱一百三十七分钱之一百二十三，公士出四十三钱一百三十七分钱之一百九。术曰：置爵数，各自为衰，而返衰之。副并为法；以百钱乘令未并者，各自为实。实如法得一钱。有甲持粟三升，乙持粝米三升，丙持粝饭三升。欲令合而分之，问：各几何？答曰：甲二升一十分升之七，乙四升一十分升之五，丙一升一十分升之八。术曰：以粟率五十、粝米率三十、粝饭率七十五为衰，而返衰之。副并为法。以九升乘未并者，各自为实。实如法得一升[②]。按：此术，三人所持升数虽等，论其本率，精粗不同。米率虽少，令最得多；饭率虽多，返使得少。故令返之，使精得多而粗得少。于今有术，副并为所有率，未并者各为所求率，九升为所有数，而今有之，即得。

注释

① 本来大夫、不更、簪袅、上造、公士的列衰为5、4、3、2、1。

② 本来甲、乙、丙的列衰为50、30、75。

译文

假设大夫、不更、簪裛、上造、公士5个人，共出100钱。想使爵位高的出的少，按顺序逐渐增加，问：各出多少？答：大夫出$8\frac{104}{137}$钱，不更出$10\frac{130}{137}$钱，簪裛出$14\frac{82}{137}$钱，上造出$21\frac{123}{137}$钱，公士出$43\frac{109}{137}$钱。术：布置爵位等级数，各自作为衰，而对之施行返衰术。在旁边将返衰相加。用100钱乘未相加的返衰，各自作为实。实除以法，得每人出的钱数。假设甲拿来3升粟，乙拿来3升粝米，丙拿来3升粝饭。想把它们混合起来重新分配，问：各得多少？答：甲得$2\frac{7}{10}$升，乙得$4\frac{5}{10}$升，丙得$1\frac{8}{10}$升。术：以粟率50，粝米率30，粝饭率75作为列衰，而对之施行返衰术。将返衰相加作为法，以9升乘未相加的返衰，各自作为实。实除以法，得每人分得的升数。按：此术中，三个人所拿来的粟米的升数虽然相等，但是论到它们各自的率，却有精粗的不同。粝米率虽然小，却使得到的多；粝饭率虽然大，反而使得到的少，所以对之施行返衰术，使精的得的多而粗的得的少。对今有术，在旁边将返衰相加作为所有率，未相加的返衰各自作为所求率，9升作为所有数，而应用今有术，即得到答案。

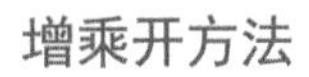

增乘开方法

贾宪创造了增乘开方法，又称递增开方法，把开方技术推进到一个新的阶段。目前中学数学教科书中的综合除法的程序与此相类似。它主要用随乘随加代替一次使用贾宪三角的各廉。它的程序化比立成释锁法更强，只要作好第一步布位定位，掌握退位步数，那么以商自下而上递乘递加，每低一位而止，对任何次方都相同。开方次数愈高，商的位数愈多，数字愈大，就愈显得这种方法优越。后来在阿拉伯地区产生了同样的方法。而在欧洲，直到19世纪初才先后由鲁菲尼与霍纳创造出来，故称为鲁菲尼—霍纳法或霍纳法，比贾宪晚800余年。

趣味数学题

23. 有一批布料，如果用来做上衣可做100件，如果用来做裤子可做150条，这批布料可以做多少套服装？

原典

今有丝一斤，价直①二百四十。今有钱一千三百二十八，问：得丝几何？答曰：五斤八两一十二铢五分铢之四。术曰：以一斤价数为法，以一斤乘今有钱数为实，实如法得丝数。按：此术今有之义。以一斤价为所有率，一斤为所求率，今有钱为所有数，而今有之②，即得。

今有丝一斤，价直三百四十五。今有丝七两一十二铢，问：得钱几何？答曰：一百六十一钱三十二分钱之二十三。术曰：以一斤铢数为法，以一斤价数乘七两一十二铢为实。实如法得钱数。臣淳风等谨按：此术亦今有之义。以丝一斤铢数为所有率，价钱为所求率，今有丝为所有数，而今有之，即得。

注释

① 直：通“值”。

② 今有之：今有术。

译文

假设有1斤丝，价值是240钱。现有1328钱，问：得到多少丝？答：得5斤8两$12\frac{4}{5}$铢丝。术：以1斤价钱作为法，以1斤乘现有钱数作为实，实除以法，得到丝数。此术具有今有术的意义。以1斤价钱作为所有率，1斤作为所求率，现有钱数作为所有数，应用今有术，即得到答案。

假设有1斤丝，价值是345钱。现有7两12铢丝，问：得到多少钱？答：得$161\frac{23}{32}$钱。术：以1斤的铢数作为法，以1斤的价钱乘7两12铢作为实。实除以法，得到钱数。淳风等按：此术也具有今有术的意义。以1斤的铢数作为所有率，1斤的价钱作为所求率，现有的丝数作为所有数，应用今有术，即得到答案。

原典

今有缣①一丈，价直②一百二十八。今有缣一匹九尺五寸，问：得钱几何？答曰：六百三十三钱五分钱之三。术曰：以一丈寸数为法，以价钱数乘今有缣寸数为实。实如法得钱数。臣淳风等谨按：此术亦今有之义。以缣一丈寸数为所有率，价钱为所求率，今有缣寸数为所有数，而今有之，即得。

今有布一匹，价直一百二十五。今有布二丈七尺，问：得钱几何？答曰：八十四钱八分钱之三。术曰：以一匹尺数为法，今有布尺数乘价钱为实，实如

法得钱数。臣淳风等谨按：此术亦今有之义。以一匹尺数为所有率，价钱为所求率，今有布为所有数，今有之，即得。

今有素[③]一匹一丈，价直六百二十五。今有钱五百，问：得素几何？曰：得素一匹。术曰：以价直为法，以一匹一丈尺数乘今有钱数为实。实如法得素数。臣淳风等谨按：此术亦今有之义。以价钱为所有率，五丈尺数为所求率，今有钱为所有数，今有之，即得。

注释

①缣：一种纺织品。

②直：通“值”。

③素：本色的生帛。

译文

假设有1丈缣，价值是128钱。现有1匹9尺5寸缣，问：得到多少钱？答：得$633\frac{3}{5}$钱。术：以1丈的寸数作为法，以1丈的价钱数乘现有缣的寸数作为实。实除以法，得到钱数。淳风等按：此术也具有今有术的意义，以1丈缣的寸数作为所有率，1丈的价钱作为所求率，现有缣的寸数作为所有数，应用今有术，即得到答案。

假设有1匹布，价值是125钱。现有2丈7尺布，问：得到多少钱？答：得$84\frac{3}{8}$钱。术：以1匹的尺数作为法，现有布的尺数乘价钱作为实。实除以法，得到钱数。淳风等按：此术也具有今有术的意义：以1匹的尺数作为所有率，1匹的价钱作为所求率，现有布的尺数作为所有数，应用今有术，即得到答案。

假设有1匹1丈素，价钱是625钱。现有500钱，问：得多少素？答：得1匹素。术：以价值作为法，以1匹1丈的尺数乘现有钱数作为实。实除以法，得到素数。淳风等按：此术也具有今有术的意义。以价钱作为所有率，5丈的尺数作为所求率，现有钱数作为所有数，应用今有术，即得到答案。

原典

今有与人丝一十四斤，约得缣一十斤。今与人丝四十五斤八两，问：得缣几何？答曰：三十二斤八两。曰：以一十四斤两数为法，以一十斤乘今有丝两数为实。实法得缣数。臣淳风

译文

假设给人14斤丝，约定取得10斤缣。现给人45斤8两丝，问：得多少缣？答：得32斤8两缣。术：以14斤的两数作为法，以10斤乘现有丝的两数作为实。实除以法，得到缣数。淳风等按：此术也具有今有术

等谨按：此术亦今有之义。以一十四斤两数为所有率，一十斤为所求率，今有丝为所有数，今有之，即得。今有丝一斤，耗七两。今有丝二十三斤五两，问：耗[①]几何？答曰：一百六十三两四铢半。术曰：以一斤展十六两为法；以七两乘今有丝两数为实。实如法得耗数。臣淳风等谨按：此术亦今有之义。以一斤为十六两[②]为所有率，七两为所求率，今有丝为所有数，而今有之，即得。今有生丝三十斤，干[③]之，耗三十二两。今有干丝一十二斤，问：生丝几何？答曰：一十三斤一十一两十铢七分铢之二。术曰：置生丝两数，除耗数，余，以为法。余四百二十两，即干丝率。三十斤乘干丝两数为实。实如法得生丝数。

的意义。以 14 斤的两数作为所有率，10 斤作为所求率，现有丝数作为所有数，应用今有术，即得到答案。假设有 1 斤丝，损耗 7 两。现有 23 斤 5 两丝，问：损耗多少？答：损耗 163 两 4 铢半。术：将 1 斤展开，成为 16 两，作为法。以 7 两乘现有丝的两数作为实。实除以法，得损耗数。淳风等按：此术也具有今有术的意义。把 1 斤变成 16 两作为所有率，7 两作为所求率，现有丝数作为所有数，应用今有术，即得到答案。假设 30 斤生丝，晒干之后，损耗 32 两。现有干丝 12 斤，问：原来的生丝是多少？答：原来的生丝是 13 斤 11 两 $10\frac{2}{7}$铢。术：布置生丝的两数，减去损耗数，以余数作为法。余数 420 两，就是干丝率。30 斤乘干丝的两数作为实。实除以法，得到生丝数。

注释

① 耗：损耗。

② 一斤为十六两：古代重量单位一斤等于十六两，古语：半斤八两，即由此得来。

③ 干：晒干。

原典

凡所得率知[①]，细则俱细，粗则俱粗，两数相抱[②]而已。故品物不同，如上缣、丝之比，相与率焉。三十斤凡四百八十两，令生丝率四百八十两，令干丝率四百二十两，则其数相通。可俱为铢，可俱为两，可俱为斤，无所归滞也[③]。若然，

译文

凡是所得到的率，要细小则都细小，要粗大则都粗大。两个数互相转取罢了。因此，不同的物品，例如上面的缣与丝的比率，就是相与率。30 斤共有 480 两。使生丝率为 480 两，使干丝率为 420 两，则它们的数相通。可以都用铢，可以都用两，可以都用斤，没有什么地方有窒碍。如果这样，应该用所有的干丝斤数

宜以所有干丝斤数乘生丝两数为实。今以斤、两错互而亦同归者，使干丝以两数为率，生丝以斤数为率。譬之[4]异类，亦各有一定之势。臣淳风等谨按：此术，置生丝两数，除耗数，余即干丝之率，于今有术为所有率；三十斤为所求率，干丝两数为所有数。凡所谓率者，细则俱细，粗则俱粗。今以斤乘两知，干丝即以两数为率，生丝即以斤数为率，譬之异物，各有一定之率也。

乘生丝的两数作为实。现在将斤、两错互一，使干丝以两数形成率，生丝以斤数形成率，也得到同一结果的原因在于，比方说是不同的类，也各有一定的态势。淳风等按：在此术中，布置生丝的两数，减去损耗的数，余数就是干丝率。对于今有术，这作为所有率，30 斤作为所求率，干丝的两数作为所有数。凡是称为率的，要细小则都细小，要粗大则都粗大。现在以斤乘两，是因为干丝以两数形成率，生丝以斤数形成率，比方说是不同的物品，都各有一定的率。

注释

①凡所得率知：与下文“生丝”问刘徽注“今以斤乘两知”中，两“知”字，训“者”，见刘徽序“故枝条虽分而同本干知”之注释。

②相抱：互相转取也。

③这是将诸物化成同一单位，以导出诸物之率，是为率的一种最直观、最常用的方式。

④譬之：谓把它比方作。此谓比方说是不同类的物品也可以形成率。

原典

今有田一亩，收粟六升太半升。今有田一顷二十六亩一百五十九步，问：收粟几何？答曰：八斛四斗四升一十二分升之五。术曰：以亩二百四十步为法，以六升太半升乘今有田积步为实，实除法得粟数。臣淳风等谨按：此术亦今有之义。以一

译文

假设 1 亩田收获 $6\frac{2}{3}$升粟。现有 1 顷 26 亩 159 步田，问：收获多少粟？答：收获 8 斛 4 斗 $4\frac{5}{12}$升粟。术：以 1 亩的步数 240 步作为法，以 $6\frac{2}{3}$升乘现有田的积步作为实。实除以法，得到粟数。淳风等按：此术也具有今有术的意义。以 1 亩的步数作为所有率，$6\frac{2}{3}$升作为所求率，现有田的积

亩步数为所有率，六升太半升为所求率，今有田积步为所有数，而今有之，即得。

今有取保[①]一岁，价钱二千五百。今先取一千二百，问：当作日[②]几何？答曰：一百六十九日二十五分日之二十三。术曰：以价钱为法；以一岁三百五十四日乘先取钱数为实。实如法得日数。臣淳风等谨按：此术亦今有之义。以价为所有率，一岁曰数为所求率，取钱为所有数，而今有之，即得。

步作为所有数，应用今有术，即得答案。

假设雇工，一年的价钱是 2500 钱。现在先领取 1200 钱，问：应当工作多少天？答：应当工作 169 $\frac{23}{25}$天。术：以价钱作为法，以一年 354 天乘先领取的钱数作为实。实除以法，得到日数。淳风等按：此术也具有今有术的意义。以价钱作为所有率，一年的天数作为所求率，领取的钱数作为所有数，应用今有术，即得到答案。

注释

①保：佣工。

②作日：工作。

原典

今有贷[①]人千钱，月息三十。今有贷人七百五十钱，九日归之，问：息几何？答曰：六钱四分钱之三。术曰：以月三十日乘千钱为法；以三十日乘千钱为法者，得三万，是为贷人钱三万，一日息三十也。以肩、三十乘今所贷钱数，又以九日乘之，为实。实如法得一钱[②]。以九日乘今所贷钱为今一曰所有钱，于今有术为所有数；息三十为所求率；三万钱为所有率，此又可以一月三十日约息三十钱，为十分一日，以乘今一日所有钱为实；千钱为法。为率者，当等之于一也。故三十日或可乘本，或可约息，皆所以等之也[③]。

注释

①贷：李籍云："以物假人也。"

②此即以今所贷钱乘以九日为所有数，一千钱乘以三十日为所有率，月息为所求率，则所求数即所得息。

③这是刘徽提出的另一种使用率。

译文

假设向别人借贷 1000 钱，每月的利息是 30 钱。现在向别人借贷了 750 钱，9 天归还，问：利息是多少？答：利息是 6 $\frac{3}{4}$钱。术：以一月 30 天乘 1000 钱

作为法，以 30 天乘 1000 钱作为法，得到 30 000，这相当于向别人借贷 30 000 钱，一天的利息是 30 钱。以利息 30 钱乘现在所借贷的钱数，又以 9 天乘之，作为实。实除以法，得到利息的钱数。以 9 天乘现在所借贷的钱数作为现在一日所有的钱，对于今有术，作为所有数，利息 30 钱作为所求率，30 000 钱作为所有率。这又可以用一月 30 天除利息 30 钱，得到一天 10 分。以它乘现在一日所有钱作为实。1000 钱作为法。建立率，应当使它等于 1。所以，30 天有时可以用来乘本来的钱，有时可以用来除利息，都是用来使率相同。

正负开方术

现存史料中，第一次突破方程系数为正的限制的是北宋 12 世纪数学家刘益。他还突破了首项系数是 1 的限制。刘益为解决这些负系数方程，提出了益积开方术和减从开方术。杨辉说刘益的方法“实冠前古”。这两种方法尚不是增乘开方法，后者与增乘开方法比较接近。秦九韶提出正负开方术，把以增乘开方法为主体的高次方程数值解法发展到十分完备的程度。他的方程有的高达 10 次，方程系数在有理数范围内没有限制。他规定实常为负，这实际上是求解方程的正根。正负开方术是 13 世纪宋元数学家的共识。南宋的杨辉，金元的李冶、朱世杰对此都有贡献。李冶、朱世杰不再规定实常为负，而是可正可负，并对常数项变号或绝对值增大的情况也提出了处理意见。数学家们还提出了之分法。

趣味数学题

24. 一块边长 4 米的正方形草地，两对角各有一棵树，树上各拴着一只羊，拴羊的绳子长都是 4 米。两只羊都能吃到草的草地面积是多少平方米?

卷　四

少广[①]以御积幂方圆

（少广：处理积幂方圆问题）

原典

少广臣淳风等谨按：一亩之田，广一步，长二百四十步。今欲截取其从少，以益其广，故曰少广。术曰：置全步及分母子，以最下分母遍乘[②]诸分子及全步，臣淳风等谨按：以分母乘全者，通其分也；以母乘子者，齐其子也。各以其母除其子，置之于左；命通分者，又以分母遍乘诸分子及已通者，皆通而同之[③]，并之为法。臣淳风等谨按：诸子悉通，故可并之为法。亦宜用合分术，列数尤多。若用乘则算数至繁，故别制此术，从省约。置所求步数，以全步积分乘之为实[④]。此以田广为法，一亩积步为实。法有分者，当同其母，齐其子以同乘法实，而并齐于法。今以分母乘全步及子，子如母而一。并以并全法，则法实俱长，意亦等也。故如法而一，得从步数。实如法而一，得从步。

注释

①少广：九数之一。“少广”含有少广术、开方术，是面积以及体积问题的逆运算，就是已知面积或体积求其广的问题。

②遍乘：普遍地乘。通常指以某数整个地乘一行的情形。

③通而同之：依次对各个分数通分，即“通”，再使分母相同，即“同”。

④置所求步数，以全步积分乘之为实：这是以同，即1步的积分乘1亩的步数，作为实。

译文

少广淳风等按：1亩的田地，如果广是1步，那么长就是二百四十步。现在想从它的长截取少部分，增益到广上，所以叫作少广。术：布置整步数及分母、分子，以最下面的分母普遍地乘各分子及整步数。淳风等按：以分母乘整步数，是为了将它通分以分母乘分子，是为了使分子相齐。分别用分母除其分子，将它们布置在左边。使它们通分；又以分母普遍地乘各分子及已经通分的数，使

它们统统通过通分而使分母相同。将它们相加作为法。淳风等按：各分子都互相通达，所以可将它们相加作为法。使用合分术也是适宜的，不过这布列的数字太多，如果使用乘法，则计算的数字太烦琐。所以另外制定此术，遵从省约的原则。布置所求的步数，以1整步的积分乘之，作为实。这里把田的广作为法，1亩田的积步作为实。法中有分数者，应当使它们的分母相同，使它们的分子相齐，以同乘法与实，而将诸齐相加，作为法。现在依次用分母乘整步数及各分子，分子除以分母，皆加到整个法中，那么法与实同时增长，意思也是等同的。所以除以法，得到纵的步数。实除以法，得到纵的步数。

少广术

少广是九数之一，含有少广术、开方术，是面积以及体积问题的逆运算，就是已知面积或体积求其广的问题。根据少广术的例题中都是田地的广远小于纵，我们推断“少广”的本义是小广。李籍云“广少从多”，符合其本义。李籍又云“截从之多，益广之少，故曰少广”，似与前说抵牾。此源于李淳风等的注释“截取其从少，以益其广”。李淳风等的理解未必符合其本义。这种理解大约源于商周时人们通过截长补短，将不规则的田地化成正方形衡量其大小，如《墨子·非攻命上》云“古者汤封于亳，绝长继短，方地百里”，“昔者文王封于岐周，绝长继短，方地百里”。春秋以后，人们还有这种习惯，《孟子·滕文公上》云“今滕绝长补矩，将五十里也”。李淳风等的理解符合开方术。《算数书》中亦有少广术及其例题。

原典

今有田广一步半。求田一亩，问：纵几何？答曰：一百六十步。术曰：下有半，是二分之一①。以一为二，半为一②，并之得三，为法。置田二百四十步，亦以一为二乘之，为实。实如法得纵步。

今有田广一步三分步之一。求田一亩，问：从几何？答曰：一百三十步一十一分步之一十。术曰：下有三分，以一为六，半为三，二分之一化为二，并之得一十一，以为法。置田二百四十步，亦以一为六乘之，为实。实如法得从步。

注释

①是二分之一：即$\frac{1}{2}$。

②以一为二，半为一：是将1化为2，半化为1。

译文

假设田的广是1步半。求1亩田，问：纵是多少？答：纵是160步。术：下方有半，将1化为2，半化为1。相加得到3，作为法。布置1亩田240步，也将1化为2，乘之，作为实。实除以法，得纵的步数。

假设田的广是$1\frac{1}{3}$步。求1亩田，问：纵是多少？答：纵是$130\frac{10}{11}$步。术：下方有3分，将1化为6，半化为3，$\frac{1}{2}$化为2。相加得到11，作为法。布置1亩田240步，也将1化为6，乘之，作为实。实除以法，得纵的步数。

原典

今有田广一步半、三分步之一、四分步之一。求田一亩，问：从几何？答曰：一百一十五步五分步之一。术曰：下有四分，以一为一十二[①]，半为六，三分之一为四，四分之一为三，并之得二十五，以为法[②]。置田二百四十步，亦以一为一十二乘之，为实。实如法而一，得从步。

今有田广一步半、三分步之一、四分步之一、五分步之一。求田一亩，问：从几何？答曰：一百五步一百三十七分步之一十五。术曰：下有五分，以一为六十，半为三十，三分之一为二十，四分之一为一十五，五分之一为一十二，并之得一百三十七，以为法。置田二百四十步，亦以一为六十乘之，为实。实如法得从步。

注释

① 以一为一十二：把1分成12份。

② 以为法：用这样的方法就行了。

译文

假设田的广是1步半与$\frac{1}{3}$步、$\frac{1}{4}$步。求1亩田，问：纵是多少？答：纵是$115\frac{1}{5}$步。术：下方有4分，将1化为12，半化为6，$\frac{1}{3}$化为4，$\frac{1}{4}$化为3，相加得到25，作为法。布置1亩田240步，也将1化为12，乘之，作为实。实除以法，得纵的步数。

假设田的广是1步半与$\frac{1}{3}$步、$\frac{1}{4}$步、$\frac{1}{5}$步。求1亩田，问：纵是多少？答：纵是$105\frac{15}{137}$步。术：下方有5分，将1化为60，半化为30，$\frac{1}{3}$化为20，$\frac{1}{4}$化为15，$\frac{1}{5}$化为12。相加得到137，作为法。布置1亩田240步，也将1化为60，乘之，作为实。实除以法，得纵的步数。

原典

今有田广一步半、三分步之一、四分步之一、五分步之一、六分步之一。求田一亩，问：从几何？答曰：九十七步四十九分步之四十七。术曰：下有六分，以一为一百二十，半为六十，三分之一为四十，四分之一为三十，五分之一为二十四，六分之一为二十，并之得二百九十四，以为法。置田二百四十步，亦以一为一百二十乘之，为实。实如法得从步。

今有田广一步半、三分步之一、四分步之一、五分步之一、六分步之一、七分步之一。求田一亩，问：从几何？答曰：九十二步一百二十一分步之六十八。术曰：下有七分，以一为四百二十，半为二百一十，三分之一为一百四十，四分之一为一百五，五分之一为八十四，六分之一为七十，七分之一为六十，并之得一千八十九，以为法。置田二百四十步，亦以一为四百二十乘之，为实。实如法得从步。

译文

假设田的广是 1 步半、$\frac{1}{3}$步、$\frac{1}{4}$步、$\frac{1}{5}$步。$\frac{1}{6}$步。求 1 亩田，问：纵是多少？答：纵是 97 $\frac{47}{49}$步。术：下方有 6 分，将 1 化为 120，半化为 60，$\frac{1}{3}$化为 40，$\frac{1}{4}$化为 30，$\frac{1}{5}$去化为 24，$\frac{1}{6}$化为 20。相加得到 294，作为法。布置 1 亩田 240 步，也将 1 化为 120，乘之，作为实。实除以法，得纵的步数。

假设田的广是 1 步半与$\frac{1}{3}$步、$\frac{1}{4}$步、$\frac{1}{5}$步、$\frac{1}{6}$步、$\frac{1}{7}$步。求 1 亩田，问：纵是多少？答：纵是 92 $\frac{68}{121}$步。术：下方有 7 分，将 1 化为 420，半化为 210，$\frac{1}{3}$化为 140，$\frac{1}{4}$化为 105，$\frac{1}{5}$化为 84，$\frac{1}{6}$化为 70，$\frac{1}{7}$化为 60。相加得到 1089，作为法。布置 1 亩田 240 步，也将 1 化为 420，乘之，作为实。实除以法，得纵的步数。

原典

今有田广一步半、三分步之一、四分步之一、五分步之一、六分步之一、七分步之一、八分步之一。求田一亩，问：从几何？答曰：八十八步七百六十一分步之二百三十二。术曰：下有八分，以一为八百四十，半为四百二十，三分之一为二百八十，四分之一为二百一十，五分之一为一百六十八，六分之一为一百四十，七分之一为一百二十，八分之一为一百五，并之得二千二百八十三，以为法。置田二百四十步，亦以一为八百四十乘之，为实。实如法得从步。

译文

假设田的广是1步半与$\frac{1}{3}$步、$\frac{1}{4}$步、$\frac{1}{5}$步、$\frac{1}{6}$步、$\frac{1}{7}$步、$\frac{1}{8}$步。求1亩田，问：纵是多少？答：纵是88$\frac{232}{761}$步。术：下方有8分，将1化为840，半化为420，$\frac{1}{3}$化为280，$\frac{1}{4}$化为210，$\frac{1}{5}$化为168，$\frac{1}{6}$化为140，$\frac{1}{7}$化为120，$\frac{1}{8}$化为105。相加得到2283，作为法。布置1亩田240步，也将1化为840，乘之，作为实。实除以法，得纵的步数。

原典

今有田广一步半、三分步之一、四分步之一、五分步之一、六分步之一、七分步之一、八分步之一、九分步之一。求田一亩，问：从几何？答曰：八十四步七千一百二十九分步之五千九百六十四。术曰：下有九分，以一为二千五百二十，半为一千二百六十，三分之一为八百四十，四分之一为六百三十，五分之一为五百四，六分之一为四百二十，七分之一为三百六十，八分之一为三百一十五，九分之一为二百八十，并之得七千一百二十九，以为法。置田二百四十步，亦以一为二千五百二十乘之，为实。实如法得从步。

译文

假设田的广是1步半与$\frac{1}{3}$步、$\frac{1}{4}$步、$\frac{1}{5}$步、$\frac{1}{6}$步、$\frac{1}{7}$步、$\frac{1}{8}$步、$\frac{1}{9}$步。求1亩田，问：纵是多少？答：纵是84$\frac{5964}{7129}$步。术：下方有9分，将1化为2520，半化为1260，$\frac{1}{3}$化为840，$\frac{1}{4}$化为630，$\frac{1}{5}$化为504，$\frac{1}{6}$化为420，$\frac{1}{7}$化为360，$\frac{1}{8}$化为315，$\frac{1}{9}$化为280。相加得到7129，作为法。布置1亩田240步，也将1化为2520，乘之，作为实。实除以法，得纵的步数。

原典

今有田广一步半、三分步之一、四分步之一、五分步之一、六分步之一、七分步之一、八分步之一、九分步之一、十分步之一。求田一亩，问：从几何？

答曰：八十一步七千三百八十一分步之六千九百三十九。术曰：下有九分，以一为二千五百二十，半为一千二百六十，三分之一为八百四十，四分之一为六百三十，五分之一为五百四，六分之一为四百二十，七分之一为三百六十，八分之一为三百一十五，九分之一为二百八十，十分之一为二百五十二，并之得七千三百八十一，以为法。置田二百四十步，亦以一为二千五百二十乘之，为实。实如法得从步。

译文

假设田的广是1步半与$\frac{1}{3}$步、$\frac{1}{4}$步、$\frac{1}{5}$步、$\frac{1}{6}$步、$\frac{1}{7}$步、$\frac{1}{8}$步、$\frac{1}{9}$步、$\frac{1}{10}$步。求1亩田，问：纵是多少？答：纵是$81\frac{6939}{7381}$步。术：下方有9分，将1化为2520，半化为1260，$\frac{1}{3}$化为840，$\frac{1}{4}$化为630，$\frac{1}{5}$化为504，$\frac{1}{6}$化为420，$\frac{1}{7}$化为360，$\frac{1}{8}$化为315，$\frac{1}{9}$化为280，$\frac{1}{10}$化为252。相加得到7381，作为法。布置1亩田240步，也将1化为2520，乘之，作为实。实除以法，得纵的步数。

原典

今有田广一步半、三分步之一、四分步之一、五分步之一、六分步之一、七分步之一、八分步之一、九分步之一、十分步之一、十一分步之一。求田一亩，问：从几何？答曰：七十九步八万三千七百一十一分步之三万九千六百三十一。术曰：下有一十一分，以一为二万七千七百二十，半为一万三千八百六十，三分之一为九千二百四十，四分之一为六千九百三十，五分之一为五千五百四十四，六分之一为四千六百二十，七分之一为三千九百六十，八分之一为三千四百六十五，九分之一为三千八十，一十分之一为二千七百七十二，一十一分之一为二千五百二十，并之得八万三千七百一十一，以为法。置田二百四十步，亦以一为二万七千七百二十乘之，为实。实如法得从步。

译文

假设田的广是1步半与$\frac{1}{3}$步、$\frac{1}{4}$步、$\frac{1}{5}$步、$\frac{1}{6}$步、$\frac{1}{7}$步、$\frac{1}{8}$步、$\frac{1}{9}$步、$\frac{1}{10}$步、

$\frac{1}{11}$步。求1亩田，问：纵是多少？答：纵是$79\frac{39\ 631}{83\ 711}$步。术：下方有11分，将1化为27 720，半化为13 860，$\frac{1}{3}$化为9240，$\frac{1}{4}$化为6930，$\frac{1}{5}$化为5544，$\frac{1}{6}$化为4620，$\frac{1}{7}$化为3960，$\frac{1}{8}$化为3465，$\frac{1}{9}$化为3080，$\frac{1}{10}$化为2772，$\frac{1}{11}$化为2520。相加得到83 711，作为法。布置1亩田240步，也将1化为27 720，乘之，作为实。实除以法，得纵的步数。

原典

今有田广一步半、三分步之一、四分步之一、五分步之一、六分步之一、七分步之一、八分步之一、九分步之一、十分步之一、十一分步之一、十二分步之一。求田一亩，问：从几何？答曰：八万六千二十之二万九千一百八十三。术曰：下有一十二分，以一为八万三千一百六十，半为四万一千五百八十，三分之一为二万七千七百二十，四分之一为二万七百九十，五分之一为一万六千六百三十二，六分之一为一万三千八百六十，七分之一为一万一千八百八十，八分之一为一万三百九十五，九分之一为九千二百四十，一十分之一为八千三百一十六，十一分之一为七千五百六十，十二分之一为六千九百三十，并之得二十五万八千六十三，以为法。置田二百四十步，亦以一为八万三千一百六十乘之，为实。实如法得从步。

译文

假设田的广是1步半与$\frac{1}{3}$步、$\frac{1}{4}$步、$\frac{1}{5}$步、$\frac{1}{6}$步、$\frac{1}{7}$步、$\frac{1}{8}$步、$\frac{1}{9}$步、$\frac{1}{10}$步、$\frac{1}{11}$步、$\frac{1}{12}$步。求1亩田，问：纵是多少？答：纵是$\frac{29\ 183}{86\ 020}$步。术：下方有12分，将1化为83 160，半化为41 580。$\frac{1}{3}$化为27 720，$\frac{1}{4}$化为20 790，$\frac{1}{5}$化为16 632，$\frac{1}{6}$化为13 860，$\frac{1}{7}$化为11 880，$\frac{1}{8}$化为10 395，$\frac{1}{9}$化为9240，$\frac{1}{10}$化为8316，$\frac{1}{11}$化为7560，$\frac{1}{12}$化为6930。相加得到258 063，作为法。布置1亩田240步，也将1化为83 160，乘之，作为实。实除以法，得纵的步数。

原典

臣淳风等谨按：凡为术①之意，约省为善②。宜云：“下有一十二分，以一为二万七千七百二十，半为一万三千八百六十，三分之一为九千二百四十，四分之一为六千九百三十，五分之一为五千五百四十四，六分之一为四千六百二十，七分之一为三千九百六十，八分之一为三千四百六十五，九分之一为三千八十，十分之一为二千七百七十二，十一分之一为二千五百二十，十二分之一为二千三百一十，并之得八万六千二十一，以为法。置田二百四十步，亦以一为二万七千七百二十乘之，以为实。实如法得从步。”其术亦得知，不繁③也。

注释

①为术：造术。

②善：好的。

③繁：烦琐。

译文

淳风等按：凡是造术的思想，约省是最好的。此术应该是：“下方有12分，将1化为27 720，半化为13 860，$\frac{1}{3}$化为9240，$\frac{1}{4}$化为6930，$\frac{1}{5}$化为5544，$\frac{1}{6}$化为4620，$\frac{1}{7}$化为3960，$\frac{1}{8}$化为3465，$\frac{1}{9}$化为3080，$\frac{1}{10}$化为2772，$\frac{1}{11}$化为2520，$\frac{1}{12}$化为2310。相加得到86 021，作为法。布置1亩田240步，也将1化为27 720，乘之，作为实。实除以法，得纵的步数。”这种方法也得到答案，但是不烦琐。

十进计数制

中国人于公元前14世纪，发明了十进计数制。在现代科学中是十分重要的，欧洲人正式采用它的最早时间的证据，是在公元976年的一份西班牙人的手稿中发现的，而中国早在公元前14世纪的商朝，便已经采用了。在出土的公元前13世纪的甲骨文中，见有中国人用十进制记述了“547天”的实例。刘徽在“开方术”中明确提出了用十进制小数任意逼近不尽根数的方法，他称之为“求微数法”并指出在开方过程中，其“一退以十为步，其再退以百为步，退之弥下，其分弥细”。十进计数制是对人类文明不可磨灭的贡献。

趣味数学题

25. 九百九十九文钱，梨果买一千，一十一文梨九个，七枚果子四文钱。问：梨果多少价几何？

原典

今有积五万五千二百二十五步。问：为方[①]几何？答曰：二百三十五步。又有积[②]二万五千二百八十一步。问：为方几何？答曰：一百五十九步。又有积七万一千八百二十四步。问：为方几何？答曰：二百六十八步。又有积五十六万四千七百五十二步四分步之一。问：为方几何？答曰：七百五十一步半。又有积三十九亿七千二百一十五万六百二十五步。问：为方几何？答曰：六万三千二十五步。

注释

①方：一边，一面，此处指将给定的面积变成正方形后的边。

②积：面积。

译文

假设有面积 55 225 平方步。问：变成正方形，边长是多少？答：235 步。假设又有面积 25 281 平方步。问：变成正方形，边长是多少？答：159 步。假设又有面积 71 824 平方步。问：变成正方形，边长是多少？答：268 步。假设又有面积 564 752 $\frac{1}{4}$平方步。问：变成正方形，边长是多少？答：751 步半。假设又有面积 3 972 150 625 平方步。问：变成正方形，边长是多少？答：63 025 步。

原典

开方[①]求方幂之一面[②]也。术[③]曰：置积为实[④]。借一算[⑤]，步之，超一等[⑥]。言百之面十也，言万之面百[⑦]也。议所得[⑧]，以一乘[⑨]所借一算为法，而以除[⑩]。先得黄甲之面，上下相命，是自乘而除[⑪]也。除已[⑫]，倍法为定法。倍之者，豫张两面朱幂定袤，以待复除，故曰定法[⑬]。其复除，折法而下。

注释

①开方：《九章算术》中指求的正根，即今之开平方。

②面：边长。这是说开方就是求正方形面积的一边长。

③术：开方程序。

译文

开方是求方幂的一边长。术：布置面积作为实。借 1 算，将它向左移动，每隔一位移一步。这意味着百位数的边长是十位数，万位数的边长是百位数……商议所得的数，用它的一次方乘所借 1 算，作为法，而用来作除法。这是先得出黄甲的一边长。上下相乘，这相当于将边长自乘而减实。作完除法，将法加倍，作为定法。“将法加倍”，是为了预先展开两块朱幂已经确定的长，以便准备作第二次除法，所以叫作定法。若要作第二次乘法，应当缩小法，因此将它退位。

④ 实：被开方数。开方术是从除法转化而来的，除法中的“实”即被除。

⑤ 算：算筹。

⑥ 步之，超一等：将借算由右向左隔一位移一步，直到不能再移为止。

⑦ 言百之面十：面积为百位数，其边长即根就是十位数；言万之面百：面积为万位数，其边长即根就是百位数。依此类推。

⑧ 议所得：商议得到根的第一位得数，记为巧。

⑨ 一乘：一次方。这是说以借算 1 乘，得作为法。此处“法”的意义，与除法“实如法而一”中“法”的意思完全相同。

⑩ 以除：即以法除实。此处“除”指除法。

⑪ 除：除去，减。

⑫ 除已：做完了除法。

⑬ 刘徽认为，将定法加倍，是为了预先显现黄甲两边外的两朱幂的长，以继续开方。

原典

欲除朱幂者，本当副置所得成方①，倍之为定法，以折、议、乘，而以除。如是当复步之而止，乃得相命，故使就上折②下。复置借算，步之免初，以复议一乘之，欲除朱幂之角黄乙之幂③，其意如初之所得也。所得副以加定法④，以除。以所得副从定法⑤。再以黄乙之面加定法⑥者是则张两青幂⑦之袤印。复除，折下如前⑧。若开之

注释

① 成方：已得到的方边，即 4。

② 折：将成方缩小。

③ 黄乙之幂：黄乙的边长

④ 所得副以加定法：以法除余实，其商的整数部分恰好是第二位得数。

⑤ 以所得副从定法：在旁边再将第二位得数加到定法上。

⑥ 再以黄乙之面加定法：其几何解释就是以黄乙的边长的 2 倍加定法。

⑦ 青幂：是以黄乙的边长为长，以黄乙的边长的 2 倍为宽的两长方形。

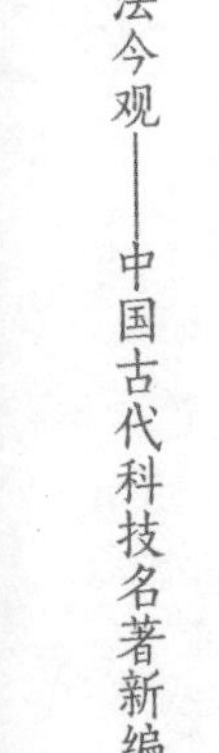

不尽者，为不可开⑨，当以面命之⑩。术或⑪有以借算加定法而命分者，虽粗相近，不可用也。

⑧复除，折下如前：如果实中还有余数，就要再作除法，那么就像前面那样缩小退位。

⑨不可开：即开方不尽。

⑩以面命之：以面命名一个数。

⑪或：有人，有的。

译文

如果要减去朱幂，本来应当在旁边布置所得到的已经确定的正方形的边长，将它加倍，作为定法，通过缩小定法，商议得数，乘借算等运算而用来作除法。如果这样，应当重新布置借算，并自右向左移动，到无法移动时而止，才能相乘。这太烦琐，所以使借算就在上面缩小而将它退位。再布置所借1算，向左移动，像开头作的那样。用第二次商议的得数的一次方乘所借1算。这是想减去位于两朱幂形成的角隅处的黄乙的面积。它的意义如同对第一步的得数所作的那样。将第二位得数在旁边加入定法，用来作除法。将第二位得数在旁边纳入定法。再将黄乙的边长加入定法，是为了展开两青幂的长。如果再作除法，就像前面那样缩小退位。如果是开方不尽的，称为不可开方，应当用“面”命名一个数。各种方法中有的是用所借1算加定法来命名一个分数的，虽然大略近似，然而是不可使用的。

原典

凡开积为方，方之自乘当还复其积分。令不加借算而命分①，则常微少；其加借算而命分，则又微多。其数不可得而定。故惟以面命之，为不失耳。譬犹以三除十，以其余为三分之一，而复其数可举。不以面命之，加定法如前，求其微数②，微数无名③者以为分子。其一退以十为母，其再退④以百为母，退之弥下，其分弥细⑤，则朱幂虽有所弃之数⑥，不足言之⑦也。若实有分者，通分内子为定实，乃开之讫，开其母，报除。

注释

①命分：整数部分之外命名的分数。

②微数：细微的数。

③无名：无名数单位，即当时的度量衡制度下所没有的单位。

④再退：退两位。

⑤其分弥细：此谓开方时退得越多，分数就越细。

⑥所弃之数：舍弃的数。

⑦不足言之：可以忽略不计。

译文

凡是将某一面积开方成为正方形一边的，将该边的数自乘，应当仍然恢复它的积分。使定法不加借算 1 而命名一个分数，则分母必定稍微小了一点；使定法加借算 1 而命名一个分数，则分母又稍微大了一点，那么它的准确的数值是不能确定的。

所以，只有以“面”命名一个数，才是没有缺失的。这好像以 3 除 10，其余数是$\frac{1}{3}$。恢复它的本数是可以做到的。如果不以“面”命名一个数，像前面那样，继续加定法，求它的微数。微数中没有名数单位的，作为分子，如果退一位，就以 10 为分母，如果退二位，就以 100 为分母。越往下退位，它的分数单位就越细。那么，朱幂中虽然有被舍弃的数，是不值得考虑的。如果实中有分数，就通分，纳入分子，作为定实，才对之开方。开方完毕，再对它的分母开方，回报以除。

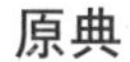

原典

臣淳风等谨按：分母可开者，并通知积，先合二母。既开之后，一母尚存，故开分母，求一亩为法，以报除也。若母不可开者，又以母乘定实乃开之。讫[①]，令如母而一。臣淳风等谨按：分母不可开者，本一亩也。又以母乘之，乃合二母。既开之后，亦一母存焉。故令一母而一[②]，得全面也。

注释

① 讫：完了。

② 令一母而一：“令如一母而一”的省称，即以分母除。

译文

淳风等按：如果分母是完全平方数，就是已通同的积，它含有二重分母。完成开方之后，仍存在一重分母。所以对分母开方，求出一重分母，作为法，以它回报以除法。如果不是完全平方数，就用分母乘定实，才对它开方，完了，除以分母。淳风等按：如果分母不是完全平方数，它本来是一重分母。又乘以分母，就合成了二重分母。完成开方之后，也存在一重分母，所以除以一重分母，就得到整个边长。

影响深远的贾宪三角

贾宪把他的开方法叫立成释锁。释锁形象地比喻开方像打开一把锁；而唐宋历算家把载有一些计算常数的算表称为立成；立成释锁法就是借助某种算表进行开方的方法。贾宪把开方法的立成称作开方作法本源，今天称之为贾宪三角。目前中学课本与若干小册子把它称作杨辉三角，是以讹传讹。实际是，它保存在杨辉书中，而杨辉明确指出“贾宪用此术”。

重1数
自然数
三角形数
四面体数
四维空间的四面体数
五维空间的四面体数

1
1 1
1 2 1
1 3 3 1
1 4 6 4 1
1 5 10 10 5 1
1 6 15 20 15 6 1
1 7 21 35 35 21 7 1
1 8 28 56 70 56 28 8 1
1 9 36 84 126 126 84 36 9 1
1 10 45 120 210 252 210 120 45 10 1

贾宪三角是将整次幂二项式的展开式的系数摆成的三角形，（《永乐大典》所引《详解〈九章〉算法》）前三句说明了贾宪三角的结构：最外左右斜线上的数字，分别是展开式中积和隅算的系数，中间的数二，三、三，四、六、四……分别是各廉。后两句说明了各系数在立成释锁方法中的作用。二，三、三分别在开平方、开立方中的作用，上面已经看到了；四、六、四，五、十、十、五……分别在开四次、五次……方中的作用与此类似。贾宪三角的提出，表明贾宪实际上已把立成释锁方法推广到高次方，这是一个重大突破。换言之，贾宪已能把贾宪三角写到任意多层。后来，朱世杰用两组平行线将贾宪三角的数联结起来，说明贾宪三角还成为朱世杰解决高阶等差级数求和问题的主要工具。

公元 15 世纪，阿拉伯数学家阿尔·卡西用直角三角形表示了同样意义的三角形。公元 16、17 世纪欧洲许多数学家都提出过这个三角形，其中以帕斯卡最有名，被称作帕斯卡三角。

原典

今有积一千五百一十八步四分步之三。问：为圆周[①]几何？答曰：一百三十五步。于徽术，当周一百三十八步一十分步之一。臣淳风等谨按：此依密率，为周一百三十八步五十分步之九。又有积三百步。问：为圆周几何？答曰：六十步。于徽术，当周六十一步五十分步之十九。臣淳风等谨依密率，为周六十一步一百分步之四十一。

开圆术曰：置积步数[②]，以十二乘之，以开方除之，即得周。此术以周三径一为率，与旧圆田术相返覆[③]也。于徽术，以三百一十四乘积，如二十五而一，所得，开方除之，即周也。（开方除之，即径）是为据见幂以求周，犹失之于微少。其以二百乘积，一百五十七而一，开方除之，即径，犹失之于微多。

臣淳风等谨按：此注于徽术求周之法，其中不用“开方除之，即径”六字，今本有者，衍剩也。依密率，八十八乘之，七而一。按周三径一之率，假令周六径二，半周半径相乘得幂三。周六自乘得三十六，俱以等数除，幂得一，周之数十二也。其积：本周自乘，合以一乘之，十二而一，得积三也。术为一乘不长，故以十二而一，得此积。今还元[④]，置此积三，以十二乘之者，复其本周自乘之数。凡物自乘，开方除之，复其本数。故开方除之，即周。

注释

① 圆周：圆的周长。

② 置积步数：布置积的步数。

③ 与旧圆田术相返覆：与旧圆田术是逆运算。

④ 元：通“原”。

译文

假设有面积 $1518\frac{3}{4}$ 平方步。问：变成圆，其周长是多少？答：圆周长 135 步。用我的方法，周长应当是 $138\frac{1}{10}$，淳风等按：依照密率，这周长应为 $138\frac{9}{50}$ 步。假设又有面积 300 平方步。问：变成圆，其周长是多少？答：圆周长 60 步。用我的方法，周长应当是 $61\frac{19}{50}$ 步。淳风等按：依照密率，圆周长应为 $61\frac{41}{100}$ 步。

开圆术：布置面积的步数，乘以 12，对所得数作开方除法，就得到圆周长。此术以周三径一为率，与旧圆田术互为逆运算。用我的方法，以 314 乘面积，除以 25，对所得数作开方除法，就是圆周长。这是由圆的面积求周长，失误仍然在于稍微小了一点。如果以 200 乘面积，除以 157，对它作开方除法，就是直径长，失误在于稍微多了一点。

淳风等按：此注刘徽求周长的方法，其中用不到“对它作开方除法，就是直径长”诸字。现传本有这些字，是衍剩。依照密率，以 88 乘之，除以 7。按周三径一之率，假设周长是 6，那么直径就是 2。半周半径相乘，得到面积是 3。周长 6 自乘，得到面积是 36，全都以等数除面积，得到与一周长相应的系数是 12。它的积，本来的周长自乘，应当以 1 乘之，除以 12，得到面积 3。此术中因为用 1 乘不增加，所以除以 12，就得到这一面积。现在还原：布置这一面积 3，用 12 乘之，就恢复本来的周长自乘的数值。凡是一物的数量自乘，对它作开方除法，就恢复了它本来的数量。所以对它作开方除法，就是周长。

中国八卦——二进制的雏形

“二进制”在计算机中被广泛地应用。那这个“二进制”最早是谁发明的呢？

西方史学界认为二进制是公元 17 世纪法国著名数学家莱布尼兹的首创。其实二进制的出现应属我国最早。这一点连莱布尼兹本人也不否认。他曾在给康熙皇帝的信中说，六十四卦的排列，就是把 64 个数用二进位法写出来。由此可见，莱布尼兹是从中国八卦得到了启示。尽管他的研究更系统，但从创造的时间看，中国当先于他几千年。八卦，是我国古代的一套有象征意义的符号。古人用它来模拟天地万物的生成。其符号结构的因子只有两种，即阳爻“—”和阴爻“---”。这两种因子相互搭配，以三个为一组，构成八卦。它们的具体名称是：乾、坤、震、艮、离、坎、兑、巽。它们分别代表 8 种物质现象，即天、地、雷、山、火、水、泽、风，也叫卦象。每个卦形都是上、中、下三部分，这三部分叫作“三爻”。上面的叫“上爻”，中间的叫“中爻，下面的叫“初爻”。如果我们用阳爻“—”表示数码“1”，用阴爻“—”表示数码“0”，并且由下而上，把初爻看作是第一位上的数字，中爻看作是第二位数上的数字，上爻看作是第三位数上的数字，我们就会惊奇地发现，八卦的 8 个符号，恰好与二进制相吻合，我们有足够的证据说：八卦是世界上最古老的二进位制。

八卦图

趣味数学题

26. 在明朝程大位的《算法统宗》中，有这样一首歌谣，叫作《浮屠增级歌》。

远看巍巍塔七层，红光点点倍加倍，

共灯三百八十一，请问尖头几盏灯。

这首古诗描述的这个宝塔，其古称浮屠。本题说它一共有七层宝塔，每层悬挂的红灯数是上一层的 2 倍，问这个塔顶有几盏灯？

原典

今有积一百八十六万八百六十七尺。此尺谓立方之尺也。凡物有高深而言积者，曰立方①。问：为立方②几何？答曰：一百二十三尺。又有积一千九百五十三尺八分尺之一。问：为立方几何？答曰：一十二尺半。又有积六万三千四百一尺

注释

① 刘徽给出了“立方”的定义。此处物有广、袤，是不言自明的，因此刘徽说凡是某物有广、袤、高（或深），就叫作立方。

② 立方：立方体的边长。

五百一十二分尺之四百四十七。问：为立方几何？答曰：三十九尺八分尺之七。又有积一百九十三万七千五百四十一尺二十七分尺之一十七。问：为立方几何？答曰：一百二十四尺太半尺。

译文

假设有体积 1 860 867 立方尺。这里尺是说立方之尺。凡是物体有高或深而讨论其体积，就叫作立方。问：变成正方体，它的边长是多少？答：123 尺。假设又有体积 $1953\frac{1}{8}$立方尺。问：变成正方体，它的边长是多少？答：$12\frac{1}{2}$尺。假设又有体积 $63\ 401\frac{447}{512}$立方尺。问：变成正方体，它的边长是多少？答：$39\frac{7}{8}$尺。假设又有体积 $1\ 937\ 541\frac{17}{27}$立方尺。问：变成正方体，它的边长是多少？答：$124\frac{2}{3}$尺。

原典

开立方立方适等，求其一面[①]也。术曰：置积为实。借一算，步之，超二等[②]。言千之面十，言百万之面百[③]。议所得[④]，以再乘[⑤]所借一算为法，而除之[⑥]。再乘者，亦求为方幂。以上议命[⑦]而除之，则立方等也。除已，三之为定法[⑧]。为当复除，故豫张三面，以定方幂为定法[⑨]也。复除，折而下[⑩]。复除者，三面方幂以皆自乘之数，须得折、议定其厚薄尔[⑪]。开平幂者，方百之面十；开立幂者，方千之面十。据定法已有成方[⑫]之幂，故复除当以千为百，折下一等[⑬]。以三乘所得数，置中行[⑭]。设三廉之定长[⑮]。复借一算，置下行[⑯]。

注释

① 立方适等，求其一面：立方体的三边恰好相等，开立方就是求其一边长。

② 超二等：就是将借算自右向左隔二位移一步，到不能移而止。

③ 言千之面十，言百万之面百：体积为千位数，其边长即根就是十位数；体积为百万位数，其边长即根就是百位数。依此类推。

④ 议所得：根的第一位得数。

⑤ 再乘：乘二次，相当于二次方。

⑥ 除之：与开方术一样，此处的“除”也是指除法。

⑦ 命：就是乘。

⑧ 除已，三之为定法：作完除法，以 3 乘法 4，这里的“除”仍是“除法”。

⑨ 豫张三面，以定方幂为定法：

刘徽认为，《九章算术》的方法是预先展开将要除去的三个扁平长方体的面。

⑩ 折而下：将定法缩小，下降一位。

⑪ 三面方幂以皆自乘之数，须得折、议定其厚薄尔：因为三个扁平长方体的面已经是自乘，所以通过折、议确定这三个扁平的长方体的厚薄。

⑫ 成方：确定的方。方，方幂的简称。

⑬ 复除当以千为百，折下一等：刘徽认为，因为定法中已有故在作第二次除法时将千作为百，这通过退一位实现。

⑭ 以三乘所得数，置中行：《九章算术》是将三乘布置于中行。

⑮ 三廉之定长：刘徽认为以 3 乘得数称为三廉。这是将第一位得数预设为三廉的长。

⑯ 复借一算，置下行：《九章算术》在下行又布置借算。可见在得出第一位得数后“借算”自动消失，即被还掉。

译文

开立方正方体的各边恰好相等，求它的一边长。术：布置体积，作为实。借 1 算，将它向左移动，每隔二位移一步。这意味着千位数的边长是十位数，百万位数的边长是百位数……商议所得的数，以它的二次方乘所借 1 算，作为法，而以法除实。以二次方乘，只不过是正方形的面积。以位于上方的商议的数乘它而成为实，那么立方的边长就相等。作完除法，以 3 乘法，作为定法。为了能继续作除法，所以预先展开三面，以已经确定的正方形的面积作为定法。若要继续作除法，就将法缩小而退位。如果继续作除法，因为三面正方形的面积都是自乘之数，所以必须通过缩小法、商议所得的数来确定它们的厚薄。如果开正方形的面积，百位数的正方形的边长是十位数，如果开正方体的体积，千位数的正方体的边长是十位数。根据定法已有了确定的正方形的面积，所以继续作除法时应当把 1000 变成 100，就是说将它退一位而缩小。以 3 乘商议所得到的数，布置在中行。列出三廉确定的长。又借 1 算，布置于下行。

原典

欲以为隅方，立方等未有定数，且置一算定其位①。步之，中超一，下超二等②。

注释

① 欲以为隅方，立方等未有定数，且置一算定其位：刘徽认为，借一算的目的是为了求位于隅角的小正方体的边长。该小正方体边长相等，但数值还没有确定，所以借一算，形成一个开方式。此后“隅”

上方法，长自乘，而一折[3]；中廉法，但有长，故降一等[4]。下隅法，无面长，故又降一等[5]也。复置议，以一乘中[6]，为三廉备幂[7]也。再乘下[8]，令隅自乘，为方幂[9]也。皆副以加定法[10]。以定除[11]。三面、三廉、一隅皆已有幂，以上议命之而除去三幂之厚[12]也。除已，倍下、并中，从定法[13]凡再以中，三以下，加定法者，三廉各当以两面之幂连于两方之面，一隅连于三廉之端[14]，以待复除也。言不尽意[15]，解此要当以棋，乃得明耳[16]。

成为开方术中表示最高次项的系数的专门术语。

② 步之，中超一，下超二等：《九章算术》是自右向左，中行隔一位移一步，下行是隔二位移一步。

③ 上方法，长自乘，而一折：“方法”中有长的自乘，即故“一折”，即退一位。

④ 中廉法，但有长，故降一等：采用这种方法，只要有多余的，就退二位。但：表示范围，只，仅。

⑤ 下隅法，无面长，故又降一等：“隅法”没有长，故又降一等，即退四位。

⑥ 复置议，以一乘中：《九章算术》议得根的第二位得数，以其一次方乘中行。

⑦ 为三廉备幂：刘徽认为这是为三个廉预先准备面积。

⑧ 再乘下:《九章算术》以第二位得数的平方乘下行。

⑨ 令隅自乘，为方幂：刘徽认为这是使隅法自乘，成为一个小正方形的面积。

⑩ 皆副以加定法：《九章算术》将乘得的中行、下行都加到定法上。

⑪ 以定除：《九章算术》以定法除余实。

⑫ 三面、三廉、一隅皆已有幂，以上议命之而除去三幂之厚：刘徽认为，三个面、三个廉、一个隅都已具备了面积，以第二位得数乘之，从余实中除去，就相当于除去三个面积的厚薄。

⑬ 除已，倍下、并中，从定法：完成除法之后，将下行加倍即到中行，都加到定法上。

⑭ 凡再以中，三以下，加定法者，三廉各当以两面之幂连于两方之面，一隅连于三廉之端：《九章算术》的做法相当于中行的 2 倍，下行的 3 倍，刘徽认为三廉中每个廉都以两个面与两个方相连，一隅位于三廉的端上。

⑮ 言不尽意：语言不可能穷尽其中的意思。

⑯ 解此要当以棋，乃得明耳：解决这个问题关键是应当使用棋，才能明白。

译文

想以它建立位于隅角的正方体。该正方体的边长相等，但尚没有确定的数，姑且布置1算，以确定它的位置。将它们向左移动，中行隔一位移一步，下行隔二位移一步。位于上行的方法，是长的自乘，所以退一位；位于中行的廉法，只有长，所以再退一位；位于下行的隅法，没有面，也没有长，所以又退一位。布置第二次商议所得的数，以它的一次方乘中行，为三个廉法准备面积。以它的二次方乘下行，使隅的边长自乘，变成正方形的面积。都在旁边将它们加定法。以定法除余实。三个方面、三个廉、一个隅都已具备了面积。以在上方议得的数乘它们，减余实，这就除去了三种面积的厚。完成除法后，将下行加倍，加中行，都加入定法。凡是以中行的2倍、下行的3倍加定法，是因为三个廉应当分别以两个侧面的面积连接于两个方的侧面，一个隅的三个面连接于三个廉的顶端，为的是准备继续作除法。用语言无法表达全部的意思，解决这个问题关键是应当使用棋，才能把这个问题解释明白。

原典

复除，折下如前[①]。开之不尽者，亦为不可开。术亦有以定法命分者[②]，不如故幂开方，以微数为分也。若积有分者，通分内子为定实。定实乃开之[③]。讫，开其母以报除。臣淳风等按：分母可开者，并通之积先合三母。既开之后一母尚存，故开分母，求一母为法，以报除也。若母不可开者，又以母再乘定实，乃开之。讫，令如母而一。臣淳风等谨按：分母不可开者，本一母也。又以母再乘之，令合三母。既开之后，一母犹存，故令一母而一，得全面也。

注释

①复除，折下如前：《九章算术》认为，如果继续作开方除法，应当如同前面那样将法退一位。

②术亦有以定法命分者：各种方法中也有以定法命名一个分数的。

③若积有分者，通分内子为定实。定实乃开之：如果被开方数有分数，则将整数部分通分，纳入分子，作为定实，对定实开方。

译文

如果继续作除法，就像前面那样缩小、退位。如果是开方不尽的，也称为不可开。这种方法中也有以定法命名一个分数的，不如用原来的体积继续开方，以微数作为分数，如果已给的体积中有分数，就通分，纳入分子，作为定实，对定实开立方。完了，对它的分母开立方，再以它作除法。淳风等按：如果分母是完全立方数，通分后的积已经对应于三重分母，完成开立方之后，仍存在一重分母。所以对分母开立方，求出一重分母作为法，用它作除法。如果分母不是完全立方数，就以分母的二次方乘定实，才对它开立方。完了，以分母除。淳风等按：分母不可开的数，本来是一重分母。又以分母的二次方乘之，使它合成三重分母。完成开方之后，一重分母仍然存在，所以除以一重分母，就得到整个边长。

祖暅之简介及为数学发展所做的贡献

祖暅之，字景烁，范阳遒县（今河北涞水）人，是我国南北朝时代南朝的数学家、科学家祖冲之的儿子，同父亲祖冲之一起圆满解决了球面积的计算问题，得到正确的体积公式，并据此提出了著名的“祖暅之原理”。祖暅之原理的内容是：夹在两个平行平面间的两个几何体，被平行于这两个平行平面的平面所截，如果截得两个截面的面积总相等，那么这两个几何体的体积相等。

祖冲之父子总结了魏晋时期著名数学家刘徽的有关工作，提出“幂势既同则积不容异”，即等高的两立体，若其任意高处的水平截面积相等，则这两立体体积相等，这就是著名的祖暅之公理（或刘祖原理）。祖暅之应用这个原理，解决了刘徽尚未解决的球体积公式。该原理在西方直到公元 17 世纪才由意大利数学家卡瓦列里发现，比祖暅之晚 1100 多年。

由于家学渊源，祖暅之从小也钻研数学。祖暅之有巧思入神之妙，当他读书思考时，十分专一，即使有雷霆之声，他也听不到。有一次，他边走路边思考数学问题，走着走着，竟然撞了对面过来的仆射徐勉。“仆射”是很高的官，徐勉是朝廷要人，倒被这位年轻小子碰得够戗，不禁大叫起来。这时祖暅之方才醒悟。梁朝与北魏发生战争，祖暅之被魏方扣留，安排住进了驿站，很受优待。

原典

今有积四千五百尺。亦谓立方之尺也。问：为立圆[①]径几何？答曰：二十尺。依密率，立圆径二十尺，计积四千一百九十尺二十一分尺之一十。又有积一万六千四百四十八亿六千六百四十三万七千五百尺。问：为立圆径几何？答曰：一万四千三百尺。依密率，为径一万四千六百四十三尺四分尺之三。开立圆术曰：置积尺数，以十六乘之，九而一，所得，开立方除之，即立圆径[②]。

立圆，即丸[③]也。为术者盖依周三径一之率。令圆幂居方幂四分之三。圆囷居立方亦四分之三[④]。更令圆囷为方率十二，为丸率九，丸居圆囷又四分之三也。置四分自乘得十六，三分自乘得九[⑤]，故丸居立方十六分之九也。故以十六乘积，九而一，得立方之积。丸径与立方等，故开立方而除，得径[⑥]也。然此意非也。何以验之？取立方棋八枚，皆令立方一寸，积之为立方二寸[⑦]。规之为圆囷[⑧]，

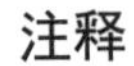

径二寸，高二寸。又复横因之[9]，则其形有似牟合方盖[10]矣。八棋皆似阳马，圆然[11]也。按：合盖者，方率也，丸居其中，即圆率也。推此言之，谓夫圆囷为方率，岂不阙[12]哉？以周三径一为圆率，则圆幂伤[13]少，令圆囷为方率，则丸积伤多，互相通补，是以九与十六之率偶与实相近，而丸犹伤多耳。观立方之内，合盖之外，虽衰杀[14]有渐，而多少不掩[15]判合总结[16]，方圆相缠，浓纤诡互[17]，不可等正。欲陋形[18]措意，惧失正理。敢不阙疑[19]，以俟[20]能言者。

译文

假设有体积 4500 尺，也可说立方尺。问：变成立圆，它的直径是多少？答：20 尺。依照密率，立圆的直径是 20 尺，计算出体积是 $4190\frac{10}{21}$立方尺。假设又有体积 1 644 866 437 500 立方尺，问：变成立圆，它的直径是多少？答：14 300 尺。依照密率，立圆的直径成为 $14\ 643\frac{3}{4}$尺。开立圆术：布置体积的尺数，乘以 16，除以 9，对所得的数作开立方除法，就是立圆的直径。

立圆，就是球，设立此术的人原来是依照周三径一之率。使圆面积占据正方形面积的$\frac{3}{4}$，那么圆柱

注释

① 立圆：球。《九章算术》时代将今之球称为“立圆”。

② 立圆径：球的直径、体积。

③ 丸：球，小而圆的物体。

④ 圆囷居立方亦四分之三：《九章算术》时代认为圆囷与内切球的关系。

⑤ 四分自乘得十六，三分自乘得九：4 分自乘得 16，3 分自乘得 9。

⑥ 丸径与立方等，故开立方而除，得径：由于球直径等于其外切正方体的边长，故开立方除之，得到球直径。

⑦ 立方一寸：边长为 1 寸的正方体。立方二寸：边长为 2 寸的正方体。

⑧ 规之为圆囷：用规在正方体内作圆囷，即正方体内切圆柱体。

⑨ 横因之：横着用规切割。

⑩ 牟合方盖：两个相合的方盖。牟：加倍。

⑪ 圆然：像圆弧形的样子。

⑫ 阙：过失，弊病。

⑬ 伤：嫌，失之于。

⑭ 衰杀：衰减。

⑮ 多少不掩：大小无法知道。

⑯ 判合总结：分割并合汇聚。

⑰ 浓纤诡互：就是浓密纤细互相错杂。

⑱ 陋形：刘徽自谦之辞。

⑲ 敢不阙疑：岂敢不把疑惑搁置起来。

⑳ 俟：等待。

亦占据正方体，再使圆柱变为方率 12，那么球的率就是 9，球占据圆柱又是 $\frac{3}{4}$。布置 4 分，自乘得 16，3 分自乘得 9，球占据正方体的$\frac{9}{16}$，所以用 16 乘体积，除以 9，便得到正方体的体积。球的直径与外切正方体的边长相等，所以作开立方除法，就得到球的直径。然而这种思路是错误的。为什么呢？取 8 枚正方体棋，使每个正方体的边长都是 1 寸，将它们拼积起来，成为边长为 2 寸的正方体。竖着用圆规分割它，变成圆柱体：直径是 2 寸，高也是 2 寸。又再横着使用上述方法分割，那么分割出来的形状就像一个牟合方盖。而 8 个棋都像阳马，只是呈圆弧形的样子。按：合盖的率是方率，那么球内切于其中，就是圆率。由此推论，说这圆柱体为方率，难道不是错误的吗？以周三径一作为圆率，那圆面积的失误在于少了一点；使圆柱体为方率，那球的体积的失误在于多了一点。互相补偿，所以 9 与 16 之率与实际情况偶然相接近，而球的体积的失误仍在于多了一点。考察正方体之内，合盖之外的部分，虽然是有规律地渐渐削割下来，然而它的大小无法搞清楚。它们分割成的几块互相聚合，方圆互相纠缠，彼此的厚薄互有差异，不是齐等规范的形状。想以我的浅陋知识解决这个问题，又担心背离正确的数理。我岂敢不把疑惑搁置起来，等待有能力阐明这个问题的人。

解决球体体积计算难题——牟合方盖

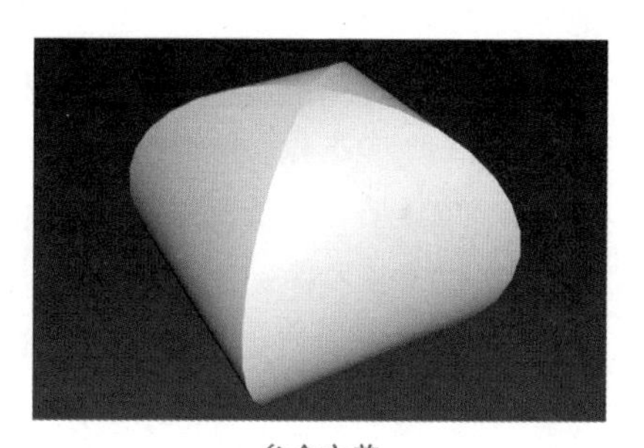

牟合方盖

所谓“牟合方盖”是当一正立方体用圆规从纵横两侧面作内切圆柱体时，两圆柱体的公共部分。刘徽在他的注中对“牟合方盖”有以下的描述：“取立方棋八枚，皆令立方一寸，积之为立方二寸。规之为圆困，径二寸，高二寸。又复横规之，则其形有似牟合方盖矣。八棋皆似阳马，圆然也。按合盖者，方率也。丸其中，即圆率也。”其实刘徽是希望构作一个立体图形，它的每一个横切面皆是正方形，而且会外接于球体在同一高度的横切面的圆形，而这个图形就是“牟合方盖”，因为刘徽只知道一个圆及它的外接正方形的面积比为 π:4，他希望可以用“牟合方盖”来证实《九章算术》的公式有错误。当然他也希望由这方面入手求球体体积的正确公式，因为他知道“牟合方盖”的体积跟内接球体体积的比为 4:3，只要有方法找出“牟合方盖”的体积便可，可惜，刘徽始终不能解决，他只可以指出解决方法是计算出“外棋”的体积，但由于“外棋”的形状复杂，所以没有成功，无奈地只好留待有能之士图谋解决的方法：“观立方之内，合盖之外，虽衰杀有渐，而多少不掩。判合总结，方圆相缠，浓纤诡互，不可等正。欲陋形措意，惧失正理。敢不阙疑，以俟能言者。”

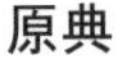

原典

黄金方寸，重十六两；金丸径寸，重九两，率生于此，未曾验也[1]。《周官·考工记》：“栗氏[2]为量，改煎金锡则不耗。不耗然后权[3]之，权之然后准[4]之，准之然后量[5]之”。言炼金使极精，而后分之则可以为率也。令丸径自乘，三而一，开方除之，即丸中之立方也[6]。假令丸中立方[7]五尺，五尺为句，句自乘幂二十五尺。倍之得五十尺，以为弦幂，谓平面方五尺之弦也。以此弦为股，亦以五尺为句，并句股幂得七十五尺，是为大弦幂。开方除之，则大弦可知也。大弦则中立方之长邪[8]，邪即丸径[9]也。故中立方自乘之幂于丸径自乘之幂三分之一也。令大弦还乘其幂，即丸外立方[10]之积也，大弦幂开之不尽，令其幂七十五再自乘之[11]。为面，命得外立方积[12]，四十二万一千八百七十五尺之面[13]。又令中立方五尺自乘，又以方乘之，得积一百二十五尺[14]。一百二十五尺自乘，为面，命得积，一万五千六百二十五尺之面[15]。皆以六百二十五约之，外立方积六百七十五尺之面，中立方积二十五尺之面[16]也。

注释

① 这是说，《九章算术》所使用的是从边长为 1 寸的正方体的金块重 16 两，直径为 1 寸的金球重 9 两的测试中得到的。刘徽自己没有试验过。

② 栗氏：《考工记》记载的管理冶铸的官员。

③ 权：本是秤键，或秤。这里指称量。

④ 准：本义是平，引申为测平的工具。

⑤ 量：度量。

⑥ 这是由球的直径求其内接正方体的边长。

⑦ 中立方：球的内接正方体。

⑧ 长邪：又称为“大弦”。即圆内接正方体的对角线，上述勾股形的大弦。

⑨ 邪即丸径：长邪即球的直径。

⑩ 丸外立方：球的外切正方体，下常称为外立方。

⑪ 大弦幂开之不尽，令其幂七十五再自乘之：大弦之幂开方不尽，再自乘之。

⑫ 为面，命得外立方积：建立大弦幂再自乘的面，就是球的外切正方体的体积。

⑬ 四十二万一千八百七十五尺之面：球的外切正方体体积。

⑭ 令中立方五尺自乘，又以方乘之，得积一百二十五尺：球的内接正方体的体积。

⑮ 一百二十五尺自乘，为面，命得积，一万五千六百二十五尺之面：将 125 尺自乘，建立它的面，就得到球的内接正方体的体积。

⑯ 皆以六百二十五约之，外立方积六百七十五尺之面，中立方积二十五尺之面：将 421 875 尺与 15 625 尺皆以 625 约之，则得到外切正方体的体积。

译文

1 寸见方的黄金，重 16 两；直径 1 寸的金球，重 9 两。术文中的率来源于此，未曾被检验过。《周官·考工记》说：“栗氏制造量器的时候，熔炼改铸金、锡而没有损耗；没有损耗，那么就称量之；称量之，那么就把它作为标准；把它作为标准，那么就度量之。”就是说，熔炼黄金使之极精，而后分别改铸成正方体与球，就可以确定它们的率。使球的直径自乘，除以 3，再对之作开方除法，就是球中内接正方体的边长。假设球中内接正方体每边长是 5 尺，5 尺作为勾。勾自乘得幂 25 平方尺。将之加倍，得 50 平方尺，作为弦幂，是说平面上正方形的边长 5 尺所对应的弦。把这个弦作为股，再把 5 尺作为勾。把勾幂与股幂相加，得到 75 平方尺，这就是大弦幂。对之作开方除法，就可以知道大弦的长。大弦就是球内接正方体的对角线。这条对角线就是球的直径。所以球内接正方体的边长自乘的幂，对于球直径自乘的幂是使大弦又乘它自己的幂，就是球外切正方体的体积。对大弦的幂开方不尽，于是使它的幂 75 再自乘，求它的面，便得到外切正方体体积即 421 875 平方尺的面。又使内接正方体的边长 5 尺自乘，再以边长乘之，得到体积 125 立方尺。使 125 尺自乘，求它的面，便得到内接正方体的体积，即 15 625 平方尺的面。都用 625 约简，外切正方体体积是 675 平方尺的面，内接正方体的体积是 25 平方尺的面。

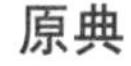

原典

张衡算又谓立方为质，立圆为浑[①]。衡言质之与中外之浑[②]。六百七十五尺之面，开方除之，不足一，谓外浑积二十六也。内浑二十五之面，谓积五尺也。今徽令质言中浑，浑又言质，则二质相与之率犹衡二浑相与之率也[③]。衡盖亦先二质之率推以言浑之率也[④]。衡又言质六十四之面，浑二十五之面[⑤]。质复言浑，谓居质八分之五也。又云：方八之面，圆五之面，圆浑相推，知其复以圆困为方率，浑为圆率也失之远矣。衡说之自

注释

① 张衡将球称为浑。

② 衡言质之与中外之浑：张衡讨论了正方体(即质)与其外接球(即外浑)、内切球（中浑）体积的相与关系。

③ 今徽令质言中浑，浑又言质，则二质相与之率犹衡二浑相与之率也：刘徽讨论球（中浑）及其外切正方体(外质)与内接正方体(内质)的关系，张衡讨论一个正方体及其外接球（外浑）与内切球（内浑）的关系。

④ 衡盖亦先二质之率推以言浑

然[⑥]欲协其阴阳奇耦之说而不顾疏密矣。虽有文辞，斯乱[⑦]道破义，病也。置外质积二十六，以九乘之，十六而一，得积十四尺八分尺之五，即质中之浑也以分母乘全内子，得一百一十七；又置内质积五，以分母乘之，得四十；是为质居浑一百一十七分之四十而浑率犹为伤多也。假令方二尺，方四面，并得八尺也，谓之方周。其中令圆径与方等，亦二尺也。圆半径乘以圆周之半，即圆幂也。半方以乘方周之半，即方幂也。然则方周知[⑧]，方幂之率也；圆周知，圆幂之率也。按：如衡术，方周率八之面，圆周率五之面也。令方周六十四尺之面，即圆周四十尺之面也。又令径二尺自乘，得径四尺之面，是为圆周率十之面，而径率一之面也。衡亦以周三径一之率为非，是故更着此法。然增周太多，过其实矣。

之率也：刘徽认为张衡是由二正方体的体积之率推出二球的体积之率的。

⑤质六十四之面，浑二十五之面：张衡认为，质（正方体）的体积是这些。

⑥自然：当然。

⑦乱：败坏，扰乱。

⑧方周知：与下文“圆周知”，此二“知”，训“者”，见刘徽序“故枝条虽分而同本干知”之注释。

译文

《张衡算》却把正方体称为质，把立圆称为浑。张衡论述了质与其内切、外接浑的关系。675 平方尺的面，对之作开方除法，只差 1，外接浑的体积就是 26 立方尺，内切浑是 25 平方尺的面，是说其体积 5 立方尺。现在我就质讨论它的内切浑，就浑又讨论它的内接质，那么，两个质的相与之率，等于两个浑的相与之率。大约张衡也是先有二质的相与之率，由此推论出二浑的相与之率。张衡又说，质是 64 之面，浑是 25 之面。由质再说到浑，它占据浑的 $\frac{5}{8}$。他又说，如果正方形是 8 的面，那么圆是 5 的面。圆与浑互相推求，知道他又把圆柱作为方率，把浑作为圆率，失误太大。张衡的说法当然是想协调阴阳、奇偶的学说而不顾及它是粗疏还是精密了。虽然他的言辞很有文采，这却是败坏了道术，破坏了义理，是错误的。布置外切质的体积 26 立方尺，乘以 9，除以 16，得到 14 $\frac{5}{8}$立方尺就是质中内切浑的体积。以分母乘整数部分，纳入分子，得 117。又布置内切质体积 5 立方尺，以分母乘之，得 40。这意味着质占据浑的$\frac{40}{117}$，而浑的率的失误仍在于稍微多了一点。假设正方形每边长 2 尺，正方形有 4 边，加起来得 8 尺，称为正方形的周长。使其中内切圆的直径与正方形边长相等，也是 2 尺。以圆半径乘圆周长的一半，就是圆面积。以正方形边长的一半乘其周长的一半，就是正方形的面积。那么，正方形的周长就是正方形面积的率，圆周长就是圆面积的率。按：如果按照张衡的方法，正方形周长之率是 8 的面，圆周长之率是 5 的面。如果使正方形的周长是 64 尺的面，那么圆周长是 40 尺的面；又使直径 2 尺自乘，得到直径是 4 尺的面。这就是圆周率是 10 的面，而直径率是 1 的面。张衡也认为周三径一之率是错误的。正因为此，他重新撰述这种方法，然而周长增加太多，超过了它的准确值。

张衡简介及其为数学发展所做的贡献

张 衡

张衡（78—139），字平子，南阳西鄂（今河南南阳市石桥镇）人，汉族，东汉时期伟大的天文学家，为中国天文学、机械技术、地震学的发展做出了不可磨灭的贡献；在数学、地理、绘画和文学等方面，张衡也表现出了非凡的才能和广博的学识。张衡是东汉中期浑天说的代表人物之一，他指出月球本身并不发光，月光其实是日光的反射，他还正确地解释了月食的成因。张衡得到了很多荣誉，被一些学者认为是通才。一些现代的学者还将他的工作和托勒密相提并论。1802 号小行星以他的名字命名。从《九章算术·少广》第二十四题的刘徽注文中得知有所谓“张衡算”，因此，张衡写过一部数学著作是应该肯定的。从刘徽的这篇注文中可以知道，张衡给立方体定名为质，给球体定名为浑。他研究过球的外切立方体积和内接立方体积，研究过球的体积，其中还定圆周率值为 10 的开方，这个值比较粗略，但却是中国第一个理论求得 π 的值。另外，如果按照钱宝琮对《灵宪》的校勘：“（日月）其径当天周七百三十分之一，地广二百三十二分之一”，则当时 π 值等于$\frac{730}{232}$ =3.1466，较 10 的开方又精密了。

公元 132 年（阳嘉元年），张衡在太史令任上发明了最早的地动仪，称为候风地动仪。据《后汉书·张衡传》记载：地动仪用精铜铸成，圆径八尺，顶盖突起，形如酒樽，用篆文山龟鸟兽的形象装饰。中有大柱，傍行八道，安关闭发动之机。它有八个方位，每个方位上均有一条口含铜珠的龙，在每条龙的下方都有一只蟾蜍与其对应。任何一方如有地震发生，该方向龙口所含铜珠即落人蟾蜍口中，由此便可测出发生地震的方向。

瑞轮荚是张衡别出心裁创造的自动日历，它模仿神话中奇树蓂荚的特征，靠流水作用，从每月初一开始，一天出现一片叶子，到满月出齐 15 片，然后每天再收起一片，到月末为止，循环开合。这个神话曲折地反映了尧帝时天文历法的进步。张衡的机械装置就是在这个神话的启发下发明的。听谓“随月盈虚，依历开落”，其作用就相当于现今钟表中的日期显示。

张衡制造的指南车利用机械原理和齿轮的传动作用，由一辆双轮独辕车组成。车箱内用一种能自动离合的齿轮系统，车箱外壳上层置一木刻仙人，无论车子朝哪个方向转动，木人伸出的臂都指向南方。

张衡创造的计里鼓车是用以计算里程的机械。据《古今注》记载：“记里车，车为二层，皆有木人，行一里下层击鼓，行十里上层击镯”。记里鼓车与指南车制造方法相同，所利用的差速齿轮原理，早于西方1800多年。

张衡制作独飞木雕，是模仿鸟类高空翱翔的滑翔翼形设计。

张衡也研究过地理学，根据他的研究和考察的心得，画过一幅地形图。唐张彦远《历代名画记》卷三云："衡尝作地形图，至唐犹存"。

原典

臣淳风等谨按：祖暅之[①]谓刘徽、张衡二人皆以圆困为方率，丸为圆率，乃设新法。祖暅之开立圆术曰：以二乘积，开立方除之，即立圆径。其意何也？取立方棋一枚，令立枢于左后之下隅[②]，从规去其右上之廉[③]；又合而横规之，去其前上之廉[④]。于是立方之棋分而为四。规内棋一，谓之内棋。规外棋三，谓之外棋[⑤]。规更合四棋[⑥]，复横断之[⑦]。以句股言之，令余高为句，内棋断上方[⑧]为股，本方之数，其弦也。句股之法：以句幂减弦幂，则余为股幂出[⑨]。若令余高自乘，减本方之幂，余即内棋断上方之幂也。本方之幂即此四棋之断上幂[⑩]。然则余高自乘，即外三棋之断上幂[⑪]矣。不问高卑，势皆然也[⑫]。然固有所归同而涂殊[⑬]者尔，而乃控远以演类[⑭]，借况以析微。

注释

① 祖暅之：一作祖暅，字景烁，生卒年不详，南朝齐、梁数学家、天文学家，祖冲之之子。

② 立枢于左后之下隅：枢，户枢，门的转轴或门臼。

③ 规：本是圆规，引申为圆形，这里是动词。从规：是从纵的方向用规进行切割。从规去其右上之廉：用规纵着切割，除去右上的廉。

④ 横规：是从横的方向进行分割。又合而横规之，去其前上之廉：将被纵规切割的正方体拼合起来，用规横着切割除去前上的廉。

⑤ 规外棋三，谓之外棋：规外面有3个棋，称为外棋。即牟合方盖之外的3部分。

⑥ 规更合四棋：沿着规将4个棋重新拼合在一起。

⑦ 横断之：用一平面横着截断正方棋。

⑧ 内棋断上方：内棋截面正方形的边长。

⑨ 此复述勾股术即勾股定理。

⑩ 本方之幂即此四棋之断上幂：本方的幂是四棋横截面处的面积之和。

⑪ 然则余高自乘，即外三棋之断上幂：余高自乘等于外三棋横截面积之和。

⑫ 不问高卑，势皆然也：不论高低，其态势都是这样的。

⑬ 所归同而涂殊：即殊涂同归，又作殊途同归。涂，通“途”。

⑭ 控远以演类：驾驭远的，以阐发同类的。

译文

淳风等按：祖暅之因为刘徽、张衡两人都把圆柱作为正方形的率，把球作为圆率，于是创立新的方法。祖暅之开立圆术：以 2 乘体积，对之作开立方除法，就是立圆的直径。为什么是这样呢？取一枚正方棋，将其左后下角取作枢纽，纵向沿着圆柱面切割去它的右上之廉，又把它们合起来，横向沿着圆柱面切割去它的右上之廉。于是正方棋分割成 4 个棋：圆柱体内 1 个棋，称为内棋；圆柱体外 3 个棋，称为外棋。沿着圆柱面重新把 4 个棋拼合起来，又横着切割它。用勾股定理考察这个横截面，将剩余的高作为勾，内棋的横截面的边长作为股，那么，原来正方形的边长就是弦。勾股法：以勾幂减弦幂，那么剩余的就是内棋的横截面之幂。原来正方形的幂就是此 4 棋之横截幂。那么，剩余的高自乘，就是外 3 棋的横截幂。不管横截之处是高还是低，其态势都是这样，而事情本来就有殊途同归的。于是引证远处的以推演同类的，借助比喻以分析细微的。

原典

按：阳马方高数[①]参等者，倒而立之，横截去上，则高自乘与断上幂数亦等焉[②]。夫叠棋成立积，缘幂势既同，则积不容异[③]。由此观之，规之外三棋旁蹙为一，即一阳马[④]也。三分立方，则阳马居一，内棋居二可知矣[⑤]。合八小方成一大方，合八内棋成一合盖[⑥]。内棋居小方三分之二，则合盖居立方亦三分之二，较然验矣[⑦]。置三分之二，以圆幂率三乘之，如方幂率四而一，约而定之[⑧]，以为丸率。故曰丸居立方二分之一也。

等数既密[⑨]，心亦昭析[⑩]。张衡放旧，贻哂[⑪]于

注释

① 方高数：广、长、高的数值。

② 横截去上，则高自乘与断上幂数亦等焉：用一正方形横截此倒立的阳马，除去上部，则余高自乘等于其上方截断处的面积。

③ 缘幂势既同，则积不容异：因为幂的态势都相同，所以它们的体积不能不同。

④ 规之外三棋旁蹙为一，即一阳马：规之外三棋在旁边聚合为一个立体，就是一个阳马。

⑤ 三分立方，则阳马居一，内棋居二可知矣：将一个正方体分割成 3 等份，则阳马是 1 份，那么可以知道内棋占据 2 份。换言之，外三棋的体积之和与广、长、高为球半径 r 的阳马的体积相等。

⑥ 合八小方成一大方，合八内棋成一合盖：将 8 个小正方体合成一个大正方体，将 8 个内棋合成一个牟合方盖。

⑦ 较然验矣：明显地被证明了。

后；刘徽循故，未暇校新[12]。夫岂难哉？抑未之思也。依密率，此立圆积，本以圆径再自乘，十一乘之，二十一而一，约此积[13]今欲求其本积，故以二十一乘之，十一而。凡物再自乘，开立方除之，复其本数。故立方除之，即丸径也。

⑧ 约而定之：约简而确定之。

⑨ 等数既密：等到数值已经精确了。

⑩ 昭析：明了，清楚，明显。

⑪ 贻哂：即贻笑，见笑。

⑫ 校新：考察新的方法。

⑬ 约此积：求得这个体积。

译文

按：一个广、长、高三度相等的阳马，将它倒立，横截去上部，那么它的高自乘与外3棊的横截幂的总和总是相等的。将棊积叠成不同的立体，循着每层的幂，审视其态势，如果每层的幂都相同，则其体积不能不相等。由此看来，圆柱外的3棊在旁边聚合成一个棊，就是一个阳马。将正方体分成3等份，那么由于阳马占据1份，便可知道内棊占据2份。将8个小正方体合成一个大正方体，将8个内棊合成一个合盖。由于内棊占据小正方体的$\frac{2}{3}$，那么合盖占据大正方体也是$\frac{2}{3}$，很明显地被证实了。布置$\frac{2}{3}$，乘以圆幂率3，除以正方形幂的率4，约简而确定之，作为球的率。所以说，球占据正方形的$\frac{1}{2}$。

等到数值已经精确了，思路就豁然开朗了。张衡模袭旧的方法，给后人留下思路。刘徽因循过去的思路，没有创造新的方法。这难道是困难的吗？只是没有深入思考罢了。依照密率，这立圆的体积，本来应当以球直径两次自乘，乘以11，除以21，便求得这个体积。今想求它本来的体积，所以乘以21，除以11。凡是一物的数量两次自乘，对之作开立方除法，就恢复其本来的数量。所以对之作开立方除法，就是球的直径。

祖暅之原理（西方称：卡瓦列里原理）

公元656年，唐代李淳风注《九章》时提到祖暅之的开立圆术。祖暅之在求球体积时，使用一个原理："幂势既同，则积不容异"。"幂"是截面积，"势"是立体的高。意思是两个同高的立体，如在等高处的截面积恒相等，则体积相等。更详细点说就是，界于两个平行平面之间的两个立体，被任一平行于这两个平面的平面所截，

如果两个截面的面积恒相等，则这两个立体的体积相等。上述原理在中国被称为“祖暅之原理”。

它在西方称为卡瓦列里原理。在数学上，卡瓦列里以他的不可分量方法而闻名。这个方法的基本思想是：线是由无穷多个点构成的，面是由无穷多条线构成的，立体是由无穷多个平面构成的。点、线、面分别就是线、面、体的不可分量。在《几何学》第 7 卷定理 1，卡瓦列里通过比较两个平面或立体图形的不可分量之间的关系来获得这两个平面或立体图形的面积或体积之间的关系，这就是著名的卡瓦列里定理（又称卡瓦列里原理）。

卷 五

商功[①]以御功程积实[②]

（商功：处理工程的体积问题）

原典

今有穿地[③]，积一万尺。问：为坚[④]、壤各几何？答曰：为坚七千五百尺；为壤一万二千五百尺。术曰：穿地四为壤五，壤谓息土[⑤]。为坚三，坚谓筑土。为墟[⑥]四。墟谓穿坑。此皆其常率。以穿地求壤，五之；求坚，三之；皆四而一。今有术也。以壤求穿，四之；求坚，三之；皆五而一。以坚求穿，四之；求壤，五之；皆三而一。臣淳风等谨按：此术并今有之义也。重张穿地积一万尺，为所有数，坚率三、壤率五各为所求率，穿率四为所有率，而今有之，即得。

注释

① 商功：九数之一，其本义是商量土方工程量的分配。

② 功程积实：指土建工程及体积问题。功程，谓需要投入较多人力物力营建的项目。积，体积。

③ 穿地：挖地。

④ 坚：坚土，夯实的泥土。

⑤ 息土：犹息壤，沃土，利于生长农作物的土，亦即松散的泥土。

⑥ 墟：废址。

译文

假设挖出的泥土，其体积为 10 000 立方尺。问：变成坚土、壤土各是多少？答：变成坚土 7500 立方尺，变成壤土 12 500 立方尺。术：挖出的土是 4，变成壤土是 5。壤土是指肥沃的土。变成坚土是 3。坚土是指夯土。变成墟土是 4。墟土是指挖坑的土。这些都是它们的常率。由挖出的土求壤土，乘以 5，求坚土，乘以 3，都除以 4。这是用今有术。由壤土求挖出的土，乘以 4，求坚土，乘以 3，都除以 5。由坚土求挖出的土，乘以 4，求壤土，乘以 5，都除以 3。淳风等按：这些方法都是今有术。两次布置挖出的土的体积 10 000 立方尺，作为所有数。坚土率 3、壤土率 5 各为所求率，挖出的土的率作为所有率，用今有术求之，就得到了。

土方工程量的计算专家——王孝通

唐代著名数学家王孝通（561—579），成功地将三次方程解题之术引入到土木工程、仓库容积等实际应用中，逐一将未解难题解决。王孝通凭此术成为世界上最早提出三次方程代数解法的中国古代数学家。王孝通认为，上方体积问题经常遇到两种情况：一是依据工程的具体条件计算体积和长、宽、高尺寸，另一是要从已知的某一部分工程的体积，返求这一部分的长、宽、高尺寸。第二种情况是比较复杂的。对于一般图形，计算倒是不难；对于特殊图形，需要耗费一番心思。

唐朝的有关当局选定他注的《缉古算经》为《算经十书》。

原典

城[①]、垣[②]、堤[③]、沟[④]、堑[⑤]、渠[⑥]皆同术[⑦]。术曰：并上下广而半之，损广补狭[⑧]。以高若深乘之，又以袤[⑨]乘之，即积尺按：此术“并上下广而半之”者，以盈补虚，得中平之广[⑩]。“以高若深乘之”，得一头之立幂[⑪]。“又以袤乘之”者，得立实[⑫]之积，故为积尺。

注释

① 城：此指都邑四周用以防守的墙垣。

② 垣：墙，矮墙。

③ 堤：堤防，沿江河湖海用土石修筑的挡水工程。

④ 沟：田间水道。

⑤ 堑：坑，壕沟，护城河。

⑥ 渠：人工开的壕沟，水道。

⑦ 同术：即有同一求积公式。

⑧ 损广补狭：减损长的，补益短的。

⑨ 袤：李籍云“长也”。

⑩ 中平之广：广的平均值。中平，中等，平均。

⑪ 立幂：这里指直立的面积。

⑫ 立实：这里指直立的面积的实。

译文

城、垣、堤、沟、堑、渠都使用同一术。术：将上、下广相加，取其一半。这是减损宽广的，补益狭窄的。以高或深乘之，又以长乘之，就是体积的尺数。按：此术中“将上、下广相加，取其一半”，这是以盈余的补益虚缺的，得到广的平均值。“以高或深乘之”，就得到一头竖立的幂。“又以长乘之”，便得到立体的体积，就是体积的尺数。

趣味数学题

27. 甲和乙进行 50 米赛跑。第一次，当甲到达终点时，乙离终点还有 10 米；第二次，甲从起跑线退后 10 米，两人还是按第一次的速度跑，甲到终点时，乙离终点还有多少米？

原典

今有城，下广四丈，上广二丈，高五丈，袤一百二十六丈五尺。问：积几何？答曰：一百八十九万七千五百尺。今有垣，下广三尺，上广二尺，高一丈二尺，袤二十二丈五尺八寸。问：积几何？答曰：六千七百七十四尺。今有堤，下广二丈，上广八尺，高四尺，袤一十二丈七尺。问：积几何？答曰：七千一百一十二尺。冬程人功①四百四十四尺。问：用徒②几何？答曰：十六人一百一十一分人之二。术曰：以积为实，程功法。实如法而一，即用。

注释

①冬程人功：就是一人在冬季的程功，即标准工作量

②徒：服徭役者。

译文

假设一堵城墙，下底广是 4 丈，上顶广是 2 丈，高是 5 丈，长是 126 丈 5 尺。问：它的体积是多少？答：1 897 500 立方尺。假设一堵垣，下底广是 3 尺，上顶广是 2 尺，高是 1 丈 2 尺，长是 22 丈 5 尺 8 寸。问：它的体积是多少？答：6774 立方尺。假设一段堤，下底广是 2 丈，上顶广是 8 尺，高是 4 尺，长是 12 丈 7 尺。问：它的体积是多少？答：7112 立方尺。假设冬季每人的标准工作量是 444 立方尺，问：用工多少？答：$16\frac{2}{111}$人。术以体积的尺数作为实，每人的标准工作量作为法。实除以法，就是用工人数。

原典

今有沟，上广一丈五尺，下广一丈，深五尺，袤七丈。问：积几何？答曰：四千三百七十五尺。春程人功[①]七百六十六尺，并[②]出土功五分之一，定功[③]六百一十二尺五分尺之四。问：用徒几何？答曰：七人三千六十四分人之四百二十七。术曰：置本人功，去其五分之一，余为法。“去其五分之一”者，谓以四乘五除也。以沟积尺为实。实如法而一，得用徒人数按：此术“置本人功，去其五分之一”者，谓以四乘之，五而一。除去出土之功，取其定功，乃通分内子以为法。以分母乘沟积尺为实者，法里有分，实里通之[④]，故实如法而一，即用徒人数。此以一人之积尺除其众尺，故用徒人数不尽者，等数约之而命分也。

注释

① 春程人功：就是一人在春季的标准工作量。

② 并：合并，吞并，兼。这里是说兼有，其中合并了。

③ 定功：确定的工作量。

④ 法里有分，实里通之：当法有分数的时候，要用法的分母将实通分。

译文

假设有一条沟，上广是1丈5尺，下底广是1丈，深是5尺，长是7丈。问：它的容积是多少？答：4375立方尺。假设春季每人的标准工作量是766立方尺，其中包括出土的工作量$\frac{1}{5}$，确定的工作量是$612\frac{4}{5}$立方尺。问：用工多少？答：$7\frac{427}{3064}$人。术：布置一人本来的标准工作量，除去它的余数作为法。“除去它的$\frac{1}{5}$”，就是乘以4，除以5。以沟的容积尺数作为实。实除以法，就是用工人数。按：此术中，“布置一人本来的标准工作量，除去它的$\frac{1}{5}$”，就是乘以4，除以5。除去出土的工作量，留取一人确定的工作量。于是通分，纳入分子，作为法。用法的分母乘沟的体积尺数作为实，是因为如果法中有分数，就在实中将其通分。所以，实除以法，就是用工人数。这里用一人完成的土方体积尺数除众人完成的土方体积尺数，如果求出用工人数后还有剩余，就用等数约简之而命名一个分数。

趣味数学题

28. 一个小偷被警察发现，警察追小偷，小偷就跑，跑着跑着，前面出现一条河。这河宽12米，在与小偷和警察同侧的河岸有棵树，树高12米，树上叶子都光了。小偷围着条围脖长6米，问小偷如何过河跑？

原典

今有堑，上广一丈六尺三寸，下广一丈，深六尺三寸，袤一十三丈二尺一寸。问：积几何？答曰：一万九百四十三尺八寸[①]。八寸者，挖地一方尺八寸，此积余有方尺中二分四厘五毫，弃之[②]。贵欲从易，非其常定也。夏程人功[③]八百七十一尺并出土功五分之一，沙砾水石之功作太半定功二百三十二尺一十五分尺之四，问：用徒几何？答曰：四十七人三千四百八十四分人之四百九。术曰：置本人功，去其出土功五分之一，又去沙砾水石之功太半，余为法。以堑积尺为实。实如法而一，即用徒人数。

按：此术“置本人功，去其出土功五分之一”者，谓以四乘五除。“又去沙砾水石作太半”者，一乘三除，存其少半，取其定功，乃通分内子以为法。以分母乘积尺为实者，为法里有分，实里通之，故实如法而一，即用徒人数。不尽者，等数约之而命分也。

注释

① 八寸：实际上是表示长、宽各1尺，高8寸的长方体的体积。

② 弃之：将其舍去。

③ 夏程人功：就是一人在夏季的标准工作量。

译文

假设有一道堑，上广是1丈6尺3寸，下底广是1丈，深是6尺3寸，长是13丈2尺1寸。问：它的容积是多少？答：10 943立方尺8立方寸。这里的“八寸”，是说挖地1方尺而深8寸。这一容积中还有余数为方尺中2分4厘5毫，将其舍去。处理问题时，贵在遵从简易的原则，没有一成不变的规矩。假设夏季每人的标准工作量是871立方尺，其中包括出土的工作量$\frac{1}{5}$，沙砾水石确定的工作量是$232\frac{4}{15}$立方尺。问：用工多少？答：$47\frac{490}{3484}$人。术：布置一人本来的标准工作量，除去出土的工作量即它的$\frac{1}{5}$又除去沙砾水石的工作量即它的太半，余数作为法。以堑的容积尺数作为实。实除以法，就是用工人数。按：此术中，“布置一人本来的标准工作量，除去出工的工作量$\frac{1}{5}$，就是乘以4，

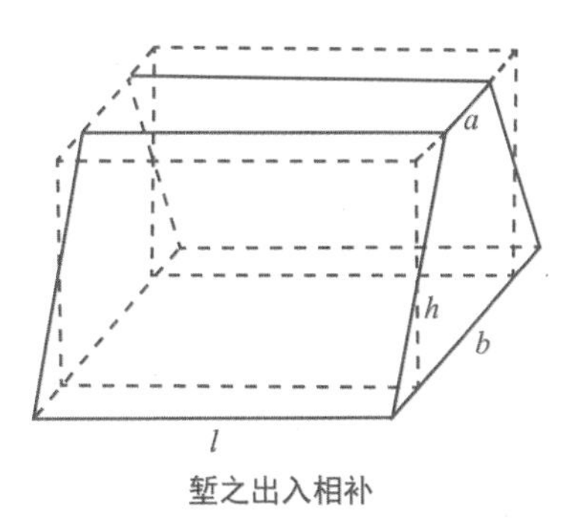

堑之出入相补

除以 5”。“又除去沙砾水石的工作量太半”，就是乘以 1，除以 3，存下其留取一人确定的工作量，于是通分，纳入分子，作为法。用法的分母乘体积尺数作为实，如果法中有分数，就在实中将其通分。所以，实除以法，就是用工人数。除不尽的，就用等数约简之而命名一个分数。

趣味数学题

29. 两个男孩各骑一辆自行车，从相距 20 千尺的两个地方，开始沿直线相向骑行。在他们起步的那一瞬间，一辆自行车车把上的一只苍蝇，开始向另一辆自行车径直飞去。它一到达另一辆自行车车把，就立即转向往回飞行。这只苍蝇如此往返，在两辆自行车的车把之间来回飞行，直到两辆自行车相遇为止。如果每辆自行车都以 10 千尺 / 时的等速前进，苍蝇以 15 千尺 / 时的等速飞行，那么，苍蝇总共飞行了多少千尺?

原典

今有穿渠，上广一丈八尺，下广三尺六寸，深一丈八尺，袤五万一千八百二十四尺。问：积几何？答曰：一千七万四千五百八十五尺六寸。秋程人功[①]三百尺。问：用徒几何？答曰：三万三千五百八十二人，功内少一十四尺四寸。一千人先到，问：当受袤几何？答曰：一百五十四丈三尺二寸八十一分寸之八。

术曰：以一人功尺数乘先到人数为实。以一千人一日功为实。并渠上下广而半之，以深乘之为法。以渠广深之立实[②]为法。实如法得袤尺。

注释

① 秋程人功：就是一人在秋季的标准工作量。

② 立实：这里指广、深形成的直立的面积。

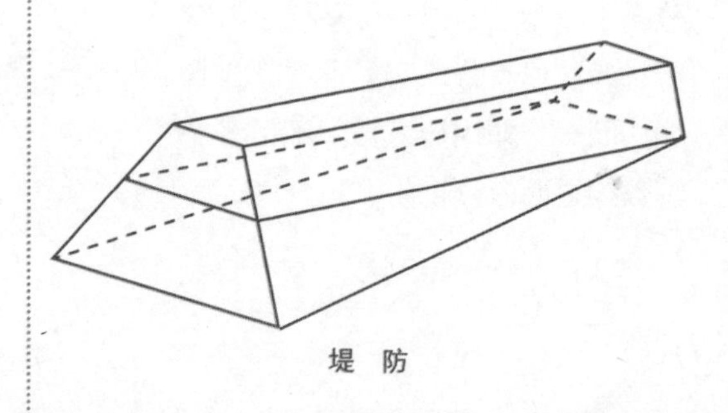

堤 防

译文

假设挖一条水渠，上广是 1 丈 8 尺，下底广是 3 尺 6 寸，深是 1 丈 8 尺，长是

51 824 尺。问：挖出的土方体积是多少？答：10 074 585 立方尺 6 立方寸。假设秋季每人的标准工作量是 300 立方尺，问：用工多少？答：33 582 人，而总工作量中少了 14 立方尺 4 立方寸。如果 1000 人先到，问：应当领受多长的渠？答：154 丈 3 尺 $2\frac{8}{81}$寸。

术：以一人标准工作量的体积尺数乘先到人数，作为实。以 1000 人一天的工作量作为实。将水渠的上、下广相加，取其一半，以深乘之，作为法。以水渠的广与深形成的竖立的幂作为法。实除以法，就得到长度尺数。

数学之神——阿基米德

阿基米德公元前 287 年出生在意大利半岛南端西西里岛的叙拉古，他是欧几里得学生埃拉托塞和卡农的门生，钻研《几何原本》。后来阿基米德成为兼数学家与力学家的伟大学者，并且享有“力学之父”的美称。他在数学上也有着极为光辉灿烂的成就。尽管阿基米德流传至今的著作共只有十来部，多数是几何著作，但这对于推动数学的发展，却起着决定性的作用。

《砂粒计算》是专讲计算方法和计算理论的一本著作。阿基米德要计算充满宇宙大球体内的砂粒数量，他运用了很奇特的想象，建立了新的量级计数法，确定了新单位，提出了表示任何大数量的模式，这与对数运算是密切相关的。

《圆的度量》利用圆的外切与内接九十六边形，求得圆周率 π 为：

$$3.141\,592\,6 < \pi < 3.141\,592\,7$$

这是数学史上最早的、明确指出误差限度的 π 值。他还证明了圆面积等于以圆周长为底、半径为高的正三角形的面积，使用的是穷举法。

《球与圆柱》熟练地运用穷竭法证明了球的表面积等于球大圆面积的 4 倍；球的体积是一个圆锥体积的 4 倍，这个圆锥的底等于球的大圆，高等于球的半径。阿基米德还指出，如果等边圆柱中有一个内切球，则圆柱的全面积和它的体积，分别为球表面积和体积的。在这部著作中，他还提出了著名的“阿基米德公理”。

《论螺线》是阿基米德对数学的出色贡献。他明确了螺线的定义，以及对螺线的面积的计算方法。在同一著作中，阿基米德还导出几何级数和算术级数求和的几何方法。

《平面的平衡》是关于力学的最早的科学论著，讲的是确定平面图形和立体图形的重心问题。

《浮体》是流体静力学的第一部专著，阿基米德把数学推理成功地运用于分析浮体的平衡上，并用数学公式表示浮体平衡的规律。

《论锥形体与球形体》讲的是确定由抛物线和双曲线绕其轴旋转而成的锥形体体积，以及椭圆绕其长轴和短轴旋转而成的球形体的体积。

原典

今有方垛壔[①]。垛者，垛[②]，城也。壔，音丁老切，又音纛，谓以土拥木也。方一丈六尺，高一丈五尺。问：积几何？答曰：三千八百四十尺。术曰：方自乘，以高乘之，即积尺[③]。

注释

① 方垛壔：即今之正方柱体。
② 垛：李籍云："小城也。"
③ 积尺：体积尺数。

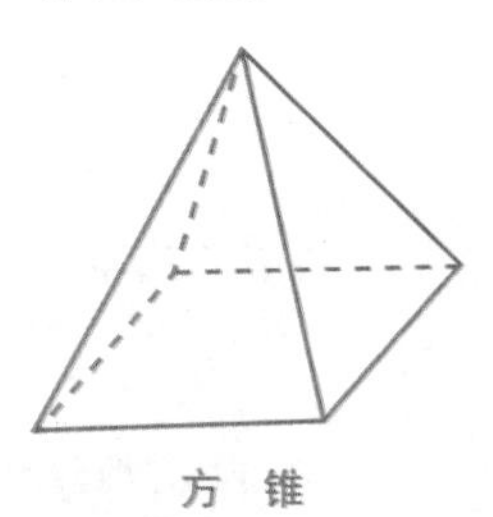

方 锥

译文

设有一方垛壔，垛是垛城，壔，音丁老切，又音纛，是说用土围裹着一根木桩。它的底是边长 1 丈 6 尺的正方形，高是 1 丈 5 尺。问：其体积是多少？答：3840 立方尺。术：底面边长自乘，以高乘之，就是体积尺数。

金字塔

趣味数学题

30. 某个岛上有座宝藏，你看到大、中、小三个岛民，你知道大岛民知道宝藏在山上还是山下，但他有时说真话有时说假话，只有中岛民知道大岛民是在说真话还是说假话，但中岛民自己在前个人说真话的时候才说真话，前个人说假话的时候就说假话，这两个岛民用举左手或右手的方式表示"是否"，但你不知道哪只手表示"是"，哪只手表示"否"，只有小岛民知道中岛民说的是真还是假，他用语言表达是否，他也知道左右手表达的意思。但他永远说真话或永远说假话，你也不知道他是这两种类型的哪一种，你能否用最少的问题问出宝藏在山上还是山下？（提示：如果你问小岛民宝藏在哪，他会反问你怎么才能知道宝藏在哪？）

原典

今有圆垛垛[①]，周四丈八尺，高一丈一尺。问：积[②]几何？答曰：二千一百一十二尺。于徽术，当积二千一十七尺一百五十七分尺之一百三十一。臣淳风等谨按：依密率，积二千一十六尺。术曰：周自相乘，以高乘之，十二而一。此章诸术亦以周三径一为率，皆非也。于徽术，当以周自乘，以高乘之，又以二十五乘之，三百一十四而一。此之圆幂亦如圆田之幂也。求幂亦如圆田，而以高乘幂也。臣淳风等谨按：依密率，以七乘之，八十八而一。

注释

① 圆垛垛：即今之圆柱体。

② 积：体积。

蒙古包

译文

假设有一圆柱体，底面圆周长是4丈8尺，高是1丈1尺。问：其体积是多少？答：2112立方尺。用我的徽术，体积应当是$2017\frac{131}{157}$立方尺。淳风等按：依照密率，体积是2016立方尺。术：底面圆周长自乘，以高乘之，除以12。此章中各术也都以周三径一作为率，都是错误的。用我的徽术，应当以底面圆周长自乘，以高乘之，又以25乘之，除以314。此处之圆幂也如同圆田之幂。因此求它的幂也如圆田，然后以高乘幂。臣淳风等按：依照密率，以7乘之，除以88。

趣味数学题

31. 一个商人骑一头驴要穿越1000千米长的沙漠，去卖3000根胡萝卜，已知驴一次性可驮1000根胡萝卜，但每走1千米就要吃掉1根胡萝卜。问：商人最多可卖出多少根胡萝卜？

原典

今有方亭①，下方五丈，上方四丈，高五丈。问：积几何？答曰：一十万一千六百六十六尺太半尺。术曰：上下方相乘，又各自乘，并之，以高乘之，三而一。此章有堑堵、阳马，皆合而成立方，盖说算者②乃立棋三品，以效高深之积③。假令方亭，上方一尺，下方三尺，高一尺④。其用棋也，中央立方一，四面堑堵四，四角阳马四⑤。上下方相乘为三尺，以高乘之，约积三尺⑥，是为得中央立方一，四面堑堵各一⑦。下方自乘为九，以高乘之，得积九尺⑧，是为中央立方一，四面堑堵各二，四角阳马各三也。上方自乘，以高乘之，得积一尺，又为中央立方一⑨。凡三品棋皆一而为三⑩。故三而一，得积尺⑪。用棋之数：立方三，堑堵、阳马各十二，凡二十七，棋十三⑫。更差次之⑬，而成方亭者三，验矣。

注释

① 方亭：即今之正四锥台，或方台。

② 说算者：研究数学的学者。

③ 以效高深之积：以三品棋推证由高、深形成的多面体体积。

④ 假令方亭，上方一尺，下方三尺，高一尺：假设方亭的上底边长1尺，下底边长3尺，高1尺。

⑤ 标准型方亭含有三品棋的个数是位于中央的1个立方体，位于四面的4个堑堵，位于四角的4个阳马。

⑥ 这里构造第一个长方体，宽是标准型方亭上底边长1尺，长是其下底边长3尺，高是其高1尺。

⑦ 第一个长方体含有中央正方体1个，四面堑堵各1个。

⑧ 再构造第二个长方体，实际上是一个方柱体，底的边长是标准型方亭下底边长3尺，高是其高1尺。

⑨ 再构造第三个长方体，实际上是以标准方亭的上底边长1尺为边长的正方体，它就是1个中央正方体。

⑩ 凡三品棋皆一而为三：所构造的三个长方体共有中央立方体3个，四面堑堵12个，四角阳马12个，与标准方亭所含中央立方1个、四面堑堵4个、四角阳马4个相比较，构成标准方亭的三品棋1个都变成了3个。

⑪ 故三而一，得积尺：所以除以3，就得一个标准方亭的体积。

⑫ 此谓三个长方体的三品棋分别是3个正方棋，12个堑堵棋，12个阳马棋，总数是27个，可以合成13个正方棋。

⑬ 更差次之：将这13个正方棋按照一定的类别和次序重新组合。

译文

假设有一个方亭，下底面是边长为 5 丈的正方形，上底面是边长为 4 丈的正方形，高是 5 丈。问：其体积是多少？答：101 666 $\frac{2}{3}$立方尺。术：上、下底面的边长相乘，又各自乘，将它们相加，以高乘之，除以 3。此章有堑堵、阳马等立体，都可以拼合成立方体。所以治算学的人就设立三品棋，为的是推证以高深形成的立体体积。假设一个方亭，上底是边长为 1 尺的正方形，下底是边长为 3 尺的正方形，高是 1 尺。它所使用的棋是：中央 1 个正方体，四面 4 个堑堵，四角 4 个阳马。上、下底的边长相乘，得到 3 平方尺，以高乘之，求得体积 3 立方尺。这就得到中央的 1 个正方体，四面各 1 个堑堵。下底边长自乘是 9 平方尺，以高乘之，得到体积 9 立方尺。这就是中央的 1 个正方体，四面各 2 个堑堵，四角各 3 个阳马。上底边长自乘，以高乘之，得到体积 1 立方尺，又为中央的 1 个正方体。那么，凡是三品棋，1 个都变成了 3 个。所以除以 3，便得到方亭的体积尺数。用三品棋的数目：正方体 3 个，堑堵、阳马各 12 个，共 27 个，能合成 13 个正方棋。重新按一定顺序将它们组合，可成为 3 个方亭，这就推验了方亭的体积公式。

方台建筑——玛雅金字塔

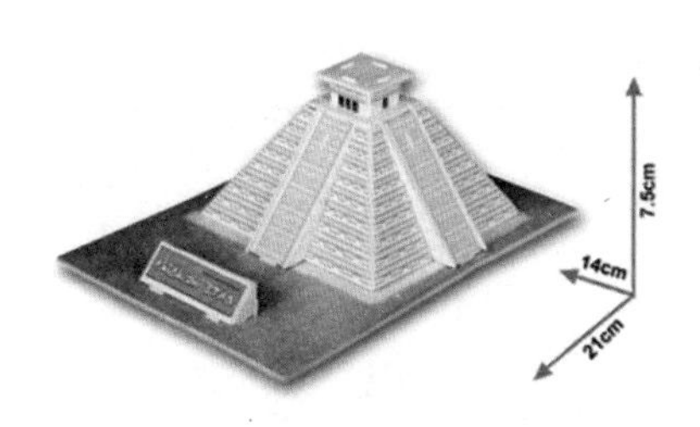

玛雅金字塔

玛雅金字塔是玛雅文明的象征，堪与埃及金字塔媲美。玛雅金字塔和埃及金字塔不同，外形上玛雅金字塔是平顶，塔体呈方形，底大顶小，层层叠叠，塔顶的台上建有庙宇，主要用于举行各种宗教仪式，仅有极少玛雅金字塔具有陵墓的功能。

玛雅文明大约发端于公元前 1800 年，奇琴伊察则始建于公元 5 世纪，7 世纪时占地面积达 25 平方千米。玛雅人在这里用石头建造了数百座建筑物，这是玛雅文明发展到鼎盛时期的产物。这些建筑不仅高大雄伟，而且雕有精美的装饰纹，显示出古玛雅人高超的建筑艺术水平。奇琴伊察的中心建筑是一座耸立于热带丛林空地中的巨大金字塔，名为库库尔坎金字塔。在每年春分、秋分这两天的下午，金字塔附近就会出现蛇影奇观：在太阳开始西下的时候，北边墙受到阳光照射的部分，从上到下由笔直逐渐变成波浪形，直到蛇头，宛如一条巨蟒从塔顶向下爬行，由于阳光照射的关系，蛇身有 7 个等腰三角形排列成行，正好像蟒背的花纹，随着太阳西落，蛇影渐渐消失，每当“库库尔坎”金字塔出现同蛇影奇观的时候，古代玛雅人就欢聚在一起，高歌起舞，庆祝这位羽毛蛇神的降临。

原典

为术又可令方差自乘，以高乘之，三而一，即四阳马也[①]。上下方相乘，以高乘之，即中央立方及四面堑堵也。并之，以为方亭积[②]数也。

注释

① 这是刘徽在证明了阳马的体积公式（见下阳马术刘徽注）之后，以有限分割求和法推导方亭的体积公式。

② 积：体积。

译文

造术又可以使上、下两底边长的差自乘，以高乘之，除以3，就是四角四阳马的体积；上、下底边长相乘，以高乘之，就是中央一个长方体与四面四个堑堵的体积。两者相加，就是方亭的体积尺数。

趣味数学题

32. 有3个人去投宿，一晚30元。3个人每人掏了10元凑够30元交给了老板。后来老板说今天优惠只要25元就够了，拿出5元命令服务生退还给他们，服务生偷偷藏起了2元，然后，把剩下的3元钱分给了那三个人，每人分到1元，这样，一开始每人掏了10元，现在又退回1元，也就是每人只花了9元钱，3个人每人9元，加上服务生藏起的2元，共29元，还有1元钱去了哪里?

原典

今有圆亭[①]，下周三丈，上周二丈，高一丈。问：积几何?答曰：五百二十七尺九分尺之七。于徽术，当积五百四尺四百七十一分尺之一百一十六也。按密率，为积五百三尺三十三分尺之二十六。

术曰：上、下周相乘，又各自乘，并之，以高乘之，三十六而一。此术周三径一之义，合以三除上下周，各为上下径，以相乘；又各自乘，并，以高乘之，三而一，为方亭之积[②]。假令三约上下周，俱不尽，还通之，即各为上下径。令上下径相乘，又各自乘，并，以高乘之，为三方亭之积分。此合分母三相乘得九，为法，除之。又三而一，得方亭之积。从方亭求圆亭之积，亦犹方幂中求圆幂。乃令圆率三乘之，方率四而一，得圆亭之积。前求方亭之积，乃以三而一，今求圆亭之积，亦合三乘之。二母既同，故相准折[③]。惟以方幂四乘分母九，得三十六，而连除之。

译文

假设有一个圆亭，下底周长是 3 丈，上底周长是 2 丈，高是 1 丈。问：其体积是多少？答：$527\frac{7}{9}$立方尺。用

我的徽术，体积应当是 $504\frac{116}{471}$立方尺。依照密率，体积是 $503\frac{26}{33}$立方尺。

术：上、下底周长相乘，又各自乘，将它们相加，以高乘之，除以 36。此术依照周三径一之义，应当以 3 除上、下底的周长，分别作为上、下底的直径。将它们相乘，又各自乘，相加，以高乘之，除以 3，就成为圆亭的外切方亭的体积。如果以 3 约上、下底的周长，都约不尽，就回头将它们通分，将它们分别作为上、下底的直径。使上、下底的直径相乘，又各自乘，相加，以高乘之，就是 3 个方亭体积的积分。这里还应当以分母 3 相乘得 9，作为法，除之。再除以 3，就得到一个方亭的体积。从方亭求圆亭的体积，也如同从方幂中求圆幂。于是乘以圆率 3，除以方率 4，就得到圆亭的体积。前面求方亭的体积是除以 3。现在求圆亭的体积，又应当乘以 3。二数既然相同，所以恰好互相抵消，只以方幂 4 乘分母 9，得 36 而合起来除之。

注释

① 圆亭：即今之圆台。

② 这是以周三径一之率。

③ 准折：恰好抵消。

趣味数学题

33. 兄弟共有 45 元钱，如果老大增加 2 元钱，老二减少 2 元钱，老三增加到原来的 2 倍，老四减少到原来的$\frac{1}{2}$，这时候四人的钱同样多，原来各有多少钱？

原典

于徽术，当上下周相乘，又各自乘，并，以高乘之，又二十五乘之，九百四十二而一。此圆亭四角圆杀[①]，比于方亭，为术之意，先作方亭，三而一，则此据上下径为之者[②]，当又以一百五十七乘之，六百而一也。今据周为之[③]，若于圆垛壔，又以二十五乘之，三百一十四而一，则先得三圆亭矣。故以三百一十四为九百四十二而一，并除之。臣淳风等谨按：依密率，以七乘之，二百六十四而一。

注释

①圆杀：收缩成圆。

② 如果这是根据上、下底的周长作的方亭。

③ 现在是根据圆亭上、下底的周长作的方亭。

译文

用我的徽术，应当将上、下底的周长相乘，又各自乘，相加，以高乘之，又乘以 25，除以 942。这里的圆亭的四个角收缩成圆，它与方亭相比，其造术的意思是：先作一个方亭，除以 3。如果这是根据上、下底的周长作的方亭，应当又乘以 157，除以 600。现在是根据圆亭上、下底的周长作的方亭，如同对圆柱体那样，乘以 25，除以 314，那么就先得到了 3 个圆亭。所以将除以 314 变为除以 942，就是用 3 与 314 一并除。淳风等按：依照密率，乘以 7，除以 264。

趣味数学题

34. 有只猴子在树林采了 100 根香蕉堆成一堆，猴子家离香蕉堆 50 米，猴子打算把香蕉背回家，每次最多能背 50 根，可是猴子嘴馋，每走 1 米要吃 1 根香蕉，问猴子最多能背回家几根香蕉？

原典

今有方锥，下方二丈七尺，高二丈九尺。问：积几何？答曰：七千四十七尺。术曰：下方自乘，以高乘之，三而一。按：此术假令方锥下方二尺，高一尺，即四阳马。如术为之，用十二阳马成三方锥①，故三而一，得方锥②也。

注释

① 取 12 个阳马棋，可以合成 4 个正方棋，它可以重新拼合成 3 个标准方锥。

② 得方锥：便得到方锥的体积。

译文

假设有一个方锥，下底是边长为 2 丈 7 尺的正方形，高是 2 丈 9 尺。问：其体积是多少？答：7047 立方尺。术：下底边长自乘，以高乘之，除以 3。按：此术中假设方锥下底的边长是 2 尺，高是 1 尺，即可分解成 4 个阳马，如方亭术那样处理这个问题：用 12 个阳马可以合成 3 个方锥，所以除以 3，便得到方锥的体积。

趣味数学题

35. 有一本书，兄弟两个都想买。哥哥缺 5 元，弟弟只缺 1 分。但是两人合买一本，钱仍然不够。你知道这本书的价格吗？他们又各有多少钱呢？

原典

今有圆锥，下周三丈五尺，高五丈一尺。问：积几何？答曰：一千七百三十五尺一十二分尺之五。于徽术，当积一千六百五十八尺三百一十四分尺之十三。依密率，为积一千六百五十六尺七十八分尺之四十七。术曰：下周自乘，以高乘之，三十六而一。按：此术圆锥下周以为方锥下方。方锥下方今自乘，以高乘之，令三而一，得大方锥之积。大锥方[①]之积合十二圆矣。今求一圆，复合十二除之，故令三乘十二得三十六，而连除[②]。

注释

①大锥：大方锥之省称。方：下方。

②这里实际上是通过比较圆锥与大方锥的底面积由后者的体积推导前者的体积。

译文

假设有一个圆锥，下底周长3丈5尺，高是5丈1尺。问：其体积是多少？答：$1735\frac{5}{12}$立方尺。用我的徽术，体积应当是$1658\frac{13}{314}$立方尺。依照密率，体积是$1656\frac{47}{88}$立方尺。术：下底周长自乘，以高乘之，除以36。按：此术中以圆锥的下底周长作为方锥下底的边长。现方锥下底的边长自乘，以高乘之，除以3，得到大方锥的体积。大方锥的底面积折合12个圆锥的底圆。现在求一个圆，又应当除以12。所以使3乘以12，得36而合起来除。

趣味数学题

36. 在你面前有一条长长的阶梯。如果你每步跨2阶，那么最后剩下1阶，如果你每步跨3阶，那么最后剩2阶，如果你每步跨5阶，那么最后剩4阶，如果你每步跨6阶，那么最后剩5阶，只有当你每步跨7阶时，最后才正好走完，1阶不剩。请你算一算，这条阶梯到底有多少阶？

原典

今有堑堵，下广二丈，袤一十八丈六尺，高二丈五尺。问：积几何？答曰：四万六千五百尺。术曰：广袤相乘，以高乘之，二而一。邪解立方得两堑堵[①]。

虽复随方[②]，亦为堑堵，故二而一[③]。此则合所规棋[④]。推其物体，盖为堑上叠[⑤]也。其形如城，而无上广[⑥]，与所规棋形异而同实，未闻所以名之为堑堵之说也[⑦]。

注释

① 此谓沿正方体相对两棱将其斜剖开，便得到两堑堵。

② 随方：即椭方，长方体。

③ 此谓将随方斜剖，也得到两堑堵。

④ 所规棊：所规定的棊，即《九章算术》中的堑堵。

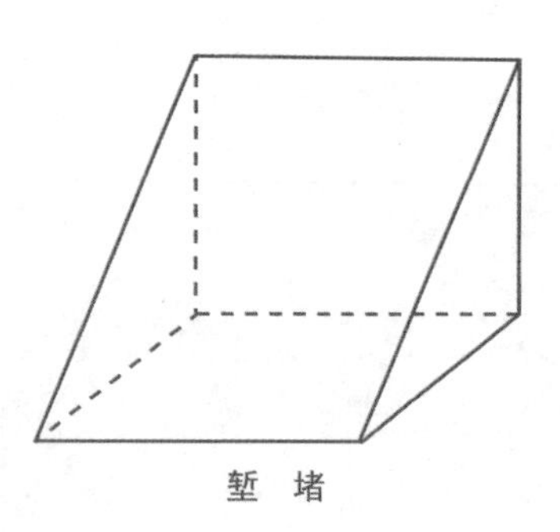

堑 堵

⑤ 叠：堆积。此谓推究其形状，大体像叠在堑上的物体。

⑥ 叠在堑上的堑堵就是城的上广为零的情形。

⑦ 这种多面体与所规定的棊，形状稍有不同，而其体积公式是相同的。

译文

假设有一道堑堵，下广是 2 丈，长是 18 丈 6 尺，高 2 丈 5 尺，问：其体积是多少？答：46 500 立方尺。术：广与长相乘，以高乘之，除以 2。将一个正方体斜着剖开，就得到 2 个堑堵。

更进一步，即使是一个长方体被剖开，也得到 2 个堑堵。所以除以 2。这与所规定的棊吻合。推断它的形状，大体是叠在堑上的那块物体。它的形状像城墙，但是没有上广。与所规定的棊的形状稍异而体积公式相同，没有听说将其叫作堑堵的原因。

趣味数学题

37. 一个农夫带着 3 只兔子到集市上去卖，每只兔子三四千克，但农夫的秤只能称五千克以上的东西，问他该如何称量？

原典

今有阳马①，广五尺，袤七尺，高八尺。问：积几何？答曰：九十三尺少半尺。术曰：广袤相乘，以高乘之，三而一。按：此术阳马之形，方锥一隅也②。今谓四柱屋隅为阳马③。

注释

① 阳马：本是房屋四角承短椽的长桁条，其顶端刻有马形，故名。

② 4 个阳马合成一个方锥，所以阳马的形状居于方锥的一角。

假令广袤各一尺，高一尺，相乘之，得立方积一尺。邪解立方得两堑堵，邪解堑堵，其一为阳马，一为鳖腝[④]，阳马居二，鳖腝居一，不易之率也[⑤]。合两鳖腝成一阳马，合三阳马而成一立方，故三而一[⑥]。验之以棋，其形露矣。悉割阳马，凡为六鳖腝。观其割分，则体势互通[⑦]，盖易了也。

③ 四柱屋隅为阳马：四柱屋屋角的部件为阳马。

④ 斜解一个堑堵，得到一个阳马与一个鳖腝。

⑤ 这是著名的刘徽原理：在一个堑堵中，阳马与鳖腝的体积之比恒为 2 ∶ 1。

⑥ 三个阳马合成一个正方体。

⑦ 体势互通：指两立体的全等或对称，其体积当然相等。

译文

假设有一个阳马，底广是 5 尺，长是 7 尺，高是 8 尺。问：其体积是多少？答：$93\frac{1}{3}$立方尺。术：广与长相乘，以高乘之，除以 3。按：此术中阳马的形状是方锥的一个角隅。今天把四柱屋的一个角隅称作阳马。假设阳马底的广、长都是 1 尺，高是 1 尺。将它们相乘，得到正方体的体积 1 尺。将一个正方体斜着剖开，得到 2 个堑堵；将一个堑堵斜着剖开，其中一个是阳马，一个是鳖腝。阳马占 2 份，鳖腝占 1 份，这是永远不变的率。两个鳖腝合成一个阳马，三个阳马合成一个正方体，所以阳马的体积是正方体的$\frac{1}{3}$。用棋来验证，其态势很明显。剖开上述所有的阳马，总共为六个鳖腝。考察分割的各个部分，其形体态势都是互相通达的，因此其体积公式是容易得到的。

阳马和鳖腝

鳖腝，指三角锥体。《九章算术·商功》：“斜解立方，得两堑堵。斜解堑堵，其一为阳马，一为鳖腝。阳马居二，鳖腝居一，不易之率也。合两鳖腝三而一，验之以棋，其形露矣。”

阳马，亦称角梁。中国古代建筑的一种构件。用于四阿（庑殿）屋顶、厦两头（歇山）屋顶转角 45° 线上，安在各架椽正侧两面交点上。

“阳马居二，鳖腝居一，不易之率也”，今称为刘徽原理。刘徽注《九章算术》关于体积问题的论述已经接触到现代体积理论的核心问题，指出四面体体积的解决是多面体体积理论的关键，而用有限分割和棋验法无法解决其体积。为了解决这个问题，他提出了一个重要原理：斜解堑堵，其一为阳马，一为鳖腝。对这些立体的特殊情形，刘徽之前都用棋验法，而对一般情形，棋验法亦无能为力。刘徽将它们分解成有限个长方体、堑堵、阳马、鳖腝，求其和而证明之。刘徽所补充的上述公式就是由此得出的。显然，复杂多面体体积的解决都要归结到阳马、鳖腝，正如刘徽所说："不有鳖腝，无以审阳马之数，不有阳马，无以知锥亭之类，功实之主也。"

2015 年高考数学题曾出现"鳖腝"和"阳马"这两个词，先要求解释这两个词再根据所给数据解题，当时很多学生表示"难出了新高度"。

原典

其棋或修短，或广狭，立方不等者，亦割分以为六鳖腝①。其形不悉相似，然见数同，积实均也②。鳖腝殊形，阳马异体③。然阳马异体，则不可纯合，不纯合，则难为之矣④。何则？按：邪解方棋⑤以为堑堵者必当以半为分，邪解堑堵以为阳马者，亦必当以半为分，一从一横耳⑥。设为⑦阳马为分内，鳖腝为分外⑧。棋虽或随修短广狭，犹有此分常率知，殊形异体，亦同也者，以此而已⑨。其使鳖腝广、袤、高各二尺，用堑堵、鳖腝之棋各二，皆用赤棋。

注释

①这是讨论阳马或修短或广狭，广、长、高不相等的情形。

②其形不悉相似，然见数同，积实均也：这三个阳马既不全等，也不对称，六个鳖腝两两对称，却三三不全等。然而只要它们三度的数组相同，则其体积分别相等。

③进一步说明阳马、鳖腝的形状分别不同。

④则难为之矣：此谓在广、长、高不相等的情况下，用棋验法难以解决这个问题。

⑤方棋：指"随方棋"，即"椭方棋"。将随方棋分割成两个堑堵。

⑥一从一横耳：此时分割出来的阳马，一个是横的，则另一个就是纵的。

⑦为：训"以"。

⑧这是将堑堵分割成一个阳马，一个鳖腝。阳马为分内，鳖腝为分外。

⑨此谓在阳马、鳖腝殊形异体的情况下，它们的体积公式与非殊形异体的情况完全相同。

译文

如果这里的棋或长或短，或广或窄，是广、长、高不等的长方体，也分割成 6 个鳖腝，它们的形状就不完全相同。然而只要它们所显现的广、长、高的数组是相同的，则它们的体积就是相等的。这些鳖腝有不同的形状，这些阳马也有不同的体态。阳马有不同的体态，那就不可能完全重合；不能完全重合，那么使用上述的方法是困难的。为什么呢？将长方体棋斜着剖开，成为堑堵，一定分成两份；将堑堵棋斜着剖开，也必定分成两份。这些阳马一个是纵的，另一个就会是横的。假设将阳马看作分割的内部，将鳖腝看作分割的外部，即使是棋有时是长方体，或长或短，或广或窄，仍然有这种分割的不变的率的话，那么不同形状的鳖腝，不同体态的阳马，其体积公式仍然分别相同，如此罢了。

原典

又使阳马之广、袤、高各二尺，用立方之棋一，堑堵、阳马之棋各二，皆用黑棋。棋之赤、黑，接为堑堵，广、袤、高各二尺。于是中放其广、袤，又中分其高[①]。令赤、黑堑堵各自适当一方[②]，高一尺、方一尺，每二分鳖腝，则一阳马也。其余两端各积本体[③]，合成一方焉[④]。是为别种而方者率居三，通其体而方者率居一[⑤]。虽方随棋改[⑥]，而固有常然之势[⑦]也。

按：余数具而可知者有一、二分之别，即一、二之为率定矣[⑧]。其于理也岂虚矣[⑨]？若为数而穷之[⑩]，置余广、袤、高之数各半之，则四分之三又可知也。半之弥少，其余弥细[⑪]。至细曰微，微则无形[⑫]。由是言之，安取余哉[⑬]？数而求穷之者，谓以情推，不用筹算[⑭]。鳖腝之物，不同器用，阳马之形，或随修短广狭。然不有鳖腝，无以审阳马之数，不有阳马，无以知锥亭之类，功实之主[⑮]也。

注释

① 又中分其高：又从中间分割堑堵的高。

② 令赤、黑堑堵各自适当一方：将赤堑堵与黑堑堵恰好分别合成一个立方体。

③ 其余两端各积本体：余下的两端，先各自拼合。

④ 合成一方焉：合成一个立方体，实际上仍是长方体。

⑤ 是为别种而方者率居三，通其体而方者率居一：这就是说，与原堑堵不同类型的立方体所占的率是3，而与原堑堵结构相似的立方体所占的率是1。

⑥ 方随棋改：正方体变成随方，即长方体，棋也改变了。随，通“椭”。

⑦ 固有常然之势：仍然有恒定的态势。

⑧ 余数具而可知者有一、二分之别，即一、二之为率定矣：如果能证明在第四个立方中能完全知道阳马与鳖腝的体积之比的部分为2 ∶ 1，则在整个堑堵中阳马与鳖腝的体积之比为2 ∶ 1就是确定无疑的了。

⑨ 其于理也岂虚矣：这在数理上难道是虚假的吗？

⑩ 若为数而穷之：若要从数学上穷尽它。

⑪ 半之弥少，其余弥细：平分的部分越小，剩余的部分就越细。

⑫ 至细曰微，微则无形：非常细就叫作微，微就不再有形体。

⑬ 由是言之，安取余哉：由此说来，哪里还有剩余呢？

⑭ 数而求穷之者，谓以情推，不用筹算：对于数学中无穷的问题，就要按数理进行推断，不能用筹算。

⑮ 功实之主：程功积实问题的根本。

译文

如果使鳖臑的广、长、高各2尺，那么用堑堵棋、鳖臑棋各2个，都用红棋。又使阳马的广、长、高各2尺，那么用立方棋1个，堑堵棋、阳马棋各2个，都用黑棋、红鳖臑与黑阳马拼合成一个堑堵，它的广、长、高各是2尺。于是就相当于从中间平分了堑堵的广与长，又平分了它的高。使红堑堵与黑堑堵恰好分别拼合成立方体，高是1尺，底方也是1尺。那么这些立方体中，在原鳖臑中的2份，相当于原阳马中的1份。余下的两端，先各自拼合，再拼合成一个立方体。这就是说，与原堑堵结构不同的立方体所占的率是3，而与原堑堵结构相似的立方体所占的率是1。即使是立方体变成了长方体，棋的形状发生了改变，这个结论必定具有恒定不变的态势。

按：如果余下的立体中，能列举出来并且可以知道其体积的部分属于鳖臑的与属于阳马的有1、2的分别，那么在整个堑堵中，1与2作为鳖臑与阳马的率就是完全确定了，这在数理上难道是虚假的吗？若要从数学上穷尽它，那就取堑堵剩余部分的广、长、高，平分之，那么又可以知道其中的以1、2作为率。平分的部分越小，剩余的部分就越细。非常细就叫作微，微就不再有形体。由此说来，哪里还会有剩余呢？对于数学中无限的问题，就要按数理进行推断，不能用筹算。鳖臑这种物体，不同于一般的器皿用具；阳马的形状，有时底是长方形，或长或短，或广或窄。然而，如果没有鳖臑，就没有办法考察阳马的体积，如果没有阳马，就没有办法知道锥亭之类的体积，这是程功积实问题的根本。

微则无形与多面体体积的关系

刘徽的“微则无形”的思想似受到《庄子》《淮南子》的影响。另外，刘徽这里“微则无形”的思想与割圆术（卷一圆田术注）“不可割”是一致的。无形则数不能分，

当然不可割。《庄子·秋水》中河伯曰“至精无形”，北海若曰“夫精粗者，期于有形者也；无形者，数之所不能分也；不可围者，数之所不能穷也”。《淮南子·要略》：“至微之论无形也”。

近代数学大师高斯曾提出一个猜想：多面体体积的解决不借助于无穷小分割是不是不可能的？这一猜想构成了希尔伯特《数学问题》第三问题的基础。他的学生德恩作了肯定的回答。这与刘徽的思想不谋而合。

卡尔·弗里德里希·高斯，生于不伦瑞克，卒于哥廷根，德国著名数学家、物理学家、天文学家、大地测量学家。高斯被认为是最重要的数学家，并有“数学王子”的美誉。1792年，15岁的高斯进入Braunschweig学院。在那里，高斯开始对高等数学作研究。独立发现了二项式定理的一般形式、数论上的“二次互反律”、质数分布定理、及算术几何平均。1795年高斯进入哥廷根大学。1796年，17岁的高斯得到了一个数学史上极重要的结果，就是《正十七边形尺规作图之理论与方法》，并为流传了2000年的欧氏几何提供了自古希腊时代以来的第一次重要补充。1807年高斯成为哥廷根大学的教授和当地天文台的台长。高斯在最小二乘法基础上的测量平差理论的帮助下，结算出天体的运行轨迹。并用这种方法，发现了谷神星的运行轨迹。谷神星于1801年由意大利天文学家皮亚齐发现，但他因病耽误了观测，失去了这颗小行星的轨迹。皮亚齐以希腊神话中“丰收女神”来命名它，即谷神星，并将以前观测的位置发表出来，希望全球的天文学家一起寻找。高斯通过以前的三次观测数据，计算出了谷神星的运行轨迹。奥地利天文学家Heinrich Olbers在高斯计算出的轨道上成功发现了这颗小行星。从此高斯名扬天下。高斯将这种方法著述在著作《天体运动论》。1855年2月23日清晨，高斯在哥廷根去世。

原典

今有鳖臑①，下广五尺，无袤；上袤四尺，无广；高七尺。问：积几何？答曰：二十三尺少半尺。术曰：广袤相乘，以高乘之，六而一。按：此术腰者，臂骨也②。或曰半阳马，其形有似鳖臑，故以名云。中破阳马得两鳖臑，之见数即阳马之半数。数同而实据半，故云六而一，即得。

注释

①鳖臑：有下广无下袤，有上袤无下广，有高的四面体，实际上它的四面都是勾股形。

②此术中，腰就是臂骨。

译文

假设有一个鳖臑，下广是5尺，没有长，上长是4尺，没有广，高是7尺。问：其体积是多少？答：$23\frac{1}{3}$立方尺。术：下广与上长相乘，以高乘之，除以6。按：此术中，腰就是臂骨。有人说，半个阳马，其形状有点像鳖臑，所以叫这个名字。从中间平分阳马，得到两个鳖臑，它的体积是阳马的半数。广、长、高都与阳马相同而其体积是其一半，所以除以 6，即得。

趣味数学题

38. 一根绳子对折，再对折，再第三次对折，然后从中间剪断，共剪成多少段？

原典

今有羡除[①]，下广六尺，上广一丈，深三尺；末广八尺，无深；袤七尺。问：积几何？答曰：八十四尺。术曰：并三广，以深乘之，又以袤乘之，六而一。按：此术羡除，实随道也。其所穿地，上平下邪，似两鳖臑夹一堑堵，即羡除之形。假令用此棋：上广三尺，深一尺，下广一尺；末广一尺，无深袤一尺。下广、末广皆堑堵[②]；上广者，两鳖臑与一堑堵相连之广也[③]。以深、袤乘，得积五尺。鳖臑居二，堑堵居三，其于本棋，皆一为六故六而一。合四阳马以为方锥[④]。邪画方锥之底[⑤]，亦令为中方。就中方削而上合，全为中方锥之半[⑥]。于是阳马之棋悉中解矣[⑦]。中锥离而为四鳖臑焉[⑧]。故外锥之半亦为四鳖臑[⑨]。虽背正异形，与常所谓鳖臑参不相似，实则同也[⑩]。所云夹堑堵者，中锥之鳖臑也[⑪]。凡堑堵上袤短者，连阳马也[⑫]。下袤短者，与鳖臑连也[⑬]。上、下两袤相等知，亦与鳖臑连也[⑭]。并三广，以高、袤乘，六而一，皆其积也。今此羡除之广，即堑堵之袤也[⑮]。

注释

① 羡除：一种楔形体，有五个面，其中三个面是等腰梯形，两个侧面是三角形，其长所在的平面与高所在的平面垂直。

② 在这种羡除中，下广、末广都是堑堵的广。

③ 这里羡除的上广是堑堵与夹堑堵的两鳖臑相连的广。

④ 合四阳马以为方锥：将 4 个阳马拼合在一起就成为方锥。

⑤ 邪画方锥之底：斜着分割方锥的底。

⑥ 就中方削而上合，全为中方锥之半：从这个中间正方形向上削至方锥的顶点，得到的鳖臑全都是中方锥的一片。

⑦ 阳马之棋悉中解矣：合成方锥的四个阳马都从中间被剖分。

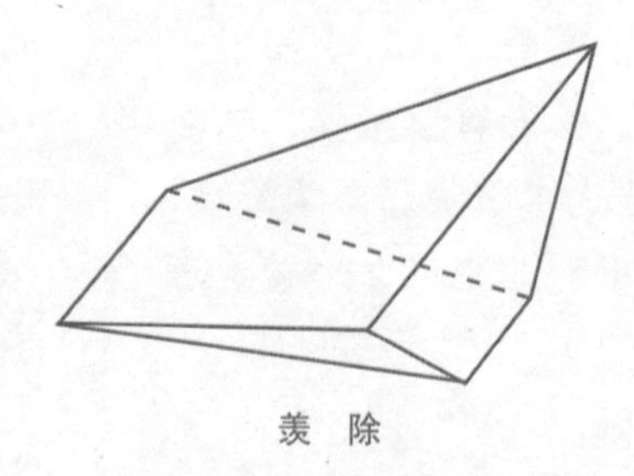

羡 除

⑧ 中锥离而为四鳖腝焉：中锥被分割为全等的 4 个鳖腝。因此每一个的体积当然是中方锥的鳖腝体积公式。

⑨ 外锥之半亦为四鳖腝：外锥的片也成为 4 个鳖腝。

⑩ 背正异形，与常所谓鳖腝参不相似，实则同也：中锥的 4 个鳖腝与外锥的 4 个鳖腝背正相对，形状不同，与通常的鳖腝的广、袤、高三度不相等，它们的体积公式却相同。

⑪ 夹堑堵者，中锥之鳖腝也：夹堑堵的鳖腝就是从中锥分离出来的鳖腝。

⑫ 凡堑堵上袤短者，连阳马也：凡是堑堵的上长比羡除的上广短的羡除，由一个堑堵及两侧的阳马组成。

⑬ 下袤短者，与鳖腝连也：凡是堑堵的下长短于羡除下广的羡除，由一堑堵及两侧的两鳖腝组成。

⑭ 上、下两袤相等知，亦与鳖腝连也：凡是堑堵的上下两长与羡除的上下广相等的羡除，由一个暂堵及两侧的鳖腝组成。

⑮ 在上述讨论中，羡除的广与堑堵的长在同一直线上。

译文

假设有一个楔形体，一端下广是6尺，上广是1丈，深是3尺；末端广是8尺，没有深，长是 7 尺。问：其体积是多少？答：84 立方尺。术：将三个广相加，以深乘之，又以长乘之，除以 6。按：此术中羡除实际上是一条隧道，如果所挖的地上面是平的，下面是斜面，好像两个鳖腝夹着一个堑堵，就是羡除的形状。假设使用这样的棋：一端上广是 3 尺，深是 1 尺，下广是 1 尺，末端广是 1 尺，没有深，长是 1 尺。一端的下广与末端的广都是堑堵的广；一端的上广是两个鳖腝与一个堑堵相连的广。以深、长乘三个广之和，得到体积 5 立方尺，鳖腝占据 2 份，堑堵占据 3 份。对原来的棋，它们都由 1 个变成了 6 个，所以要除以 6。将 4 个阳马拼合成 1 个方锥。斜着分割方锥的底，就形成一个中间正方形。从这个中间正方形向上到方锥的顶点剖开，得到的全都是中方锥的一片。于是阳马之棋全被从中间剖开了，中间方锥分离成 4 个鳖腝，那么外锥的一片也是 4 个鳖腝。虽然这些鳖腝一反一正，形状不同，与通常说的鳖腝的三度都不相等，它们的求积公式却是相同的。所说的夹堑堵的，就是从中间方锥分离出来的鳖腝。凡是堑堵的长比羡除的上广短的，两侧就与阳马相连；堑堵的长比羡除的下广短的，两侧就与鳖腝相连。堑堵的长与羡除的上、下广相等的，两侧也与鳖腝相连。使三个广相加，以高、长乘之，除以 6，都得到羡除的体积。这里所说的羡除的广，在堑堵的长的位置上。

数学之父——塞乐斯

塞乐斯生于公元前624年，是古希腊第一位闻名世界的大数学家。他曾用一种巧妙的方法算出了金字塔的高度，使古埃及国王阿美西斯钦羡不已。

塞乐斯的方法既巧妙又简单：选一个天气晴朗的日子，在金字塔边竖立一根小木棍，然后观察木棍阴影的长度变化，等到阴影长度恰好等于木棍长度时，赶紧测量金字塔影的长度，因为在这一时刻，金字塔的高度也恰好与塔影长度相等。也有人说，塞乐斯是利用棍影与塔影长度的比等于棍高与塔高的比算出金字塔高度的。如果是这样的话，就要用到三角形对应边成比例这个数学定理。塞乐斯自夸，说是他把这种方法教给了古埃及人。但事实可能正好相反，应该是古埃及人早就知道了类似的方法，但他们只满足于知道怎样去计算，却没有思考为什么这样算就能得到正确的答案。

塞乐斯素有“数学之父”的尊称，原因就在这里。塞乐斯最先证明了如下的定理：

1. 圆被任一直径二等分。
2. 等腰三角形的两底角相等。
3. 两条直线相交，对顶角相等。
4. 半圆的内接三角形，一定是直角三角形。
5. 如果两个三角形有一条边以及这条边上的两个角对应相等，那么这两个三角形全等。这个定理也是塞乐斯最先发现并最先证明的，后人常称之为塞乐斯定理。相传塞乐斯证明这个定理后非常高兴，宰了一头公牛供奉神灵。后来，他还用这个定理算出了海上的船与陆地的距离。

趣味数学题

39. 幼儿园新买回一批小玩具。如果按每组10个分，则少了2个；如果按每组12个分，则刚好分完，但却少分一组。请你想一想，这批玩具一共有多少个？

原典

按：此本是三广不等，即与鳖腝连者[①]。别而言之[②]：中央堑堵广六尺，高三尺，袤七尺。末广之两旁，各一小鳖腝，皆与堑堵等[③]。令小鳖腝居里，大鳖腝居表[④]，则大鳖

注释

① 此谓三广不等的羡除，其分割出的堑堵与鳖腝相连。

② 别而言之：将羡除分割开分别表述之。

③ 皆与堑堵等：两小鳖腝与堑堵的高与袤分别相等。

臑皆出随方锥⑤，下广二尺，袤六尺，高七尺。分取其半，则为袤三尺。以高、广乘之，三而一，即半锥之积也。邪解半锥得此两大鳖臑⑥。求其积，亦当六而一，合于常率矣⑦。按：阳马之棋两邪，棋底方，当其方也，不问旁、角而割之，相半可知也⑧。推此上连无成不方，故方锥与阳马同实⑨。角而割之者，相半之势⑩。此大小鳖臑可知更相表里，但体有背正也⑪。

④ 两小鳖臑居于内侧，两大鳖臑居于外侧。

⑤ 大鳖臑皆出随方锥：两大鳖臑皆从椭方锥中分离出来。

⑥ 邪解半锥得此两大鳖臑：用平面分别分割半椭方锥，得到鳖臑，就是上述的两大鳖臑。

⑦ 求其积，亦当六而一，合于常率矣：求大鳖臑的体积，也应当除以 6，符合通常的率式，所以说“合于常率”。大鳖臑的体积为什么是半椭方锥的一半呢？下面就是刘徽的证明方法。

⑧ 不问旁、角而割之，相半可知也：对一个长方形，不管是用对角线分割之，还是用对边中点的连线分割之，都将其面积平分，

⑨ 推此上连无成不方，故方锥与阳马同实：将这一结论由底向上推广，所连接出的方锥与阳马的各层没有一层不是相等的方形，所以它们的体积相等。

⑩ 角而割之者，相半之势：对一长方形从对角分割，是将其平分的态势。

⑪ 此大小鳖臑可知更相表里，但体有背正也：这里的大鳖臑、小鳖臑互为表里，但形状有反有正。

译文

按：这一问题中本来是三广不相等的即与鳖臑相连的羡除。将其分解进行讨论：位于中央的堑堵，广是 6 尺，高是 3 尺，长是 7 尺。羡除末端广的两旁，各有一小鳖臑。它的广、长皆与堑堵的相等。使小鳖臑居于里面，大鳖臑居于表面。大鳖臑都可以从长方锥中分离出来。长方锥的下底广是 2 尺，长是 6 尺，高是 7 尺。分取它的一半，那么长变成 3 尺。以高、广乘之，除以 3，就是半长方锥的体积。斜着剖开两个半长方锥，就得到两大鳖臑。求它的体积，也应该除以 6，符合鳖臑通常的率。按：阳马棋有两个斜面，棋的底是长方形。对长方形，不管是从两旁分割它，还是从对角分割它，都将其平分成二等分。将这一结论由底向上推广，所连接出的方锥与阳马的各层没有一层不是相等的方形，所以它们的体积相等。从对角分割，是平分的态势。所以大鳖臑的体积是半长方锥的一半，是正确的。这里的大鳖臑、小鳖臑互为表里，但形状有反有正。

趣味数学题

40. 五条直线相交，最多能有多少个交点呢？

原典

今有刍甍[1]，下广三丈，袤四丈；上袤二丈，无广；高一丈。问：积几何？答曰：五千尺。术曰：倍下袤，上袤从之，以广乘之，又以高乘之，六而一。推明义理[2]者：旧说[3]云，凡积刍有上下广曰童[4]，甍谓其屋盖之茨[5]也。是故甍之下广、袤与童之上广、袤等[6]。正斩方亭两边，合之即刍甍之形也[7]。假令下广二尺，袤三尺；上袤一尺，无广；高一尺。其用棋也，中央堑堵二，两端阳马各二。倍下上袤从之，为七尺，以广乘之，得幂十四尺，阳马之幂各居二，堑堵之幂各居三。以高乘之，得积十四尺。其于本棋也，皆一而为六[8]，故六而一，即得[9]。

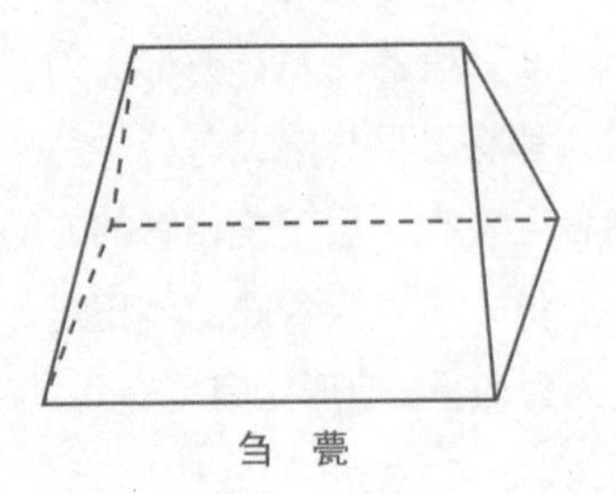

刍 甍

注释

① 刍甍：其本义是形如屋脊的草垛，是一种底面为长方形而上方只有长，无广，上长短于下长的楔形体。

② 推明义理：阐明其含义。

③ 旧说：指前代数学家的说法。

④ 此谓垛成的草垛上不仅有长，而且有广，叫作童。童：山无草木，牛羊无角，人秃顶，皆曰童。

⑤ 茨：是用茅草、芦苇搭盖的屋顶。

⑥ 用一个平行于刍甍底面的平面切割刍甍，下为刍童，上仍为刍甍，所以说，刍甍的下广、长与刍童的上广、长相等。

⑦ 以垂直于底面的两个平面从方亭上底的两对边切割方亭，切割下的两侧合起来就是刍甍。

⑧ 其于本棋也，皆一而为六：这个长方体中的堑堵、阳马对于标准型刍甍，1个都成了6个。

⑨ 除以6，就得到标准型刍甍的体积。

译文

假设有一座刍甍，下底广是3丈，长是4丈；上长是2丈，没有广；高是1丈。问：其体积是多少？答：5000立方尺。术：将下长加倍，加上长，以广乘之，又以高乘之，除以6。先把它的含义推究明白：旧的说法是，凡是堆积刍草，有上顶广与下底广，

就叫作童。甍是指用茅草做成的屋脊。所以刍甍下底的广、长与刍童上顶的广、长相等。从正面切割下方亭的两边，合起来，就是刍甍的形状。假设一个刍甍，下底广是2尺，长是3尺，上长是1尺，没有广，高是1尺。它所使用的棋：中央有2个堑堵，两端各有2个阳马，将上长加倍，加上长，得7尺。以下底广乘之，得到幂14平方尺。每个阳马的幂占据2平方尺，每个堑堵的幂占据3平方尺。再以高乘之，得体积14立方尺。它们对于本来的棋，1个都变成了6个。所以除以6，就得到刍甍的体积。

刍甍结构的建筑

趣味数学题

41. 一富豪临终留下遗嘱：“如果妻子生男孩，妻儿各分一半家产。如生女孩，女孩得家产三分之一，其余归妻子。”富豪死后，怀孕的妻子不久就生产了，但生下的是一对双胞胎。问：如何分遗产？

刍甍

刍甍：其本义是形如屋脊的草垛，是一种底面为长方形而上方只有长，无广，上长短于下长的楔形体。刍：指喂牲口的草。甍：屋脊。《说文解字》：“甍，屋栋也。”在古建筑中，太和殿是比较典型的刍甍形状的屋顶设计。

原典

刍童[①]、曲池[②]、盘池[③]、冥谷[④]皆同术。术曰：倍上袤，下袤从之；亦倍下袤，上袤从之；各以其广乘之；并，以高若[⑤]深乘之，皆六而一。按：此术假令刍

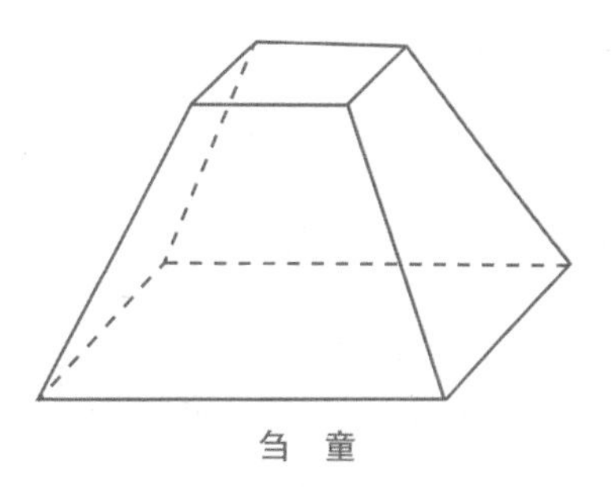

刍 童

童上广一尺，袤二尺；下广三尺，袤四尺；高一尺。其用棋也，中央立方二，四面堑堵六，四角阳马四[⑥]。倍下袤为八，上袤从之，为十。以高、广乘之，得积三十尺。是为得中央立方各三，两端堑堵各四，两旁堑堵各六，四角阳马亦各六。后倍上袤，下袤从之，为八。以高、广乘之，得积八尺。是为得中央立方亦各三，两端堑堵各二。并两旁[⑦]，三品棋皆一而为六[⑧]，故六而一，即得[⑨]。

注释

① 刍童：本义是平顶草垛。也是地面上的土方工程。《九章算术》和《算数书》关于刍童的例题皆是上大下小。

② 曲池：是曲折回绕的水池。实际上是曲面体，此处曲池的上下底皆为圆环。

③ 盘池：是盘状的水池，地下的水土工程。

④ 冥谷：是墓穴，地下的土方工程。

⑤ 若：或。

⑥ 将标准型刍童分解为三品棋：2 个中央正方体，6 个四面堑堵，4 个四角阳马。

⑦ 旁：通方。

⑧ 三品棋皆一而为六：三品棋 1 个都变成了 6 个。

⑨ 除以 6，就得到标准型刍童的体积。

译文

刍童、曲池、盘池、冥谷都用同一术。术：将上长加倍，加下长，又将下长加倍，加上长，分别以各自的广乘之。将它们相加，以高或深乘之，除以 6。按：此术中，假设刍童的上顶广是 1 尺，长是 2 尺；下底广是 3 尺，长是 4 尺，高是 1 尺。它所使用的棋：中央有 2 个正方体，四面有 6 个堑堵，四角有 4 个阳马，将下长加倍，得 8，加上长，得 10，以高、下底广乘之，得体积 30 立方尺。这就成为：中央的正方体 1 个变成了 3 个，两端的堑堵 1 个变成了 4 个，两旁的堑堵 1 个变成了 6 个，四角的阳马 1 个变成了 6 个。然后将上长加倍，加下长，得 8。以高、上广乘之，得体积 8 立方尺。这就成为：中央的正方体 1 个也变成了 3 个，两端堑堵 1 个变成了 2 个。将两个长方体相加，2 品棋 1 个都变成了 6 个。所以除以 6，就得到刍童的体积。

趣味数学题

42. 某要塞有步兵 692 人，每 4 人站一横排，各排相距 1 米，向前行走每分钟走 86 米。现在要通过长 86 米的桥，请问第一排上桥到最后一排离桥需要几分钟？

原典

其曲池者，并上中、外周而半之，以为上袤；亦并下中、外周而半之，以为下袤。此池环而不通匝，形如盘蛇而曲之。亦云周者，谓如委谷依垣之周耳[①]。引而伸之，周为袤。求袤之意，环田也[②]。

注释

① 此谓曲池之周像委谷依垣那样不通匝。

② 像环田那样引而伸之，展为梯形。

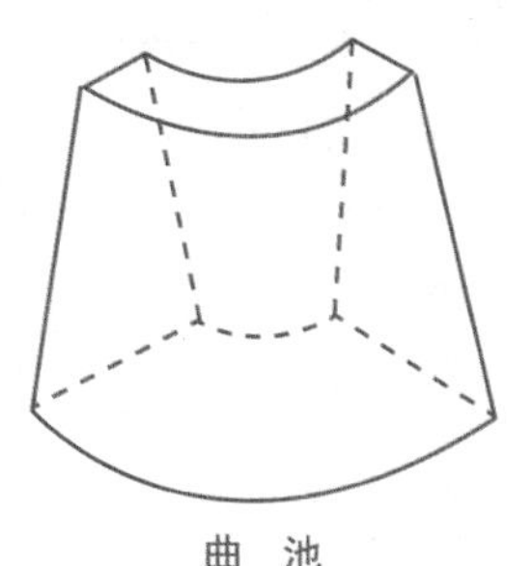

曲　池

译文

如果是曲池，就将上中、外周相加，取其一半，作为上长；又将下中、外周相加，取其一半，作为下长。这种曲池是圆环形的但不连通，形状像盘起来的蛇那样弯曲。也称为周，是说像把谷物堆放在墙边那样的周。将它伸直，周就成为长。求长的意思如同环田。

趣味数学题

43. 一天有个年轻人来到王老板的店里买一件礼物，这件礼物成本是 18 元，售价是 21 元。结果是这个年轻人掏出 100 元要买这件礼物。王老板当时没有零钱，用那 100 元向街坊换了 100 元的零钱，找给年轻人 79 元。但是街坊后来发现那 100 元是假钞，王老板无奈还了街坊 100 元。现在问题是：王老板在这次交易中到底损失了多少钱？

原典

今有刍童，下广二丈，袤三丈；上广三丈，袤四丈；高三丈。问：积几何？答曰：二万六千五百尺。

今有曲池，上中周二丈，外周四丈，广一丈；下中周一丈四尺，外周二丈四尺，广五尺；深一丈。问：积几何？答曰：一千八百八十三尺三寸少半寸。

今有盘池，上广六丈，袤八丈；下广四丈，袤六丈；深二丈。问：积几何？答曰：七万六百六十六尺太半尺。

负土[①]往来七十步；其二十步上下棚、除[②]，棚、除二当平道五[③]，踟蹰[④]之间十加一，载输[⑤]之间三十步，定一返[⑥]一百四十步。土笼[⑦]积一尺六寸。秋程人功行五十九里半[⑧]。问：人到积尺[⑨]及用徒各几何？答曰：人到二百四尺。用徒三百四十六人一百五十三分人之六十二。

术曰：以一笼积尺乘程行步数，为实。往来上下棚、除二当平道五。棚，阁，除，邪道，有上下之难，故使二当五也。置定往来步数，十加一，及载输之间三十步以为法。除之，所得即一人所到尺。按：此术棚，阁，除，邪道，有上下之难，故使二当五。置定往来步数，十加一，及载输之间三十步，是为往来一返凡用一百四十步。于今有术为所有行率，笼积一尺六寸为所求到土率，程行五十九里半为所有数，而今有之，即人到尺数。"以所到约积尺，即用徒人数"者，此一人之积除其众积尺，故得用徒人数[⑩]。为术又可令往来一返所用之步约程行为返数，乘笼积为一人所到。以此术与今有术相返覆，则乘除之或先后，意各有所在而同归耳。以所到约积、尺，即用徒人数。

注释

①负土：背土。

②棚：就是楼阁，也作栈道。除：台阶，阶梯。下文刘徽注曰："除，邪道。"

③棚、除二当平道五：在棚、除行进 2，相当于在平道行进 5。

④踟蹰：徘徊。

⑤载输：装卸。

⑥定一返：110 步+30 步=140 步。

⑦笼：盛土器，土筐。

⑧秋程人功行五十九里半：秋季 1 个劳动力的标准工作量为一天背负容积为 1 立方尺 600 立方寸的土笼行 59 里半。

⑨人到积尺：即每人每天运到的土方尺数。

⑩以 1 人所运到的积尺数除众人共同运到的积尺数，就得用徒人数。

译文

假设有一刍童，下广是 2 丈，长是 3 丈；上广是 3 丈，长是 4 丈；高是 3 丈。问：其体积是多少？答：26 500 立方尺。

假设有一曲池，上中周是 2 丈，外周是 4 丈，广是 1 丈；下中周是 1 丈 4 尺，外周是 2 丈 4 尺，广是 5 尺；深是 1 丈。问：其体积是多少？答：1883 立方尺 $3\frac{1}{3}$ 立方寸。

假设有一盘池，上广是 6 丈，长是 8 丈；下广是 4 丈，长是 6 丈；深是 2 丈。问：其体积是多少？答：70 666 $\frac{2}{3}$ 立方尺。

如果背负土筐一个往返是 70 步。其中有 20 步是上下的棚、除。在棚、

除上行走2相当于平地5，徘徊的时间10加1，装卸的时间相当于30步。因此，一个往返确定走140步。土笼的容积是1尺6寸。秋天一人每天标准运送59里半。问：一人一天运到的土方尺数及用工人数各是多少？答：一人运到土方204立方尺，用工$346\frac{62}{153}$人。

术：以一土筐容积尺数乘一人每天的标准运送步数，作为实。往来上下要走棚、除，2相当于平地5。棚是栈道，除是台阶，有上下的困难，所以2相当于5。布置运送一个往返确定走的步数，每10加1，再加装卸时间的30步，作为法。实除以法，所得就是1人每天所运到的土方尺数。按：此术中棚是栈道，除是台阶，有上下的困难，所以2相当于5。布置运送一个往返确定走的步数，每10加1，再加装卸的时间30步，这往来运送一次共走140步。对今有术来说，它是所有率即行率，土筐容积1立方尺600立方寸是所求率即到土率。一人每天标准运送$59\frac{1}{2}$里是所有数。应用今有术，就得到一人每天所运到的土方尺数。“以一人每天所运到的土方尺数除盘池容积尺数，就是用工人数”，这是因为以一人运到的土方尺数，去除众人应该运送的土方尺数，就得到用工人数。造术又可以：以往来一次所用的步数除一人标准运送的步数，作为往返次数。以它乘土筐容积，为一人所运送到的土方尺数。以此术与今有术相比较，一个是先乘后除，一个是先除后乘，各自有不同的思路，却有同一个结果。以一人每天所运到的土方尺数除盘池容积尺数，就是用工人数。

北宋科学家——沈括

沈括像

沈括（1031—1095年），字存中，号梦溪丈人，北宋杭州钱塘县（今浙江杭州）人，汉族。仁宗嘉佑八年（公元1063年）进士。元丰五年（1082年）以宋军于永乐城之战中为西夏所败，连累被贬。晚年在镇江梦溪园撰写了《梦溪笔谈》，内容丰富，集前代科学成就之大成，在世界文化史上有着重要的地位。

沈括的科学成就是多方面的。在数学方面也有精湛的研究。他从实际计算需要出发，创立了“隙积术”和“会圆术”。沈括通过对酒店里堆起来的酒坛和垒起来的棋子等有空隙的堆体积的研究，提出了求它们总数的正确方法，这就是“隙积术”，也就是二阶等差级数的求和方法。沈括的研究，发展了自《九章算术》以来的等差级数问题，在我国古代数学史上开辟了高阶等差级数研究的方向。此外，沈括还从计算田亩出发，考察了圆弓形中弧、弦和矢之间的关系，提出了我国数学史上第一个由弦和矢的长度求弧长的比较简单、实用的近似公式，这就是“会圆术”。这一方法的创立，不仅促进了平面几何学的发展，而且在天文计算中也起了重要的作用，并为我国球面三角学的发展做出了重要贡献。

原典

今有冥谷，上广二丈，袤七丈；下广八尺，袤四丈；深六丈五尺。问：积几何？答曰：五万二千尺。

载土①往来二百步，载输之间一里，程行五十八里。六人共车，车载三十四尺七寸②。问：人到积尺及用徒各几何？答曰：人到二百一尺五十分尺之十三。用徒二百五十八人一万六十三分人之三千七百四十六。

术曰：以一车积尺乘程行步数，为实。置今往来步数，加载输之间一里，以车六人乘之，为法。除之，所得即一人所至。按：此术今有之义以载输及往来并得五百步③，为所有行率，车载三十四尺七寸为所求到土率，程行五十八里，通之为步④，为所有数。而今有之，所得则一车所到欲得人到者，当以六人除之，即得⑤。术有分，故亦更令乘法而并除者，亦用以车尺数以为一人到土率，六人乘五百步为行率也⑥。又亦可五百步为行率，令六人约车积尺数为一人到土率，以负土术入之。入之者⑦，亦可求返数也。要取其会通而已。术恐有分，故令乘法而并除⑧。“以所到约积尺，即用徒人数”者，以一人所到积尺除其众积，故得用徒人数也。以所到约积尺，即用徒人数。

注释

① 载土：是用车辆运输土石。

② 一辆车运载的土方是 34 立方尺 7 立方寸。

③ 载输之间 1 里 =300 步，往来 200 步，故为 500 步。

④ 1 里为 300 步，58 里为 17 400 步。

⑤ 6 人共一车，车到积尺除以 6，就是人到积尺。

⑥ 一般说来，先求出车到积尺会有分数，再除以 6，更烦琐。于是以一车积尺数作为一人到土率，以 6 乘 500 步作为行率，变成了以 6 乘法而一并除。

⑦ 人之者：假设采纳负土术。

⑧ 术恐有分，故令乘法而并除：先求出每辆车一天的往返次数，方法虽然正确，但先做除法，难免有分数，所以《九章算术》采取乘法而并除的方式。

译文

假设有一冥谷，上广是 2 丈，长是 7 丈；下广是 8 尺，长是 4 丈；深是 6 丈 5 尺。问：其体积是多少？答：52 000 立方尺。

如果装运土石一个往返是 200 步，装卸的时间相当于 1 里。一辆车每天标准运送 58 里。6 个人共一辆车，每辆车装载 34 立方尺 7 立方寸。问：一人一天运到的土方尺数及用工人数各多少？答：一人运到土方 $201\frac{13}{50}$ 立方尺，工人数 $258\frac{3746}{10\,063}$ 人。

术：以一辆车装载尺数乘一辆车每天标准运送里数，作为实。布置运送一个往返的步数，加装卸时间所相当的 1 里，以每辆车的 6 人乘之，作为法。实除以法，所得就是一人每天所运到的土方尺数。按：此术有今有术的意义。以装卸及往返的步数相加，得 500 步，作为所有率，即行率，每辆车所装载 34 立方尺 7 立方寸作为所求率，一辆车每天标准运送的 58 里，换算成步数，作为所有数。应用今有术，所得到的就是一车每天所运到的土方尺数。如果想得到一人运送的土方尺数，应当用 6 除之，即得。此术中会有分数，所以也可以变换成乘法而一并除的方法：以一辆车的装载尺数作为一人运到的土方率，6 人乘 500 步作为所有率，即行率。又可以：以 500 步作为所有率，即行率，用 6 人除一辆车的装载尺数作为一人运到的土方率，采用负土术。假设采用负土术，也可以求出往返的次数。关键在于要融会通达。此术中因恐先除会出现分数，所以采取乘法而一并除。“以一人每天所运到的土方尺数除冥谷的容积尺数，就是用工人数”，这是因为以一人运到的土方尺数，去除众人应该运送的土方尺数，就得到用工人数。以一人每天所运到的土方尺数除冥谷容积尺数，就是用工人数。

趣味数学题

44. 山上有一古寺叫都来寺，在这座寺庙里，3 个和尚合吃一碗饭，4 个和尚合分一碗汤，一共用了 364 只碗。请问都来寺里有多少个和尚？

原典

今有委粟[①]平地，下周一十二丈，高二丈。问：积及为粟几何？答曰：积八千尺。于徽术，当积七千六百四十三尺一百五十七分尺之四十九。臣淳风等谨依密率，为积七千六百三十六尺十一分尺之四。为粟二千九百六十二斛二十七分斛之二十六。于徽术，当粟二千八百三十斛一千四百一十三分斛之一千二百一十。臣淳风等谨依密率，为粟二千八百二十八斛九十九分斛之二十八。

今有委菽依垣[②]，下周三丈，高七尺。问：积及为菽各几何？答曰：三百五十尺。依徽术，当积三百三十四尺四百七十一分尺之一百八十六也。臣淳风等谨依密率，为积三百三十四尺十一分尺之一。为菽一百四十四斛二百四十三分斛之八。依徽术，当菽一百三十七斛一万二千七百一十七分斛之七千七百七十一。臣淳风等谨依密率，为菽一百三十七斛八百九十一分斛之四百三十三。

今有委米依垣内角[③]，下周八尺，高五尺。问：积及为米各几何？答曰：积三十五尺九分尺之五。于徽术，当积三十三尺四百七十分尺之四百五十七。臣淳风等谨依密率，当积三十三尺三十三分尺之三十一。为米二十一斛七百二十九分斛之六百九十一。于徽术，当米二十斛三万八千一百五十一分斛之三万六千九百八十。臣淳风等谨依密率，为米二十斛二千六百七十三分斛之二千五百四十。

注释

① 委粟：堆放谷物。

② 假设靠墙一侧堆积菽。

③ 假设靠墙内角堆积米。

译文

假设在平地上堆积粟，下周长是 12 丈，高是 2 丈。问：其体积及粟的数量各是多少？答：体积是 8000 立方尺。根据我的徽术，体积应当是 $7643\frac{49}{157}$ 立方尺。淳风等按：依照密率，体积是 $7636\frac{4}{11}$ 立方尺。粟是 $2962\frac{26}{27}$ 斛。根据我的徽术，粟应当是 $2830\frac{1210}{1413}$ 斛。淳风等按：依照密率，粟是 $2828\frac{28}{99}$ 斛。

假设靠墙一侧堆积菽，下周长是 3 丈，高是 7 尺。问：其体积及菽的数量各是多少？答：体积是 350 立方尺。根据我的徽术，体积应当是 $334\frac{186}{471}$ 立方尺。淳风等按：依照密率，体积是 $334\frac{1}{11}$ 立方尺，菽是 $144\frac{8}{243}$ 斛。根据我的徽术，菽应当是 $137\frac{7771}{12\,717}$ 斛。淳风等按：依照密率，菽是 $137\frac{433}{891}$ 斛。

假设靠墙内角堆积米，下周

长是 8 尺，高是 5 尺。问：其体积及米的数量各是多少？答：体积是 35 $\frac{5}{9}$立方尺。根据我的徽术，体积应当是 33 $\frac{457}{470}$立方尺。淳风等按：依照密率，体积是 33 $\frac{31}{33}$尺，米是 21 $\frac{691}{729}$斛。根据我的徽术，米应当是 20 $\frac{36\,980}{38\,151}$斛。淳风等按：依照密率，米是 20 $\frac{2540}{2673}$斛。

原典

委粟术曰：下周自乘，以高乘之，三十六而一。此犹圆锥也。于徽术，亦当下周自乘，以高乘之，又以二十五乘之，九百四十二而一也。其依垣者，居圆锥之半也。十八而一。于徽术，当令此下周自乘，以高乘之，又以二十五乘之，四百七十一而一。依垣之周，半于全周。其自乘之幂居全周自乘之幂四分之一，故半全周之法以为法也。其依垣内角者，角，隅也，居圆锥四分之一也。九而一。于徽术，当令此下周自乘而倍之，以高乘之，又以二十五乘之，四百七十一而一。依隅之周半于依垣。一其自乘之幂居依垣自乘之幂四分之一，当半依垣之法以为法。法不可半，故倍其实。又此术亦用周三径一之率。假令以三除周，得径。若不尽，通分内子，即为径之积分。令自乘，以高乘之，为三方锥之积分。母自相乘，得九，为法，又当三而一，约方锥之积①。从方锥中求圆锥之积，亦犹方幂求圆幂。乃当三乘之，四而一，得圆锥之积。前求方锥积，乃合三而一，今求圆锥之积，复合三乘之。二母既同，故相准折。惟以四乘分母九，得三十六而连除，圆锥之积②。其圆锥之积与平地聚粟同，故三十六而一。臣淳风等谨依密率，以七乘之，其平地者，二百六十四而一；依垣者，一百三十二而一；依隅者，六十六而一也。

注释

①约方锥之积：得方锥之积。约：求取。

②圆锥之积：得圆锥的体积。

译文

委粟术：下周长自乘，以高乘之，除以 36。此如同圆锥术。根据我的徽术，应当以下周长自乘，以高乘之，又以 25 乘之，除以 942。如果是靠墙一侧，占据圆锥的一半，除以 18。根据我的徽术，应当以下周长自乘，以高乘之，又以 25 乘之，除以 471。靠墙一侧的周长是整个周长，它的周长自乘之幂占据整个周长自乘之幂的$\frac{1}{4}$，所以以整个周长的情形中的法的$\frac{1}{2}$作为法。如果是靠墙的内角，角是隅角，占据圆锥的$\frac{1}{4}$，除以 9。

根据我的徽术，应当以下周长自乘，加倍，以高乘之，又以 25 乘之，除以 471。靠墙一侧的周长是整个周长的$\frac{1}{2}$。它的周长自乘之幂占据整个周长自乘之幂的$\frac{1}{4}$，所以以整个周长的情形中的法的$\frac{1}{2}$作为法。前者的法无法取$\frac{1}{2}$，所以将实加倍。又，此术也是用周三径一之率。假设以 3 除下周长，得到直径。如果除不尽，就通分，纳入分子，便是直径的积分。将直径自乘，以高乘之，是三个外切方锥的积分。分母相乘，得 9，作为法，又应当除以 3，求得一个方锥的体积积分。从方锥求内切圆锥的体积，也如同从正方形之幂求内切圆之幂。于是应当用 3 乘之，除以 4，得到内切圆锥的体积。前面求方锥的体积，应当除以 3；现在求圆锥的体积，又应当以 3 乘；两个数既然相同，所以恰好互相抵消，只以 4 乘分母 9，得 36 而合起来除，就是内切圆锥的体积。圆锥的体积与平地堆积粟的形状相同，所以除以 36。淳风等按：依照密率，以 7 乘之，如果堆积于平地，除以 264；如果堆积于靠墙一侧，除以 132；如果堆积于靠墙的内角，除以 66。

中国古量器及容量单位

中国古量器的起源很早，新石器时代遗址中就有许多陶罐、陶钵之类的容器。由于当时还没有文字，无法考证这些器物的具体使用范围。

流传至今最早刻有铭文的量器是 1857 年山东胶县出土的子禾子铜釜、陈纯铜釜和左关铜铁釜，据铭文，知是齐国设置在关卡上的标准量器。目前已搜集到的战国量器及容器上刻有容量的器具共 60 余件，参照文献可以归纳出以下各国的容量单位名称和单位量值：齐国以豆、区、釜、钟为单位，每釜约合 20 580 毫升；燕国以觳为单位，每觳约合 1766 毫升；赵国、韩国以斗为单位，每斗约合 1700 和 1750 毫升；魏国以斛、斗、益为单位，每益约合 225 毫升；东周以斛和斗为单位，每斗约合 1950 毫升；秦国以升、斗、斛为单位，每升约合 202 毫升。可见战国时期各国不但容量的单位量值不统一，单位名称也很不一致。

釜

原典

程粟一斛积二尺七寸①；二尺七寸者，谓方一尺，深二尺七寸，凡积二千七百寸。其米一斛积一尺六寸五分寸之一；谓积一千六百二十寸。其菽、荅、麻、麦一斛皆二尺四寸十分寸之三。谓积二千四百三十寸。此为以粗精为率，而不等其概②也。粟率五米率三，故米一斛于粟一斛，五分之三；菽、荅、麻、麦亦如本率云。故谓此三量器为概，而皆不合于今斛。当今大司农斛圆径一尺三寸五分五厘，正深一尺。于徽术，为积一千四百四十一寸，排成余分，又有十分寸之三。王莽铜斛于今尺为深九寸五分五厘，径一尺三寸六分八厘七毫。以徽术计之，于今斛为容九斗七升四合有奇。《周官·考工记》："栗氏为量③，深一尺，内方一尺，而圆外，其实一。"于徽术，此圆积一千五百七十寸。《左氏传》曰："齐旧四量：豆、区、釜、钟。四升曰豆，各自其四，以登于釜。釜十则钟④。"钟六斛四斗；釜六斗四升，方一尺，深一尺，其积一千寸。若此方积容六斗四升，则通外圆积成旁，容十斗四合一龠五分龠之三也。以数相乘⑤之，则斛之制：方一尺而圆其外，庣旁一厘七毫，幂一百五十六寸四分寸之一，深一尺，积一千五百六十二寸半，容十斗。王莽铜斛与《汉书·律历志》所论斛同。

注释

① 程粟一斛积二尺七寸：1斛标准粟的容积是2尺7寸或2700寸。

② 概：古代称量谷物时用以刮平斗斛的器具。故刘徽说"于今斛为容九斗七升四合有奇"。

③ 栗氏为量：栗氏制造量器。

④ 此谓齐国的四种量器的进位制：4升叫作豆，4豆叫作区，4区叫做釜。登即釜。10釜就是钟。

⑤ 乘：计算。

译文

一斛标准粟的容积是2立方尺7立方寸，2立方尺7立方寸是说1尺见方，深2尺7寸，容积总共是2700立方寸。一斛标准米的容积是1立方尺$6\frac{1}{5}$立方寸，是说容积1620立方寸。一斛标准菽、荅、麻、麦的容积是2立方尺$4\frac{3}{10}$立方寸，是说容积2430立方寸。这里是以精粗建立率，而每斛的容积不相等。粟率是5，米率是3。所以1斛米对于1斛粟而言，容积是其$\frac{3}{5}$。菽、荅、麻、麦也遵从自己的率。所以说以此三种量器作为标准，但都不符合现在的斛。现今大司农斛的圆径是1尺3寸5分5厘，垂直深1尺。根据我的徽术，容积是1441立方寸。列出剩余的分数，还有$\frac{3}{10}$寸。根据现在的尺度，王莽铜斛的深是9寸5分5厘，直径是1尺3寸6分8厘7毫。用我的徽术计算，容积合今天的斛是9斗7升4合，还有奇零。《周官·考工记》说："栗氏制作量器，它的深是1尺，底面是一个边长为1尺的正方形的外接圆，其容积是1鬴。"根据我的徽术，这里的圆面积是1570平方寸。《左氏传》说："齐国旧有四种量器：豆、区、釜、钟。4升是1豆，豆、区各以4进，便得到釜，10釜就是1钟。"1钟是6斛4斗，1釜是6斗4升，它的底面是1尺见方，深是1尺，容积是1000立方寸。如果这一方斛的容积是6斗4升，那么，作其底的外接圆，成为一个量器，容积便是10斗4合$1\frac{3}{5}$龠。用这些数值计算，则斛的形制：底面是与边长1尺的正方形相切割的圆，庣旁是1厘7毫。圆幂是$156\frac{1}{4}$平方寸，深是1尺，容积是$1562\frac{1}{2}$立方寸，容量是10斗。王莽铜斛与《汉书·律历志》所论述的斛相同。

古代量器——大司农平斛

光和大司农平斛

大司农平斛，又名大司农铜斛，中国东汉标准量器。器作圆桶形，高24.4厘米，口径34.5厘米，腹左右有对称短柄。腹部外壁刻铭文一行："大司农平斛，建武十一年正月造"。"建武"为东汉光武帝刘秀年号，建武十一年即公元35年。大司农为九卿之一，掌管国家租、税、钱、谷、盐、铁等主要财政收支。平，公平、均等。实测容积为19 600毫升，折算1升合196毫升，与王莽之制基本一致。柄上方有凸起方框，原用来嵌入官府检定容积后所作的检封。出土时检封已失。传世汉代检封有"官律所平"等字，"平"指官府检定的标准量值。"平斛"即为标准之斛。传世有东汉光和二年（179）的大司农铜斛，形制与建武十一年大司农平斛相近，实测容积为20 400毫升。

迄今所见由大司农颁发的度量衡器，还有永平三年（公元60）铜质的大司农平合、元初三年（116）铜质的大司农平斗和光和二年（179）的大司农铜权。经实测各种量器1升的单位量值均在200毫升左右。

趣味数学题

45. 将军饮马

古希腊一位将军要从A地出发到河边（如右图MN）去饮马，然后再回到驻地B。问怎样选择饮马地点，才能使路程最短？

原典

今有穿地，袤一丈六尺，深一丈，上广六尺，为垣积五百七十六尺。问：穿地下广几何？答曰：三尺五分尺之三。术曰：置垣积尺，四之为实。穿地四为坚三。垣，坚也。以坚求地，当四之，三而一也。以深、袤相乘，为深袤之立实也。又以三之为法。以深、袤乘之立实除垣积，则坑广[①]。又“三之”者，与坚率并除之。所得，倍之。坑有两广，先并而半之，即为广狭之中平。令先得其中平，故又倍之知[②]，两广全也。减上广，余即下广。按：此术穿地四，为坚三。垣，即坚也。今以坚求穿地，当四乘之，三而一。“深袤相乘”者，为深袤立幂。以深袤立幂除积，即坑广。又“三之为法”，与坚率并除。“所得倍之”者，为坑有两广，先并而半之，为中平之广。今此得中平之广，故倍之还为两广并。故“减上广，余即下广”也。

注释

①先假定挖的坑是长方体。

②知：训“者”，见刘徽序“故枝条虽分而同本干知”之注释。

译文

假设挖一个坑，长是1丈6尺，深是1丈，上广是6尺，筑成垣，其体积是576立方尺。问：所挖的坑的下广是多少？答：$3\frac{3}{5}$尺。术：布置垣的体积尺数，乘以4，作为实。挖出的土是4，成为坚土是3。垣，是坚土。由坚土求挖出的土，应当乘以4，除以3。以挖的坑的深、长相乘，成为深与长形成的直立的幂。又乘以3，作为法。以深、长形成的直立的幂除垣的体积，就是坑的广。“又乘以3”的原因，是与坚土的率一并除。将所得的结果加倍。挖的坑有上下两广，先将它们相加，取其一半，就是宽窄的平均值。使首先得出其平均值，而又加倍的原因，是得到上下两广的全部。减去上广，余数就是下广。按：此术中挖出的土4成为坚土是3。垣，是坚土。今由坚土求挖出的土，应当乘以4，除以3“以挖的坑的深、长相乘”，是成为深与长形成的直立的幂。以深与长形成的直立的幂除垣的体积，就是挖的坑的广。“又乘以3，作为法”的原因，是与坚土的率一并除。“将所得的结果加倍”，是因为挖的坑有上下两广，先将它们相加，取其一半，就是其平均值。现在得到其平均值，所以将其加倍，还原为上下两广之和。所以“减去上广，余数就是下广”。

北宋数学家——贾宪

贾宪，北宋人，约于1050年完成《黄帝九章算经细草》，原书佚失，但其主要内容被杨辉（约公元13世纪中）著作所抄录，因能传世。杨辉《详解九章算法》（1261）载有“开方作法本源”图，注明“贾宪用此术”。这就是著名的“贾宪三角”，或称“杨辉三角”。《详解九章算法》同时录有贾宪进行高次幂开方的“增乘开方法”。杨辉还详细解说贾宪发明的释锁开平方法、释锁开立方法、增乘开平方法、增乘开立方法。贾宪在给出“立成释锁开方法”之后，又提出“增乘方求廉法”并给出六阶贾宪三角，解释开各次方之间的联系。讨论勾股问题则先论“勾股生变十三图”。贾宪的“增乘开方法”开创了开高次方的研究课题，后经秦九韶“正负开方术”加以完善，使高次方程求正跟的问题得以解决。加之从李冶的天元术（一元一次或高次方程）到朱世杰的四元术（四元一次或高次方程组）的建立，终于在公元14世纪初建立起一套完整的方程学理论。

原典

今有仓，广三丈，袤四丈五尺，容粟一万斛。问：高几何？答曰：二丈。术曰：置粟一万斛积尺①为实。广袤相乘为法。实如法而一，得高尺以广袤之幂除积，故得高。按：此术本以广袤相乘，以高乘之，得此积。今还元②，置此广袤相乘为法，除之，故得高也。

注释

①一万斛积尺：由委粟术，“程粟一斛积二尺七寸”，即一斛标准粟的容积是2700寸，1万斛的积尺为27 000尺。

②元：通“原”。

译文

假设有一座粮仓，广是3丈，长是4丈5尺，容积是10 000斛粟。问：其高是多少？答：2丈。术曰：布置10 000斛粟的积尺数作为实。粮仓的广长相乘作为法。实除以法，便得到高的尺数。以广长形成的幂除体积，就得到高。按：此术中本来以广、长相乘，又以高乘之，就得到这个体积。现在还原，就布置此广、长相乘，作为法，除体积，就得到高。

趣味数学题

46. 妇女在河边洗碗。有人问她，为什么要洗这么多碗？妇女答，家里来了客人。又问，有多少客人？她反问道，二人合一大碗饭，三人合一大碗汤，四人合一大碗肉；共用碗六十五个，你说有多少人？

原典

今有圆囷[①]，圆囷，廪也，亦云圆囤也。高一丈三尺三寸少半寸，容米二千斛。问：周几何？答曰：五丈四尺。于徽术，当周五丈五尺二寸二十分寸之九。臣淳风等谨按：密率，为周五丈五尺一百分尺之二十七。

术曰：置米积尺，此积犹圆堢壔之积。以十二乘之，令高而一，所得，开方除之，即周[②]。于徽术，当置米积尺[③]，以三百一十四乘之，为实。二十五乘囷高，为法。所得，开方除之，即周也。此亦据见幂以求周，失之于微少也。

注释

①圆囷：即圆柱体。

②周：圆囷的周长。

③应当布置米的容积尺数。

译文

假设有一座圆囷，圆囷，就是仓廪，也称为圆囤。高是 1 丈 3 尺 $3\frac{1}{3}$ 寸，容积是 2000 斛米。问：其圆周长是多少？答：5 丈 4 尺。对于我的徽术，圆周应当是 5 丈 5 尺 $2\frac{9}{20}$ 寸。淳风等按：依照密率，周长是 5 丈 $5\frac{27}{100}$ 尺。

术：布置米的容积尺数，这一容积如同圆堢壔的体积。乘以 12，除以高，对所得到的结果作开平方除法，就是圆囷的周长。根据我的徽术，应当布置米的容积尺数，乘以 314，作为实。以 25 乘高，作为法。对所得到的结果作开平方除法，就是周长。这也是根据已有的幂求圆周长，误差在于稍微小了一点。

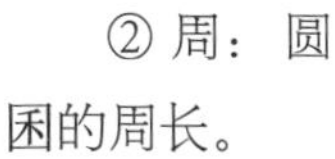

趣味数学题

47. 一个人从 A 地越过山顶 B 到 C 地，走了 19.5 千米，共用了 5 小时 30 分钟。如果他从 A 到 B 上山时每小时行 3 千米，从 B 到 C 下山时每小时行 5 千米，那么他从 C 经 B 返回 A 用的时间是多少？

原典

晋武库中有汉时王莽所作铜斛。其篆书字题斛旁云：律嘉量斛，方一尺而圆其外，庣旁九厘五毫，幂一百六十二寸，深一尺，积一千六百二十寸，容十斗。及斛底云：律嘉量斗，方尺而圆其外，庣旁九厘五毫，幂一尺六寸二分，深一寸，积一百六十二寸，容一斗。合、龠皆有文字。升居斛旁，合、龠在斛耳上。后有赞文[①]，与今《律历志》同，亦魏晋所常用。今粗疏[②]王莽铜斛文字尺寸分数，然不尽得升、合、勺之文字。

注释

① 赞文：指王莽铜斛正面之总铭。

② 今粗疏：现在粗略地疏解。

译文

晋武库中有汉朝王莽所作的铜斛。斛的侧面有篆体字说：律嘉量斛，里面相当于有方1尺的正方形而外面是圆形，其庣旁为9厘5毫，其幂是162平方寸，深是1尺，容积是1620立方寸，容量是10斗。而斛底说：律嘉量斗，里面相当于有方1尺的正方形而外面是圆形，其庣旁为9厘5毫，其幂是162平方寸，深是1寸，容积是162立方寸，容量是1斗。合、龠旁边都有文字。升量位于斛的旁边，合量和龠量位于斛的耳朵上。斛的后面有赞文，与今天的《律历志》相同，也是魏晋时期所常用的。现在粗略地叙述了王莽铜斛的文字、尺、寸、分数，然没有完全得到升、合、勺的文字。

王莽铜斛

王莽铜斛正面之总铭，凡八十一字，如下："黄帝初祖，德币于虞，虞帝始祖，德币于新。岁在大梁，龙集戊辰。戊辰直定，天命有民。据土德受，正号即真。改正建丑，长寿隆崇。同律度量衡，稽当前人。龙在己巳，岁次实沈。初班天下，万国永遵。子子孙孙，享传亿年。"正史"律历志"记载此总铭的只有《隋书》。其《律历志》为李淳风等人所撰。故注文"与今《律历志》同，亦魏晋所常用"两句断非唐初以前所为，或此两句为唐人旁注"赞文"以上文字，阑入正文，或自"晋武库中"以下一百三十一字，为唐人所作，疑即李淳风等注释。

趣味数学题

48. 古代印度也像古代中国一样有着灿烂的文化。下面是古代印度手稿里的一道有趣的数学题。

有一群蜜蜂，其中五分之一落在杜鹃花上，三分之一落在栀子花上，这两者的差的三倍飞向月季花，最后剩下一只小蜜蜂在芳香的茉莉花和玉兰花之间飞来飞去，共有几只蜜蜂？

原典

按：此术本周自相乘，以高乘之，十二而一，得此积①。今还元，置此积，以十二乘之，令高而一，即复本周自乘之数。凡物自乘，开方除之，复其本数。故开方除之，即得也。臣淳风等谨依密率，以八十八乘之，为实，七乘囷高为法，实如法而一。开方除之，即周也。

注释

①此即圆柱体体积公式。

译文

按：此术中本来是圆周自相乘，以高乘之，除以 12，就得到圆囷的体积。现在还原，布置此圆囷的体积，乘以 12，除以高，就恢复了本来的圆周自乘之数。凡是一物的数量自乘，对之作开方除法，就恢复了其本数。所以对其作开方除法，即得到周长。淳风等按：依照密率，乘以 88，作为实。以七乘囷的高作为法。实除以法，对其结果作开方除法，即周长。

趣味数学题

49. 晚饭后，爸爸、妈妈和小红三个人决定下一盘跳棋。打开装棋子的盒子前，爸爸忽然用大手捂着盒子对小红说："小红，爸爸给你出一道跳棋子的题，看你会不会做？"小红毫不犹豫地说："行，您出吧？""好，你听着。这盒跳棋有红、绿、蓝色棋子各 15 个，你闭着眼睛往外拿，每次只能拿 1 个棋子，问你至少拿几次才能保证拿出的棋子中有 3 个是同一颜色的？"

卷　六

均输①以御远近劳费②

（均输：处理远近劳费的问题）

原典

今有均输粟③：甲县一万户，行道八日；乙县九千五百户，行道十日；丙县一万二千三百五十

注释

①均输：中国古代处理合理负担的重

户，行道十三日；丁县一万二千二百户，行道二十日，各到输所。凡四县赋当输二十五万斛，用车一万乘④。欲以道里远近、户数多少衰出之⑤。问：粟、车各几何？答曰：甲县粟八万三千一百斛，车三千三百二十四乘。乙县粟六万三千一百七十五斛，车二千五百二十七乘。丙县粟六万三千一百七十五斛，车二千五百二十七乘。丁县粟四万五百五十斛，车一千六百二十二乘。术曰：令县户数各如其本行道日数而一，以为衰⑥。按：此均输，犹均运也。令户率出车，以行道日数为均，发粟为输。据甲行道八日，因使八户共出一车；乙行道十日，因使十户共出一车……计其在道，则皆户一日出一车⑦，故可为均平之率也。

要数学方法，九数之一。

②劳费：李籍云："耗也。"

③此问是向各县征调粟米时徭役的均等负担问题。

④乘：车辆，或指四马一车。

⑤要求各县按距离远近和户数多少确定的比例出粟和车。

⑥就是各县出车与出粟的列衰。

⑦以行道日数除户数，就使每户一日出一车，所以可以做到各户负担均等。

译文

假设要均等地输送粟：甲县有 10 000 户，需在路上走 8 日；乙县有 9500 户，需在路上走 10 日；丙县有 12 350 户，需在路上走 13 日；丁县有 12 200 户，需在路上走 20 日，才能分别将粟输送到输所。四县的赋共应当输送粟 250 000 斛，用 10 000 乘车。欲根据道里的远近、户数的多少按比例出粟与车。问：各县所输送的粟、所用的车各是多少？答：甲县输粟 83 100 斛，用车 3324 乘。乙县输粟 63 175 斛，用车 2527 乘。丙县输粟 63 175 斛，用车 2527 乘。丁县输粟 40 550 斛，用车 1622 乘。术：布置各县的户数，分别除以它们各自需在路上走的日数，作为衰。按：此处均输，就是均等输送。使每户按户率出车，就以需在路上走的日数实现均等，而以各县发送粟作为输。根据甲县需在路上走 8 日，所以就使 8 户共出一车；乙县需在路上走 10 日，所以就使 10 户共出一车……计算它们在路上的劳费，则都是 1 户 1 日出 1 车，所以可以用来实现均平之率。

原典

臣淳风等谨按：县户有多少之差，行道有远近之异。欲其均等，故各令行道日数约户为衰。行道多者少其户，行道少者多其户。故各令约户为衰。以八日约除甲县，得一百二十五，乙、丙各九十五，丁六十一。于今有术，副并为所有率，未并者各为所求率，以赋粟车数为所有数，而今有之，各得车数。一旬除乙，十三除丙，各得九十五；二旬除丁，得六十一也。甲衰一百二十五，乙、丙衰各九十五，丁衰六十一，副并为法。以赋粟车数乘未并者，各自为实。衰分，科率[①]。实如法得一车。各置所当出车，以其行道日数乘之，如户数而一，得率：户用车二日四十七分日之三十一，故谓之均[②]。求此户以[③]率，当各计车之衰分也。有分者，上下辈之。辈，配也。车、牛、人之数不可分裂。推少就多，均[④]赋之宜。今按：甲分既少，宜从于乙。满法除之，有余从丙。丁分又少，亦宜就丙，除之适尽。加乙、丙各一，上下辈益，以少从多也。以二十五斛乘车数，即粟数。

注释

①衰分，科率：列衰，征税的率。

②户用车二日四十七分日之三十一，故谓之均：每户用车都是$2\frac{31}{47}$日，所以称之为均。

③以：训“之”。

④均：均输，中国古代处理合理负担的重要数学方法，九数之一。输诸术提出车、牛、人数不可以是分数，必须搭配成整数。这与商功章的人数可以是分数不同，既反映了两者编纂时代不同，也反映了均输诸术的实用性更强。搭配的原则是分数小的，并到大的。

译文

淳风等按：各县的户数有多少的差别，走的路有远近的不同。欲使它们的劳费均等，就分别用需在路上走的日数除各自的户数作为列衰，需在路上走的日数多的就减少其户数，需在路上走的日数少的就增加其户数。所以分别以走的日数除户数作为列衰。以 8 日除甲县户数，得 125，乙、丙县 95，丁县 61。对于今有术，在旁边将它们相加作为所有率，没有相加的各自作为所求率，以输送作为赋税的粟所共用的车数作为所有数，应用今有术，分别得到各县所用的车数。以 10 日除乙县的户数，13 除丙县的户数，各自得到 95；以 20 日除丁县的户数，得到 61。甲县的衰是 125，乙、丙县的衰各是 95，丁县的衰是 61，在旁边将它们相加，作为法。以输送作为赋税的粟所共用的车数分别乘未相加的衰，各自作为实。衰分，就是分别缴纳的赋税的率。实除以法，得到各县所应出的车数。分别布置各县所应当出的车数，以各自需在路上走的日数乘之，除以各自的户数，得到率：每户用车为 $2\frac{31}{47}$日，所以叫作均等。求每户的率，应当各自以车的衰分来计算。如果出现分数，就将它们上下辈之。辈，就是搭配。车、牛、人的数目不可有分数，就将少的加到多的上，这是使赋税均等的权宜做法。今按：甲县的分数部分既然少，加到乙上比较适宜。满了法就做除法，其余数加到丙上。丁县的分数部分又少，也加到丙上比较适宜，恰好除尽。给乙、丙县各加 1，上下搭辈增益，就是以少的加到多的上。以 25 斛乘各自出的车数，即是各县所输送的粟数。

均输术

均输：中国古代处理合理负担的重要数学方法，九数之一。李籍云："均，平也。输，委也。以均平其输委，故曰均输。"均输法源于何时，尚不能确定。1983 年底湖北江陵张家山汉墓出土《算数书》竹简的同时，出土了均输律，否定了均输源于桑弘羊均输法的成说。《盐铁论·本议篇》载贤良文学家们批评桑弘羊的均输法时说："盖古之均输，所以齐劳逸而便贡输，非以为利而贾万物也。"可见先秦已有均输法。《九章算术》中的均输问题与此庶几相近，而与桑弘羊的均输法有所不同。《周礼·地官·司徒》云："均人掌均地政，均地守，均地职，均人民牛马车辇之力政。"郑玄注："政，读为征。地征谓地守、地职之税也。地守，衡虞之属；地职，农圃之属。力政，人民则治城郭涂巷沟渠，牛马车辇则转委积之属。"实际上都是讨论合理负担的均输问题。因此，九数中的均输类起源于先秦是无疑的。

算数书

原典

今有均输卒[①]：甲县一千二百人，薄塞[②]；乙县一千五百五十人，行道一日；丙县一千二百八十人，行道二日；丁县九百九十人，行道三日；戊县一千七百五十人，行道五日。凡五县，赋输卒一月一千二百人。欲以远近、人数多少衰出之。问：县各几何？答曰：甲县二百二十九人。乙县二百八十六人。丙县二百二十八人。丁县一百七十一人。戊县二百八十六人。

术曰：令县卒各如其居所及行道日数而一，以为衰。按：此亦以日数为均，发卒为输。甲无行道日，但以居所三十日为率。言欲为均平之率者，当使甲三十人而出一人，乙三十一人而出一人……"出一人"者，计役则皆一人一日，是以可为均平之率。甲衰四，乙衰五，丙衰四，丁衰三，戊衰五，副并为法。

以人数乘未并者各自为实。实如法而一。为衰，于今有术，副并为所有率，未并者各为所求率，以赋卒人数为所有数。此术以③别，考则意同。以广异闻，故存之也。各置所当出人数，以其居所及行道日数乘之，如县人数而一，得率：人役五日七分日之五。有分者，上下辈之。辈，配也。今按：丁分最少，宜就戊除。不从乙者，丁近戊故也。满法除之，有余从乙。丙分又少，亦就乙除有余从甲，除之适尽。从甲、丙二分，其数正等。二者于乙远近皆同，不以甲从乙者，方以下从上也④。

注释

①此问是向各县征调兵役的均等负担问题。

②薄塞：接近边境。

③以：古通“似”。

④为了使车、牛、人之数都是整数，将答案进行调整的原则，除了上一问的以少从多外，还有以下从上，舍远就近。

译文

假设要均等地输送兵卒：甲县有兵卒1200人，逼近边塞；乙县有兵卒1550人，需在路上走1日；丙县有1280人，需在路上走2日；丁县有990人，需在路上走3日；戊县有兵卒1750人，需在路上走5日。五县共应派出1200人，戍边一个月作为兵赋。欲根据道路的远近、兵卒的多少按比例派出。问：各县应派出多少兵卒？答：甲县229人。乙县286人。丙县228人。丁县171人。戊县286人。

术：布置各县的兵卒数，分别除以在居所及需在路上走的日数，作为列衰。按：这里也是以日数实现均等，派遣兵卒作为输送的赋。甲县没有路上走的日数，只是以在居所的30日计算它的率。说欲得到均平之率，应当使甲县每30人而派出1人，乙县每31人而派出1人……而如果“那么多人派出1人”，计算他们的劳役，则都是每1人服役1日，因此可以作为均平之率。甲县的衰是4，乙县的衰是5，丙县的衰是4，丁县的衰是3，戊县的衰是5，在旁边将它们相加作为法。以总的兵卒数乘未相加的衰，各自作为实。实除以法，就是各县派出的兵卒数。算出它们的列衰，对于今有术，在旁边将它们相加，作为所有率，未相加的各为所求率，以赋卒的人数作为所有数。此术与上术好像有差别，考察起来它们的意思是相同的。为了扩充见识，所以保存下来。分别布置各县所应当派出的兵卒数，乘以他们在居所及需在路上走的日数，除以各县的兵卒数，便得到率：每人服役为$5\frac{5}{7}$日。如果算出的兵卒数有分数，就将它们上下搭辈。辈，就是搭配。今按，丁县兵卒数的分数最少，将它加到戊县的兵卒数上，做除法是适宜的。不先加到乙县上，是丁县距离戊县近的缘故。满了法就做除法，如果有余数就加到乙县。丙县的分数又少，也加到乙县，做除法。有余数就加到甲县上，做除法，恰好除尽。甲、丙二县的分数，数值正好相等。二者与乙县的远近也都相同，不将甲县的分数加到乙县上的原因，正是以下从上。

均输法的意义

均输法，它最早出现在汉武帝时期。王安石于熙宁二年(1069 年)颁行均输法：设发运使总管东南六路的赋税收入，掌握供需情况。凡籴买、税收、上供物品，都可以“徙贵就贱，用近易远”。对于京都库藏支存定数，以及需要供办的物品，发运使有权了解核实，使能“从便变易蓄买”，存储备用。这样，既保证了朝廷在物资方面的需要，又节省了购物钱钞和运费，还减轻了人民的负担。

王安石

原典

今有均赋粟[①]：甲县二万五百二十户，粟一斛二十钱，自输其县；乙县一万二千三百一十二户，粟一斛一十钱，至输所二百里；丙县七千一百八十二户，粟一斛一十二钱，至输所一百五十里；丁县一万三千三百三十八户，粟一斛一十七钱，至输所二百五十里；戊县五千一百三十户，粟一斛一十三钱，至输所一百五十里。凡五县赋输粟一万斛。一车载二十五斛，与僦[②]一里一钱。欲以县户赋粟，令费劳等。问：县各粟几何？答曰：甲县三千五百七十一斛二千八百七十三分斛之五百一十七。乙县二千三百八十斛二千八百七十三分斛之二千二百六十。丙县一千三百八十八斛二千八百七十三分斛之二千二百七十六。丁县一千七百一十九斛二千八百七十三分斛之一千三百一十三。戊县九百三十九斛二千八百七十三分斛之二千二百五十三。术曰：以一里僦价乘至输所里，此以出钱为均也。问者曰：“一车载二十五斛，与僦一里一钱。”一钱，即一里僦价也。以乘里数者，欲知僦一车到输所所用钱也。甲自输其县，则无取僦价也。以一车二十五斛除之，欲知僦一斛所用钱。加以斛粟价，则致一斛之费。加以斛之价于一斛僦直，即凡输粟取僦钱也。甲一斛之费二十，乙、丙各十八，丁二十七，戊十九也。各以约

其户数，为衰。言使甲二十户共出一斛，乙、丙十八户共出一斛……计其所费，则皆户一钱，故可为均赋之率也[③]。计经赋之率，既有户算之率，亦有远近贵贱之率。此二率者，各自相与通[④]。通则甲二十，乙十二，丙七，丁十三，戊五。一斛之费谓之钱率。钱率约户率者，则钱为母，户为子。子不齐，令母互乘为齐，则衰也。若其不然，以一斛之费约户数，取衰。并有分，当通分内子约之，于算甚繁。此一章皆相与通功共率，略相依似。以上二率、下一率亦可放此，从其简易而已。又以分言之[⑤]，使甲一户出二十分斛之一，乙一户出十八分斛之一……各以户数乘之，亦可得一县凡所当输，俱为衰[⑥]也。乘之者，乘其子，母报除之。

注释

①此问是向各县征收粟作为赋税的均等负担问题。

②僦：租赁，雇。

③此以钱数实现均等负担。

④此问的复杂性在于，既要考虑户算之率，又要考虑道里远近、粟价贵贱的因素，使这几个因素互相通达。

⑤以分言之：以分数表示。

⑥俱为衰：则各县一户出的斛数，分别以户数乘之，亦可得到列衰。

译文

假设要均等地缴纳粟作为赋税：甲县有 20 520 户，1 斛粟值 20 钱，自己输送到本县；乙县有 12 312 户，1 斛粟值 10 钱，至输所 200 里；丙县有 7182 户，1 斛粟值 12 钱，至输所 150 里；丁县有 13 338 户，1 斛粟值 17 钱，至输所 250 里；戊县有 5130 户，1 斛粟值 13 钱，至输所 150 里。五县共输送 10 000 斛粟作为赋税。1 辆车装载 25 斛，给的租赁价是 1 里 1 钱。欲根据各县的户数缴纳粟作为赋，使它们的费劳均等。问：各县缴纳的粟是多少？答：甲县缴纳 $3571\frac{517}{2873}$ 斛，乙县缴纳 $2380\frac{2260}{2873}$ 斛，丙县缴纳 $1388\frac{2276}{2873}$ 斛，丁县缴 $1719\frac{1313}{2873}$ 斛，戊县缴纳 $939\frac{2253}{2873}$ 斛。术：以 1 里的祖赁价分别乘各县至输所的里数，这里是以出钱实现均等。提问的人说："1 辆车装载 25 斛，给的租赁价是 1 里 1 钱。" 1 钱，就是 1 里的租赁价。以它乘里数，是欲知租赁 1 辆车运到输所所用的钱。甲县自己输送到本县，则就没有租赁价。除以 1 辆车装载的 25 斛，想知道租赁车辆运 1 斛所用的钱。加上各县 1 斛粟的价钱，就是各县运送 1 斛粟的费用。各县 1 斛粟的价钱加租赁车辆运 1 斛所用的钱，就是该县缴纳 1 斛粟所需的总钱数。甲县缴纳 1 斛的费用是 20 钱，乙县、丙县各18钱，丁县27钱，戊县19钱，分别以它们除各县的户数，作为列衰。这意味着使甲县20户共出1斛，乙县、丙县18户共出1斛……计算它们所承担的费用，则都是每户1钱，所以可以用来建立使赋税均等的率。考虑分配赋税的率，既有每户算赋的率，也有道里远近、粟价贵贱的率。各县的这两种率要分别相与通达。要通达，就将甲县的户率化成20，乙县12，丙县7，丁县13，戊县5。缴纳1斛的费用称为钱率。如果以钱率除户率，则钱率就是分母，户率就是分子。分子不齐，就令分母互乘分子作为齐，就是列衰。如果不这样做，就以缴纳1斛的费用除户数，拿来作为列衰。兼有分数的，还应当将其通分，纳入分子，再约简，计算非常烦琐。这一章的问题都是相与通达，有共通的率，大体相似。上两个问题，下一个问题的率也可以仿照此，遵从简易的原则就是了。又以分数表示之，使甲县1户出$\frac{1}{20}$斛，乙县1户出$\frac{1}{18}$斛……各以它们的户数乘之，也可以得到一县所应当缴纳的粟的率，都作为衰。各以它们的户数乘之，就是乘它们的分子，再以分母回报以除。

原典

以此观之，则以一斛之费约户数者，其意不异矣[①]。然则可置一斛之费而返衰之，约户，以乘户率为衰也。合分注曰：“母除为率，率乘子为齐”，返衰注曰：“先同其母，各以分母约其子为返衰。”以施其率，为算既约[②]，且不妨处下也。甲衰一千二十六，乙衰六百八十四，丙衰三百九十九，丁衰四百九十四，戊衰二百七十，副并为法。所赋粟乘未并者，各自为实，实如法得一。各置所当出粟，以其一斛之费乘之，如户数而一，得率：户出三钱二千八百七十三分钱之一千三百八十一。按：此以出钱为均。问者曰：“一车载二十五斛，与僦一里一钱。”一钱即一里僦价也。以乘里数者，欲知僦一车到输所用钱。甲自输其县，则无取僦之价。“以一车二十五斛除之”者，欲知僦一斛所用钱。加一斛之价于一斛僦直，即凡输粟取僦钱。甲一斛之费二十，乙、丙各十八，丁二十七，戊一十九。“各以约其户，为衰”：甲衰一千二十六，乙衰六百八十四，丙衰三百九十九，丁衰四百九十四，戊衰二百七十。言使甲二十户共出一斛，乙、丙十八户共出一

注释

① 这种方法与1斛之费约户数，实质上是相同的。

② 以这样的方法施行它们的率，作为算法是约简。

③ 这里是今有术、衰分术的意义。

斛……计其所费，则皆户一钱，故可为均赋之率也。于今有术，副并为所有率，未并者各为所求率，赋粟一万斛为所有数。此今有衰分之义也③。

译文

由此看来，则与以各县缴纳1斛的费用除其户数，其意思没有什么不同。这样一来，可以布置缴纳1斛的费用而对其应用返衰术，因为要以各县缴纳1斛的费用除户数，所以分别乘各县的户率作为衰。合分术注说："可以用分母除众分母之积作为率，用率分别乘各分子作为齐。"返衰注说："可以先使它们的分母相同，以各自的分母除同，以它们的分子作为返衰术的列衰。"以这样的方法施行它们的率，作为算法既约简，且又不妨碍处理下面的问题。甲县的衰是1026，乙县的衰是684，丙县的衰是399，丁县的衰是494，戊县的衰是270，在旁边将它们相加，作为法。以作为赋税的总粟数分别乘未相加的列衰，各自作为实。实除以法，便得到各县缴纳的粟数。分别布置各县所应当缴纳的粟数，各以缴纳1斛的费用乘之，除以本县的户数，就得到率：每户缴纳$3\frac{1381}{2873}$钱。按：这里是以出钱实现均等。提问的人说："1辆车装载25斛，给的租赁价是1里1钱。"1钱，就是1里的租赁价。以它乘里数，是想知道租赁1辆车运到输所所用的钱。甲县自己输送到本县，则就没有租赁价。"除以1辆车装载的25斛"，想知道租赁车辆运1斛所用的钱。各县1斛粟的价钱加租赁车辆运1斛所用的钱，就是该县缴纳1斛粟所需的总钱数。甲县缴纳1斛的费用是20钱，乙县、丙县各18钱，丁县27钱，戊县19钱。"分别以它们除各县的户数，作为列衰"：甲县的衰是1026，乙县的衰是684，丙县的衰是399，丁县的衰是494，戊县的衰是270。这意味着使甲县20户共出1斛，乙县、丙县18户共出1斛……计算它们所承担的费用，则都是每户1钱，所以可以用来建立使赋税均等的率。对于今有术，在旁边将列衰相加作为所有率，未相加的列衰各为所求率，作为赋税缴纳的总粟数10 000斛作为所有数。这里是今有术、衰分术的意义。

等差级数及其发展

一个级数若每相邻两项之差不相等而每相邻两差的差都相等，则称为二阶等差级数。同样，就明白了三阶、四阶等差级数。二阶及其以上的等差级数常称为高阶等差级数，是宋元数学的一个重要分支。而其渊源应追溯到等差级数。

等差数列的定义：一般地，如果一个数列从第2项起，每一项与它的前一项的差等于同一个常数，那么这个数列就叫作等差数列，这个常数叫作公差，用符号语言表示为 $a_{n+1}-a_n=d$。

等差级数问题在宋元时代发展为高阶等差级数求和问题。这一课题的开创者是北宋大科学家沈括。他的“积隙术”都是二阶等差级数求和问题。杨辉的二阶等差级数求和解法通常叫垛积术，朱世杰则把垛积术的研究推向最高峰。朱世杰还解决了以四角垛之积为一般项的一系列高阶等差级数求和问题，以及岚峰形垛等更复杂的级数求和问题。

郭守敬（1231—1316）、王恂（1235—1281）等元朝天算学家曾用招差术推算日、月的按日经行度数。朱世杰也把用招差术解决高阶等差级数求和问题发展到十分完备的程度。

趣味数学题

50. 古希腊名著《诗华集》的一道数学题：

“我尊敬的毕达哥拉斯，请你告诉我，你的弟子有多少。”

“我有一半的弟子，在探索着数的微妙；还有四分之一，在追求着自然界的哲学；七分之一的弟子，终日沉默寡言深入沉思；除此之外，还有三个弟子是女孩子，这就是我全部的弟子。”

你能算出毕达哥拉斯一共有多少弟子吗？

原典

今有均赋粟[①]：甲县四万二千算，粟一斛二十，自输其县；乙县三万四千二百七十二算，粟一斛一十八，佣价一日一十钱，到输所七十里；丙县一万九千三百二十八算，粟一斛一十六，佣价一日五钱，到输所一百四十里；丁县一万七千七百算，粟一斛一十四，佣价一日五钱，到输所一百七十五里；戊县二万三千四十算，粟一斛一十二，佣价一日五钱，到输所二百一十里；己县一万九千一百三十六算，粟一斛一十，佣价一日五钱，到输所二百八十里。凡六县赋粟六万斛，皆输甲县。六人共车，车载二十五斛，重车日行五十里，空车日行七十里，载输之间各一日。粟有贵贱，佣各别价，以算出钱，令费劳等。问：县各粟几何？答曰：甲县一万八千九百四十七斛一百三十三分斛之四十九。乙县一万八百二十七斛一百三十三分斛之九。丙县七千二百一十八斛一百三十三分斛之六。丁县六千七百六十六斛一百三十三分斛之一百二十二。戊县九千二十二斛一百三十三分斛之七十四。己县七千二百一十八斛一百三十三分斛之六。术曰：以车程行空、重相乘为法[②]，并空、重以乘道里，各自为实[③]，实如法得一日。

注释

① 此问亦是向各县征收粟作为赋税的均等负担问题。

② 以放空的车与载重的车每日行的标准里数相乘，作为法。

③ 两者相加，以乘各县到输所的里数，各自作为实。

译文

假设要均等地缴纳粟作为赋税：甲县 42 000 算，一斛粟值 20 钱，输送到本县；乙县 34 272 算，一斛粟值 18 钱，雇工价 1 日 10 钱，到输所 70 里；丙县 19 328 算，一斛粟值 16 钱，雇工价一日 5 钱，到输所 140 里；丁县 17 700 算，一斛粟值 14 钱，雇工价一日 5 钱，到输所 175 里；戊县 23 040 算，一斛粟值 12 钱，雇工价一日 5 钱，到输所 210 里；己县 19 136 算，一斛粟值 10 钱，雇工价一日 5 钱，到输所 280 里。六个县共缴纳 60 000 斛粟作为赋税，都输送到甲县。6 个人共同驾一辆车，每辆车载重 25 斛，载重的车每日行 50 里，放空的车每日行 70 里，装卸的时间各 1 日。粟有贵有贱，雇工各有不同的价钱，按算缴纳的钱数，使他们的费劳均等。问：各县缴纳的粟是多少？答：甲县出粟 $18947\frac{49}{133}$斛，乙县出粟 $10827\frac{9}{133}$斛，丙县出粟 $7218\frac{6}{133}$斛，丁县出粟 $6766\frac{122}{133}$斛，戊县出粟 $9022\frac{74}{133}$斛，己县出粟 $7218\frac{6}{133}$斛，术：以放空的车与载重的车每日行的标准里数相乘，作为法，两者相加，以乘各县到输所的里数，各自作为实，实除以法，得各县到输所的日数。

原典

按：此术重往空还，一输再行道也。置空行一里，用七十分日之一；重行一里，用五十分日之一。齐而同之，空、重行一里之路，往返用一百七十五分日之六。完言之[①]者，一百七十五里之路，往返用六日也。故并空、重

译文

按：此术中载重的车前往，放空的车返回，运输一次要在道上行 2 次。布置放空的车行 1 里所用的$\frac{1}{70}$日；载重的车行 1 里所用的$\frac{1}{50}$日，将它们齐同，放空的车与载重的车行 1 里的路，往返用日。如果用整数表示之，175 里的路程，往返用 6 日。所以将放空的车与载重的车每日行的标准里数相加，是使它们的分子相齐；两者相乘，是使它们的分母相同。对于今

者，齐其子也；空、重相乘者，同其母也[②]。于今有术，至输所里为所有数，六为所求率，一百七十五为所有率，而今有之，即各得输所用日也。加载输各一日，故得凡日[③]也。而以六人乘之，欲知致一车用人也。又以佣价[④]乘之，欲知致车人佣直几钱。以二十五斛除之，欲知致一斛之佣直也。加一斛粟价，则致一斛之费。加一斛之价于致一斛之佣直，即凡输一斛粟取佣所用钱。各以约其算数为衰，今按：甲衰四十二，乙衰二十四，丙衰十六，丁衰十五，戊衰二十，己衰十六。于今有术，副并为所有率。未并者各自为所求率，所赋粟为所有数。此今有衰分之义也。副并为法。以所赋粟乘未并者，各自为实。实如法得一斛。各置所当出粟，以其一斛之费乘之，如算数而一，得率，算出九钱一百三十三分钱之三又载输之间各一日者，即二日也。

注释

① 完言之：以整数表示之。

② 所以将放空的车与载重的车每日行的标准里数相加，是使它们的分子相齐；两者相乘，是使它们的分母相同。

③ 凡日：总日数。

④ 佣价：雇工的工钱。

有术，各县到输所的里数作为所有数，6作为所求率，175作为所有率，应用今有术，就分别得到各县到输所所用的日数。加装卸的时间各1日，所以得到各县分别用的总日数。而以6人乘之，想知道输送1车到输所所用的人数。又以各县的雇工价分别乘之，想知道输送1车到输所雇工的钱数。除以25斛，想知道输送1斛到输所雇工的钱数。加1斛粟的价钱，则就是输送1斛到输所的费用。加1斛粟的价钱于输送1斛到输所雇工的钱数，则就是各县缴纳1斛粟所需的粟价与雇工所用的总钱数。各以它们除该县的算数作为列衰，今按：甲县的列衰是42，乙县的列衰是24，丙县的列衰是16，丁县的列衰是15，戊县的列衰是20，己县的列衰是16。对于今有术，在旁边将列衰相加作为所有率。未相加的各自作为所求率，作为赋税缴纳的总粟数作为所有数。这是今有术、衰分术的意义。在旁边将它们相加，作为法。以作为赋税缴纳的总粟数乘未相加的，各自作为实。实除以法，得到各县所应缴纳的粟的斛数。分别布置各县所应当出的粟数，以其缴纳1斛的费用乘之，分别除以各县的算数，得到率：每算出$9\frac{3}{133}$钱。又装卸的时间各1日，就是2日。

招差术

招差术即高次内插法，是现代计算数学中一种常用的插值方法。在中国古代天文学中早已应用了一次内插法，隋唐时期又创立了等间距和不等间距二次内插法，用以计算日月五星的视行度数。但是太阳等天体的视运动并不是时间的二次函数，因此仅用二次内插公式推算的结果仍不够精确。唐代天文学家一行已经注意到这个问题，并列出一个包括三差的表格。由于当时数学水平所限，一行还没有能够给出正确的三次差内插公式。元代天文学家和数学家王恂、郭守敬在所编制的《授时历》中，为精确推算日月五星运行的速度和位置，根据“平、定、立”三差，创用三次差内插公式。朱世杰对于这类插值问题作了更深入的研究。他在《四元玉鉴》中成功地把高阶等差级数方面的研究成果运用于内插法，利用招差术，也可解决高阶等差级数的求和问题。因此，朱世杰的垛积招差术，将宋元数学家在这方面的研究成果推进到了更加完善的地步。

清朝数学家李善兰先生也发扬了招差术的传统，在他的著作《垛积比类》中，提出了类似于西方微积分中的逐差法的招差术公式。

原典

今有粟七斗，三人分舂之，一人为粝米，一人为粺米，一人为糳米，令米数等。问：取粟、为米各几何？答曰：粝米取粟二斗一百二十一分斗之一十。粺米取粟二斗一百二十一分斗之三十八。糳米米取粟二斗一百二十一分斗之七十三。为米各一斗六百五分斗之一百五十一。术曰：列置①粝米三十，裨米二十七，糳米米二十四，而返衰之。此先约三率②：粝为十，粺为九，糳为八。欲令米等者，其取粟：粝率十分之一，粺率九分之一，糳率八分之一。当齐其子，故曰返衰也。

注释

①列置：布列。

②此时先约减三个率。

译文

假设有粟 7 斗，由 3 人分别舂之：一人舂成粝米，一人舂成粺米，一人舂成糳米，使舂出的米数相等。问：各人所取的粟、舂成的米是多少？答：舂粝米者取粟 $2\frac{11}{121}$斗，舂粺米者取粟 $2\frac{38}{121}$斗，舂糳米者取粟 $2\frac{73}{121}$斗；各舂出米 $1\frac{151}{605}$斗。术：布列粝米 30，粺米 27，糳米 24，而对之使用返衰术。此时先约减三个率。粝米为 10，粺米为 9，糳米为 8。如果想使舂出的米数相等，则它们所取的粟：舂成粝米的率是$\frac{1}{10}$，舂成粺米的率是$\frac{1}{9}$，舂成糳米的率是$\frac{1}{8}$，应当使它们的分子相齐，所以叫作返衰术。

原典

臣淳风等谨按：米有精粗之异，粟有多少之差。据率，粺、糳少而粝多，用粟，则粺、糳多而粝少。米若依本率之分，粟当倍①率，故今返衰之，使精取多而粗得少。副并为法。以七斗乘未并者，各自为取粟实。实如法得一斗。于今有术，副并为所有率，未并者各为所求率，粟七斗为所有数，而今有之，故各得取粟也。若求米等者，以本率各乘定所取粟为实，以粟率五十为法，实如法得一斗。若径②求为米等数者，置粝米三，用粟五；粺米二十七，用粟五十；糳米十二，用粟二十五。齐其粟，同其米。并齐为法。以七斗乘同为实。所得，即为米斗数。

注释

①倍：背离，背弃。

②径：直接。

译文

淳风等按：各种米有精粗的不同，所取的粟就有多少的差别。根据它们的本率，粺米、糳米少而粝米多，而所用的粟，则舂成粺米、糳米的取得多而舂成粝米的取得少。如果各种米依照它们的本率分配粟，则粟就背离了它们的率，所以现在对之应用返衰术，使舂出精米者取的粟多，而舂出粗米者取的粟少。在旁边将列衰相加作为法。以7斗乘未相加者，各自作为所取粟的实。实除以法，得到各人所取粟的斗数。对于今有术，在旁边将列衰相加作为所有率，未相加者各自作为所求率，7斗粟作为所有数，而应用今有术，所以分别得到所取的粟。如果求相等的米数，以各自的本率分别乘已经确定的所取的粟数，作为实，以粟率50作为法，实除以法，得到米的斗数。如果要直接求舂成的各种米相等的数量，就布置粝米3，用粟是5；粺米27，用粟是50；糳米12，用粟是25。使它们的粟相齐，又使它们的米数相同。将齐相加作为法。以7斗乘同，作为实。实除以法，所得就是舂成的米的斗数。

趣味数学题

51. 在一个花园里，第一天开一朵花，第二天开两朵花，第三天开三朵花，以此类推，一个月内恰好所有的花都开放了，问当花园里的花朵开一半时，是哪一天？

原典

今有人当禀粟二斛。仓无粟，欲与米一、菽二，以当所禀粟问：各几何？答曰：米五斗一升七分升之三。菽一斛二升七分升之六。术曰：置米一、菽二，求为粟之数。并之，得三，以为法。亦置米一、菽二，而以粟二斛乘之，各自为实。实如法得一斛①。臣淳风等谨按：置粟率五，乘米一，米率三除之，得一、三分之二，即是米一之粟也；粟率十以乘菽二，菽率九除之，得二、九分之二，即是菽二之粟也。并全，得三；齐子，并之，得二十四；同母，得二十七，约之，得九分之八。故云“并之，得三、九分之八”。米一菽二当粟三、九分之八，此其粟率也。于今有术，米一、菽二皆为所求率，当粟三、九分之八为所有率，粟二斛为所有数。凡言率者，当相与通之，则为米九、菽十八，当粟三十五也。亦有置米一、菽二，求其为粟之率，以为列衰。副并为法。以粟乘列衰为实。所得即米一、菽二所求粟也。以米、菽本率而今有之，即合所问。

注释

①《九章算术》这里的方法实际上是衰分术的推广。

译文

假设应当赐给人 2 斛粟。但是粮仓里没有粟了，想给他 1 份米、2 份菽，当作赐给他的粟。问：给他的米、粟各多少？答：给米 5 斗 $1\frac{3}{7}$升，给菽 1 斛 $2\frac{6}{7}$升。术：布置米 1、菽 2，求出它们变成粟的数量。将它们相加，得到 3，作为法。又布置米 1、菽 2，而以 2 斛粟乘之，各自作为实。实除以法，得米、菽的斛数。淳风等按：布置粟率 5，乘米 1，以米率 3 除之，得到 $1\frac{2}{3}$，就是与米 1 相当的粟；布置粟率 10，乘菽 2，以菽率 9 除之，得到 $2\frac{2}{9}$，就是与菽 2 相当的粟。将整数部分相加，得 3；使分数的分子相齐，相加，得 24；使它们的分母相同，得 27，约简之，得 $\frac{8}{9}$。所以说“将它们相加，得到 $3\frac{8}{9}$”。米 1、菽 2 相当于粟 $3\frac{8}{9}$，这就是粟的率。对于今有术，米 1、菽 2 皆作为所求率，相当于粟的 $3\frac{8}{9}$作为所有率，粟 2 斛作为所有数。凡是说到率，都应当互相通达，则就成为米 9、菽 18，相当于粟 35。也可以布置米 1、菽 2，求它们变为粟的率，作为列衰。在旁边将它们相加，作为法。以粟数乘列衰，作为实。实除以法，所得就是米 1、菽 2 所求出的粟。以米、菽的本率而应用今有术，即符合问题的要求。

趣味数学题

52. 王师傅爱喝酒，家中有 24 个空啤酒瓶。某商店推出一项活动：3 个空啤酒瓶可以换 1 瓶啤酒。请问：王师傅家的空啤酒瓶可以换多少瓶啤酒？

原典

今有取佣，负[①]盐二斛，行一百里，与钱四十。今负盐一斛七斗三升少半升，行八十里。问：与钱几何？答曰：二十七钱一十五分钱之一十一。术曰：置盐二斛升数，以一百里乘之为法。

按：此术以负盐二斛升数乘所行一百里，得二万里，是为负盐一升行二万里，得钱四十。于今有术，为所有率。以四十钱乘今负盐升数，又以八十里乘之，为实。实如法得一钱。以今负盐升数乘所行里，今负盐一升凡所行里也。于今有术以所有数，四十钱为所求率也。衰分章“贷人千钱”与此同[②]。

注释

①负：背着。

②刘徽认为负盐 2 斛行 100 里，得 40 钱，相当于负盐 1 升行 20 000 里得 40 钱。

译文

假设雇工背负 2 斛盐，走 100 里，付给 40 钱。现在背负 1 斛 7 斗 3 升少半升盐，走 80 里。问：付给多少钱？答：$27\frac{11}{15}$钱。术：布置 2 斛盐的升数，以 100 里乘之，作为法。

按：此术中以所背负的 2 斛盐的升数乘所走的 100 里，得 20 000 里，这相当于背负 1 升盐走 20 000 里，得到 40 钱。对于今有术，它作为所有率。以 40 钱乘现在所背负的盐的升数，又以 80 里乘之，作为实。实除以法，就得到所付给的钱。以现在所背负的盐的升数乘所走的里数，就是现在背负 1 升盐所走的总里数。对于今有术，就是所有数，40 钱就是所求率。衰分章的“贷人千钱”问与此相同。

趣味数学题

53. 20 世纪 60 年代的哈尔滨。一天，小商店里来了个客人。他对售货员说：“我是南方人来哈尔滨出差，想带哈尔滨特产的‘哈尔滨、迎春、葡萄’牌香烟回去给大伙尝一尝。我现在只有 3 元钱，全都买烟。”当时的价格分别是 0.29 元、0.27 元和 0.23 元。售货员经计算后，满足了他的要求。这位南方人每种烟各买了几盒？

原典

今有负笼[①]，重一石行百步，五十返。今负笼重一石一十七斤，行七十六步。问：返几何[②]？答曰：五十七返二千六百三分返之一千六百二十九。术曰：以今所行步数乘今笼重斤数为法。此法谓负一斤一返所行之积步也。故笼重斤数乘故步，又以返数乘之，为实。实如法得一返。按：此法，负一斤一返所行之积步；此实者，一斤一日所行之积步。故以一返之课除终日之程，即是返数也[③]。臣淳风等谨按：此术，所行步多者，得返少；所行步少者，得返多。然则故所行者，今返率也。故令所得返[④]乘今返之率，为实，而以故返之率为法，今有术也。

注释

① 负笼：背着竹筐。

② 返几何：往返多少次。

③ 此处的法是说背负 1 斤 1 次往返所走的步数。

④ 所得返：指“故所得返”。

译文

假设有人背负着竹筐，重 1 石，走 100 步，50 次往返。现在背负的竹筐重 1 石 17 斤，走 76 步。问：往返多少次？答：往返 $57\frac{1629}{2603}$ 次。术：以现在所走的步数乘现在的竹筐重的斤数，作为法。此处的法是说背负 1 斤 1 次往返所走的步数。以原来的竹筐重的斤数乘原来走的步数，又以往返的次数乘之，作为实。实除以法，得到现在往返的次数。此处的法是背负 1 斤 1 次往返所走的步数，此处的实是 1 斤 1 日所走的步数。所以以 1 次往返的步数除 1 日的路程，就是往返的次数。淳风按：此术中，如果所要走的步数多，往返次数就少；所要走的步少，往返次数就多。那么原来所走的步数，就是现在往返次数的率。所以使原来得到的往返次数乘现在的往返次数的率，作为实，而以原来的往返次数的率作为法，这是今有术。

原典

按：此负笼又有轻重，于是为术者因令重者得返少，轻者得返多[①]。故又因其率以乘法、实者，重今有之义也。然此意[②]非也。按：此笼虽轻而行有限，笼过重则人力遗，力有遗而术无穷[③]，人行有限而笼轻重不等。使其有限之力随彼无穷之变，故知此术率乖[④]理也。若故所行有空行返数，设以问者，当因其所负以为返率，则今返之数可得而知也。

注释

① 这里背负的竹筐又有轻重，于是造术的人就令竹筐重的往返次数少，竹筐轻的往返次数多。

② 此意：这种思路。

③ 人的力量有剩余，那么答案就是无穷的。

④ 乖：违背。

译文

按：这里背负的竹筐又有轻重，于是造术的人就令竹筐重的往返次数少，竹筐轻的往返次数多。所以又根据它们的率乘法与实，这是重今有术的意义。然而这种思路是错误的。按：这里的竹筐即使很轻，而背负着它走的路也是有限的。竹筐即使很重，而人的力量总得有剩余。人的力量有剩余，那么答案就是无穷的。人走的路是有限的，而竹筐的轻重不等。使人们有限的力量的往返次数随着竹筐轻重作无穷的变化，所以知道此术之率是违背数理的。如果原来所走的往返次数有空手的，假设以此提问，则应当根据有背负重物的情况建立往返次数的率，那么现在往返次数是可以知道的。

原典

假令空行一日六十里，负重一斛，行四十里。减重一斗进二里半，负重二斗以下[①]，与空行[②]同。今负笼重六斗，往还行[③]一百步。问：返几何。答曰：一百五十返。术曰：置重行率[④]，加十里，以里法通之，为实。以一返之步为法。实如法而一，即得也。

注释

①二斗以下：即少于或等于二斗。

②空行：空手走。

③往还行：往返走。

④布置背负重物走的率。

译文

假设空手一日走 60 里，背负 1 斛的重物，走 40 里。重量每减 1 斗，就递增 $2\frac{1}{2}$ 里，背负重物在 2 斗以下，与空手走相同。现在背负的竹筐重 6 斗，往返走 100 步。问：一日往返多少次？答：往返 150 次。术：布置背负重物走的率，加 10 里，以里法通之，作为实。以 1 次往返的步数作为法。实除以法，就得到答案。

趣味数学题

54. 地铁车厢并排坐着 5 个女孩，A 坐在离 B 和 C 正好相同距离的位置上，D 坐在离 A 和 C 正好相同距离的座位上，E 坐在她的亲友之间。谁是 E 的亲友？

原典

今有乘传[①]委输，空车日行七十里，重车日行五十里。今载太仓[②]粟输上林，五日三返。

注释

①乘传：乘坐驿车。

②太仓：古代设在

问：太仓去上林几何？答曰：四十八里一十八分里之一十一。术曰：并空、重里数，以三返乘之，为法。令空、重相乘，又以五日乘之，为实。实如法得一里。此亦如上术[③]。

京城中的大粮仓。

③ 上术：指上面的“均赋粟”问，即本章的第 4 问。

译文

假设由驿乘运送货物，空车每日走 70 里，重车每日走 50 里。现在装载太仓的粟输送到上林苑，5 日往返 3 次。问：太仓到上林的距离是多少？答：$48\frac{11}{18}$里。术：将空车、重车每日走的里数相加，以往返次数 3 乘之，作为法。使空车、重车每日走的里数相乘，又以 5 日乘之，作为实。实除以法，得到里数。此术也如上术那样。

原典

率：一百七十五里之路，往返用六日也。于今有术，则五日为所有数，一百七十五里为所求率，六日为所有率。以此所得，则三返之路。今求一返，当以三约之，因令乘法而并除也[①]。为术亦可各置空、重行一里用日之率，以为列衰。副并为法。以五日乘列衰为实。实如法，所得即各空、重行日数也。各以一日所行以乘，为凡日所行。三返约之，为上林去太仓之数。按此术重往空还，一输再还道。置空行一里，七十分日之一，重行一里用五十分日之一。齐而同之，空、重行一里之路，往返用一百七十五分日之六[②]。完言之[③]者，一百七十五里之路，往返用六日。故“并空、重”者，并齐也；“空、重相乘”者，同其母也。于今有术，五日为所有数，一百七十五为所求率，六为所有率。以此所得，则三返之路。今求一返者，当以三约之。故令乘法而并除，亦当约之也。

注释

① 自此注开头至此，是刘徽以今有术阐释《九章算术》的解法，先求出 5 日所行的距离，而 5 日共 3 返故除以 3，得 1 返的里程，即太仓到上林的距离。

② 这是以分数表示。

③ 完言之：以整数表示之。

译文

率：175 里的路程，往返用 6 日。对于今有术，就是 5 日为所有数，175 里为所求率，6 日为所有率。由此所得到的是 3 次往返的路程。现在求 1 次往返的路程，应当以 3 除之，所以以 3 乘法而一并除。造术亦可以分别布置空车、重车走 1 里所用的日数之率，作为列衰。在旁边将它们相加作为法。以 5

日乘列衰作为实。实除以法，所得就是空车、重车分别所走的日数。各以空车、重车1日所走的里数乘之，就是1日所走的总里数。以往返次数3除之，就是上林苑到太仓的距离数。按：此术中重车前往，空车返回，一次输送要在路上走两次。布置空车走1里所用的$\frac{1}{70}$日，重车走1里所用的$\frac{1}{50}$日。将它们齐同，空车、重车走1里的路程，往返1次用$\frac{6}{175}$日。以整数表示之，175里的路程，往返1次用6日。所以"将空车、重车每日走的里数相加"，就是将所齐的分子相加。"使空车、重车每日走的里数相乘"，就是使它们的分母相同。对于今有术，5日为所有数，175为所求率，6为所有率。由此所得到的，是往返3次的路程。

现在求往返1次的路程，应当以3除之。所以以3乘法而一并除，这也相当于以3除之。

原典

今有络丝一斤为练丝一十二两，练丝一斤为青丝一斤一十二铢。今有青丝一斤，问：本络丝几何？答曰：一斤四两一十六铢三十三分铢之一十六。术曰：以练丝十二两乘青丝一斤一十二铢为法。以青丝一斤铢数乘练丝一斤两数，又以络丝一斤乘，为实。实如法得一斤。

按：练丝一斤为青丝一斤十二铢，此练率三百八十四，青率三百九十六也[①]。又，络丝一斤为练丝十二两，此络率十六，练率十二也[②]。置今有青丝一斤，以练率三百八十四乘之，为实，实如青丝率三百九十六而一。所得，青丝一斤，练丝之数[③]也。又以络率十六乘之，所得为实，以练率十二为法，所得，即练丝用络丝之数也。是谓重今有[④]也。

注释

① 刘徽先求出练、青的率关系：练，青 =384 ：396

② 刘徽又求出络、练的率关系：络，练 =16 ：12。

③ 所得，青丝一斤，练丝之数：刘徽应用今有术，求出青丝1斤用练丝数，"练丝之数"前省"得"字。

④ 重今有：双重今有术。因为两次应用今有术，故名。显然它与《九章算术》的方法是不同的。

译文

假设1斤络丝练出12两练丝，1斤练丝练出1斤12铢青丝。现在有1斤青丝，问：络丝原来有多少？1斤4两16$\frac{16}{33}$铢。术：以练丝12两乘青丝1斤12铢，作为法。以青丝1斤的铢数乘练丝1斤的两数，又以络丝

1 斤乘之，作为实。实除以法，就得到络丝的斤数。

按：1 斤练丝练出 1 斤 12 铢青丝，练丝率为 384，青丝率为 396。又，1 斤络丝练出 12 两练丝，络丝率为 16，练丝率为 12。布置现有的 1 斤青丝，以练丝率 384 乘之，作为实，实除以青丝率 396，所得到的就是 1 斤青丝所用的练丝之数。又以络丝率 16 乘之，以所得作为实，以练丝率 12 作为法，所得到的就是练丝所用的络丝之数。这称为重今有术。

原典

虽各有率，不问中间①。故令后实乘前实，后法乘前法而并除也②。故以练丝两数为实，青丝铢数为法③。一曰又置络丝一斤两数与练丝十二两，约之，络得四，练得三，此其相与之率。又置练丝一斤铢数与青丝一斤一十二铢，约之，练得三十二，青得三十三，亦其相与之率。齐其青丝、络丝，同其二练，络得一百二十八，青得九十九，练得九十六，即三率悉通④矣。今有青丝一斤为所有数，络丝一百二十八为所求率，青丝九十九为所有率。为率之意犹此，但不先约诸率耳⑤。凡率错互不通者，皆积齐同用之⑥放此，虽四五转不异也⑦言“同其二练”者，以明三率之相与通耳，于术无以异也。又一术⑧：今有青丝一斤铢数乘练丝一斤两数，为实，以青丝一斤一十二铢为法，所得，即用练丝两数。以络丝一斤乘，所得为实，以练丝十二两为法，所得即用络丝斤数也。

注释

① 虽各有率，不问中间：虽然诸物各自有率，但是没有问中间的物品。

② 故令后实乘前实，后法乘前法而并除也：所以使后面的实乘前面的实，后面的法乘前面的法而一并除。

③ 故以练丝两数为实，青丝铢数为法：所以练丝以两数形成实，青丝以铢数形成法。

④ 三率悉通：通过齐其青丝、络丝，同其二练，使络丝、练丝、青丝三率都互相通达。

⑤ 为率之意犹此，但不先约诸率耳：前面（注文的第一段）形成率的意图也是这样，但不先约简诸率而已。

⑥ 皆积齐同用之：都可以多次应用齐同术。

⑦ 虽四五转不异也：即使是四五次转换，也没有什么不同。

⑧ 又一术：又一种方法。

译文

虽然诸物各自都有率，但是没有问中间的物品。所以使后面的实乘前面的实，后面的法乘前面的法而一并除。所以练丝以两数形成实，青丝以铢数形成法。一术：又布置络丝1斤的两数与练丝12两，将之约简，络丝得4，练丝得3，这就是它们的相与之率。又布置练丝1斤的铢数与青丝1斤12铢，将之约简，练丝得32，青丝得33，也是它们的相与之率。使其中的青丝率、络丝率分别相齐，使其中练丝的两种率相同，得到络丝率128，青丝率99，练丝率96，则三种率都互相通达了。以现有的青丝1斤作为所有数，络丝率128作为所求率，青丝率99作为所有率。前面形成率的意图也是这样，但不先约简诸率而已。凡是诸率错互不相通达的，都可以多次应用齐同术。仿照这种做法，即使是转换四五次，也没有什么不同。说“使其中练丝的两种率相同”，是为了明确三种率的相与通达，对于各种术没有不同。又一术：现有青丝1斤的铢数乘练丝1斤的两数，作为实，以青丝1斤12铢作为法，实除以法，所得到的就是用练丝的两数。以络丝1斤乘之，所得作为实，以练丝12两作为法，实除以法，所得到的就是用络丝的斤数。

趣味数学题

55. 跑马场的跑道上，有A、B、C三匹马，A在1分钟内跑2圈，B能跑3圈，C能跑4圈，现将三匹马并排在起跑线上，准备向同一个方向起跑。请问：经过几分钟，这三匹马又能并排地跑到起跑线上？

原典

今有恶粟[①]二十斗，舂之，得粝米九斗。今欲求粺米一十斗，问：恶粟几何？答曰：二十四斗六升八十一分升之七十四。术曰：置粝米九斗，以九乘之，为法。亦置粺米十斗，以十乘之，又以恶粟二十斗乘之，为实。实如法得一斗。按：此术置今有求米粺十斗，以粝米率十乘之，如粺率九而一，即粺化为粝。又以恶粟率二十乘之，如粝率九而一，即粝亦化为恶粟矣。此亦重今有之义。为术之意，犹络丝也[②]。虽各有率，不问中间[③]。故令后实乘前实，后法乘前法，而并除之也。

注释

① 恶粟：劣等的粟。

② 造术的意图，如同络丝问。

③ 虽然各自都有率，却不考虑中间的物品。

译文

假设有20斗粗劣的粟，舂成粝米，得到9斗。现在想得到10斗粺米，问：需要粗劣的粟多少？答：24斗$6\frac{74}{81}$升。术：布置9斗粝米，乘以9，作为法。又布置10斗粺米，乘以10，又乘以20斗粗劣的粟，作为实。实除以法，就得到粗劣粟的斗数。按：此术中，布置现在想得到的10斗粺米，乘以粝米率10，除以粺米率9，则粺米化为了粝米。又乘以恶粟率20，除以粝米率9，则粝米也化为了粗劣的粟。这也是重今有术的意义。造术的意图，如同络丝问。虽然各自都有率，却不考虑中间的物品。所以使后面的实乘前面的实，后面的法乘前面的法而一并除。

趣味数学题

56. 两辆车相距1500米。假设前面的车以90千米/时的速度前进，后面的车以144千米/时的速度追赶，那么两辆车在相撞前1秒钟相距多远？

原典

今有客马，日行三百里。客去忘持衣。日已三分之一，主人乃觉。持衣追及与之而还；至家视日四分之三。问：主人马不休，日行几何？答曰：七百八十里。

术曰：置四分日之三，除三分日之一，按：此术“置四分日之三，除三分日之一”者，除[①]，其减也。减之余，有十二分之五，即是主人追客还用日率也。半其余，以为法。去其还，存其往。率之者，子不可半，故倍母[②]，二十四分之五，是为主人与客均行用日之率也。副置法，增三分日之一。法二十四分之五者，主人往追用日之分也。三分之一者，客去主人未觉之前独行用日之分也。并连此数得二十四分日之十三，则主人追及前用日之分也。是为客人与主人均行用日率也。然则主人用日率者，客马行率也；客用日率者，主人马行率也。母同则子齐，是为客马行率五，主人马行率十三。于今有术，三百里为所有数，十三为所求率，五为所有率，而今有之，即得也。以三百里乘之，为实。实如法，得主人马一日行。欲知主人追客所行里者，以三百里乘客用日分子十三，以母二十四而一，得一百六十二里半。以此乘客马与主人均行日分母二十四，如客马与主人均行用日分子五而一，亦得主人马一日行七百八十里也[③]。

注释

① 除：一是除法之除，一是减。

② 分子不可以再取其半，所以将分母加倍。

③ 刘徽给出求主马日行里的另一种方法。

译文

假设客人的马每日行走300里。客人离去时忘记拿自己的衣服。已经过了$\frac{1}{3}$日时，主人才发觉。主人拿着衣服追上客人，给了他衣服，回到家望望太阳，已过了$\frac{3}{4}$日。问：如果主人的马不休息，一日行走多少里？答：780里。

术：布置$\frac{3}{4}$日，除

$\frac{1}{3}$日，按：此术中，“布置$\frac{3}{4}$日，除$\frac{1}{3}$日”。除，就是减。减的余数是$\frac{5}{12}$，就是主人追上客人及返回家的用日率。取其余数的一半作为法。这是减去主人返回家的时间，留下他追赶的时间。谈到率，分子不可以再取其半，所以将分母加倍，成为主人与客人的马同时行走所用日之率，$\frac{5}{24}$。在旁边布置法，加$\frac{1}{3}$日。法$\frac{5}{24}$，这是主人追及客人所用日之分数。$\frac{1}{3}$是客人走了主人未发觉之前单独行走用日之分数。此两数相加，得$\frac{13}{24}$日，就是主人追上之前用日之分数。这是客人与主人同时行走的用日率。那么主人的用日率，就是客人马的行率；客人的用日率，就是主人马的行率。分母相同就要使分子相齐。这就是客人马的行率5，主人马的行率13。对于今有术，300里为所有数，13为所求率，5为所有率，而对之应用今有术，即得到主人马一日行走的里数。以300里乘之，作为实。实除以法，得到主人马一日行走的里数。如果想知道主人追上客人所行走的里数，就以300里乘客人用日的分子13，除以分母24，得$162\frac{1}{2}$里。以此乘客人与主人的马同时行走日的分母24，除以客人与主人的马同时行走用日的分子5，就得到主人的马行走一日为780里。

现代农业耕作方式

杨辉，中国南宋时期杰出的数学家和数学教育家。在公元13世纪中叶活动于苏杭一带，其著作甚多。

他著名的数学著作书共五种二十一卷。著有《详解九章算法》十二卷（1261年）、《日用算法》二卷（1262年）、《乘除通变本末》三卷（1274年）、《田亩比类乘除算法》二卷（1275年）、《续古摘奇算法》二卷（1275年）。

杨辉的数学研究与教育工作的重点是在计算技术方面，他对筹算乘除捷算法进行总结和发展，有的还编成了歌决，如九归口决。

他在《续古摘奇算法》中介绍了各种形式的“纵横图”及有关的构造方法，同时“垛积术”是杨辉继沈括的“隙积术”后，关于高阶等差级数的研究。杨辉在“纂类”中，将《九章算术》246个题目按解题方法由浅入深的顺序，重新分为乘除、分率、合率、互换、二衰分、叠积、盈不足、方程、勾股等九类。

他非常重视数学教育的普及和发展，在《算法通变本末》中，杨辉为初学者制订的“习算纲目”是中国数学教育史上的重要文献。

由于他在他的著作里提及过贾宪对二项展开式的研究，所以“贾宪三角”又名“杨辉三角”。这比欧洲于公元17世纪的同类型的研究“帕斯卡三角形”早了差不多500年。

在《乘除通变算宝》中，杨辉创立了“九归”口诀，介绍了筹算乘除的各种速算法等等。在《续古摘奇算法》中，杨辉列出了各式各样的纵横图（幻方），它是宋代研究幻方和幻圆的最重要的著述。杨辉对中国古代的幻方，不仅有深刻的研究，而且还创造了一个名为“攒九图”的四阶同心幻圆和多个连环幻圆。

趣味数学题

57. 我国古代书籍里记载了一道题目“今有出门望九堤，堤有九木，木有九枝，枝有九巢，巢有九禽，禽有九雏，雏有九毛，毛有九色。问各几何？”

原典

今有金箠[①]，长五尺。斩本一尺，重四斤；斩末一尺，重二斤。问：次一尺各重几何？答曰：末一尺重二斤，次一尺重二斤八两，次一尺重三斤，次一尺重二斤八两，次一尺重四斤。

术曰：令末重减本重，余，即差率也。又置本重，以四间乘之，为下第一衰。副置，以差率减之，每尺各自为衰。按：此术五尺有四间者，有四差也。今本末相减，余即四差之凡数也。以四约之，即得每尺之差，以差数减本重，余即次尺之重也。为术所置，如是而已。今此率以四为母，故令母乘本为衰，通其率也。亦可置末重，以四间乘之，为上第一衰。以差重率[②]加之为次下衰也。旁边置下第一衰，以为法。以本重四斤遍乘列衰，各自为实。实如法得一斤。以下第一衰为法，以本重乘其分母之数，而又返此率乘本重，为实。一乘一除，势无损益，故惟本存焉。众衰相推为率，则其余可知也。亦可副置末衰为法，而以末重二斤乘列衰为实。此虽迂回，然是其旧，故就新而言之也[③]。

注释

① 箠：马鞭，杖，刑杖。

② 差重率：就是差率。

③ 刘徽总结他的注，指出：《九章算术》的方法迂回曲折，所以提出新的方法。

译文

假设有一根金箠，长5尺。斩下本1尺，重4斤；斩下末1尺，重2斤。问：每1尺的重量各是多少？答：末1尺，重量2斤；下1尺，重量2斤8两；下1尺，重量3斤；下1尺，重量2斤8两；本1尺，重量4斤。

术曰：使末1尺的重量减本1尺的重量，余数就是差率。又布置本1尺的重量，以间隔4乘之，作为下第一衰。将它布置在旁边，逐次以差率减之，就得到每尺各自的衰。按：此术中，5尺有4个间隔，就是有4个差。现在将本末的重量相减，余数就是 4 个差的总数也。以 4 除之，就得到每尺之差，以这个差数减本 1 尺的重量，余数就是下 1 尺的重量。造术的意图，不过如是而已。现在此率以 4 为分母，所以使分母乘本 1 尺的重量作为衰，是为了将它们的率通达。也可以布置末 1 尺的重量，以间隔 4 乘之，作为上第一衰。逐次以重量的差率加之，就得到下面每尺的衰。在旁边布置下第一衰，作为法。以本 1 尺的重量 4 斤乘全部列衰，各自作为实。实除以法，就得到各尺的斤数。以下第一衰作为法，以本 1 尺的重量乘它的分母，而反过来以此率乘本 1 尺的重量，作为实。一乘一除，其态势既不减小也不增加，所以只有原本的数保存下来。以诸衰互相推求作为率，则其余各尺的重量可以知道。也可以在旁边布置末 1 尺的衰作为法，而以末 1 尺的重量 2 斤乘列衰作为实。这种方法虽然迂回，然而是原来的，所以用新的方法表示之。

趣味数学题

58. 有三块草地，面积分别是 3 公顷、10 公顷和 24 公顷。草地上的草一样厚，而且长得一样快。如果第一块草地可以供 12 头牛吃 4 个星期，第二块草地可以供 21 头牛吃 9 个星期，那么，第三块草地恰好可以供多少头牛吃 18 个星期?

原典

今有五人分五钱，令上二人所得与下三人等。问：各得几何？答曰：甲得一钱六分钱之二，乙得一钱六分钱之一，丙得一钱，丁得六分钱之五，戊得六分钱之四。

术曰：置钱，锥行衰[①]。按：此术锥行者，谓如立锥[②]：初一、次二、次三、次四、次五，各均为一列者也。并上二人为九，并下三人为六。六少于九，三。数不得等[③]，但以五、四、三、二、一为率也。以三均加焉副并为法。以所分钱乘未并者，各自为实。实如法得一钱。此问者，令上二人与下三人等。上、下部差一人，其差三。均加上部，则得二三；均加下部，则得三三。上、下部犹差一人，差得三以通于本率，即上、下部等也。于今有术，副并为所有率，未并者各为所求率，五钱为所有数，而今有之，即得等耳。假令七人分七钱，欲令上二人与下五人等，则上、下部差三人。并上部为十三，下部为十五。下

注释

①锥行衰：就是排列成锥形的列衰。

②此术中，按锥形列成一行，是说像锥形那样立起来。

③诸衰的数值不能相等。

多上少，下不足减上，当以上、下部列差而后均减，乃合所问耳。此可放下术，令上二人分二钱半为上率，令下三人分二钱半为下率，上、下二率以少减多，余为实。置二人、三人各半之，减五人，余为法，实如法得一钱即衰相去也。下衰率六分之五者，丁所得钱数也。

译文

假设有 5 个人分配 5 钱，使上部 2 人所分得的钱与下部 3 人的相等。问：各分得多少钱？答：甲分得 $1\frac{2}{6}$钱，乙分得 $1\frac{1}{6}$钱，丙分得 1 钱，丁分得$\frac{5}{6}$钱，戊分得$\frac{4}{6}$钱。

术：布置钱数，按锥形将诸衰排列成一行。按：此术中，按锥形列成一行，是说像锥形那样立起来：自下而上是 1、2、3、4、5，都均匀地排成一列。将上部 2 人的衰相加为 9，将下部 3 人的衰相加为 6。6 比 9 少 3。诸衰的数值不能相等，只是以 5、4、3、2、1 建立率。以 3 均等地加诸衰。在旁边将它们相加作为法。以所分的钱乘未相加的衰，各自作为实。实分别除以法，得到各人分得的钱数。提问的人要使上 2 人分得的钱与下 3 人的相等。现在上、下部相差 1 人，两者诸衰之和相差 3。将差 3 均等地加到上部诸衰上，即加 2 个 3；均等地加到下部诸衰上，即加 3 个 3。上、下部还是差 1 人，诸衰之差仍然得 3。以 3 使原来的率相通，则上、下部诸衰之和相等。对于今有术，在旁边将它们相加为所有率，没有相加的衰各自作为所求率，5 钱作为所有数，而对之应用今有术，就得到上 2 人与下 3 人分得的钱相等的结果。假设 7 个人分配 7 钱，想使上部 2 人分得的钱与下部 5 人的相等，则上、下部相差 3 人。将上部诸衰相加为 13，下部诸衰相加为 15。下部的多，上部的少，下部的不能减上部的，应当求出上、下部的列差而后均等地减诸衰，才符合所提出的问题。此也可以仿照下面九节竹问的术：使上部 2 人分 $2\frac{1}{2}$钱，作为上率，使下部 3 人分 $2\frac{1}{2}$钱作为下率，上、下二率以少减多，余数作为实。布置 2 人、3 人，各取其一半，以减 5 人，余数作为法，实除以法，得钱数，就是诸衰的公差。下部诸衰的平率$\frac{5}{6}$，就是丁所分得的钱数。

趣味数学题

59. 有若干只鸡兔同在一个笼子里，从上面数，有 35 个头；从下面数，有 94 只脚。问笼中各有几只鸡和兔？

原典

今有竹九节，下三节容四升，上四节容三升。问：中间二节欲均容①，各多少？答曰：下一，一升六十六分升之二十九；次，一升六十六分升之二十二；次，一升六十六分升之一十五；次，一升六十六分升之八；次，一升六十六分升之一；次，六十六分升之六十；次，六十六分升之五十三；次，六十六分升之四十六；次，六十六分升之三十九。

注释

①均容：即各节自下而上均匀递减。

译文

假设有一支竹，共9节，下3节的容积是4升，上4节的容积是3升。问：如果想使中间2节的容积均匀递减，各节的容积是多少？答：下第1节是$1\frac{29}{66}$升，次1节是$1\frac{22}{66}$升，次1节是$1\frac{15}{66}$升，次1节是$1\frac{8}{66}$升，次1节是$1\frac{1}{66}$升，次1节是$\frac{60}{66}$升，次1节是$\frac{53}{66}$升，次1节是$\frac{46}{66}$升，次1节是$\frac{39}{66}$升。

原典

术曰：以下三节分四升为下率①，以上四节分三升为上率②。此二率者，各其平率③也。上、下率以少减多，余为实按：此上、下节各分所容为率者，各其平率。"上、下以少减多"者，余为中间五节半之凡差，故以为实也。置四节、三节，各半之，以减九节，余为法。实如法得一升，即衰相去也。按：此术法者，上、下节所容已定之节，中间相去节数也，实者，中间五节半之凡差也。故实如法而一，则每节之差也。下率一升又半升者，下第二节容也。一升少半升者，下三节通分四升之平率。平率即为中分节之容也。

注释

①下率：下3节所容的平均值。

②上率：上4节所容的平均值。

③平率：平均率。

译文

术：以下3节平分4升，作为下率，以上4节平分3升，作为上率。此二率分别是上4节、下3节的平均率。上率、下率以少减多，余数作为实。按：此处上4节、下3节分别平分其容积所形成的率，各是它们的平均率。"上率、下率以少减多"，余数就是中间$5\frac{1}{2}$节之总差，所以作为实。布置4节、3节，各取其以它们减 9 节，余数作为法。实除以法，求得的升数，就是诸衰之差。按：此术中，法就是上 4 节、下 3 节中其容积已经确定的节之中间相距的节数，实就是中间 $5\frac{1}{2}$节之总差。所以实除以法，就是每节之差。下率 $1\frac{1}{3}$升者，就是下第 2 节的容积。$1\frac{1}{3}$升是下 3 节一起分 4 升之平均率。平均率就是中间这一节的容积。

趣味数学题

60. 韩信点一队士兵的人数，三人一组余两人，五人一组余三人，七人一组余四人。问：这队士兵至少有多少人？

原典

今有凫[①]起南海，七日至北海；雁起北海，九日至南海。今凫、雁俱起[②]，问：何日相逢？答曰：三日十六分日之十五。术曰：并日数为法，日数相乘为实，实如法得一日[③]。凫七日一至，雁九日一至。齐其至，同其日，定六十三日凫九至，雁七至。今鬼、雁俱起而问相逢者，是为共至。并齐以除同，即得相逢日。故“并日数为法”者，并齐之含；“日面乘为实”者，犹以同为实也[④]。一曰：凫飞日行七分至之一，雁飞日行九分至之一，齐而同之，凫飞定日行六十三分至之九，雁飞定日行六十三分至之七。是南北海相去六十三分，凫日行九分，雁日行七分也。并凫、雁一日所行，以除南拥去，而得相逢日也。

注释

① 凫：野鸭。

② 俱起：一起起飞。

③《九章算术》的方法是相逢日 = 日数之积 + 日数之和。

④ 将齐相加，以除同，就得到相逢的日数。所以“将日数相加，作为法”，这是将齐相加的意思。

译文

假设有一只野鸭自南海起飞，7 日至北海；一只大雁自北海起飞，9 日至南海。如果野鸭、大雁同时起飞，问：它们多少日相逢？答：$3\frac{15}{16}$日。术：将日数相加，作为法，使日数相乘，作为实，实除以法，得到相逢的日数。按：此术中，布置野鸭 7 日飞至 1 次，大雁 9 日飞至 1 次。将它们飞至的次数相齐，使其用的日数相同，则确定 63 日中野鸭飞至 9 次，大雁飞至 7 次。如果野鸭、大雁同时起飞而问它们相逢的日数，这就是同时飞至。将齐相加，以除同，就得到相逢的日数。所以“将日数相加，作为法”，这是将齐相加的意思；“使日数相乘，作为实”，仍然是以同作为实。一术说：野鸭 1 日飞行全程的$\frac{1}{7}$，大雁 1 日飞行全程的$\frac{1}{9}$，将它们齐同，确定野鸭 1 日飞行全程的$\frac{9}{63}$，大雁 1 日飞行全程的$\frac{7}{63}$。这就是南北海距离 63 份，野鸭 1 日飞行 9 份，大雁 1 日飞行 7 份。将野鸭、大雁 1 日所飞行的份数相加，以它除南北海的距离，就得到它们相逢的日数。

原典

今有甲发长安，五日至齐[①]；乙发齐，七日至长安。今乙发已先二日，甲乃发长安。问：几何日相逢？答曰：二日十二分日之一。术曰：并五日、七日以为法。按：此术“并五日、七日为法”者，犹并齐为法。置甲五日一至、乙七日一至，齐而同之，定三十五日甲七至，乙五至。并之为十二至者，用三十五日也。谓甲、乙与发之率耳[②]。然则日化为至[③]，当除日，故以为法也。以乙先发二日减七日，“减七日”者，言甲、乙俱发，今以发为始发之端，于本道里则余分也[④]。余，以乘甲日数为实。七者，长安去齐之率也，五者，后发相去之率也。今问后发，故舍七用五。以乘甲五日，为二十五日。言甲七至，乙五至，更相去，用此二十五日也。实如法得一日。一日甲行五分至之一，乙行七分至之一。齐而同之，甲定日行三十五分至之七，乙定日行三十五分至之五。是为齐去长安三十五分，甲日行七分，乙日行五分也。今乙先行发二日，已行十分，余，相去二十五分。放减乙二日，余，令相乘，为二十五分[⑤]。

注释

① 长安：古地名。秦离宫。

② 这是说甲、乙一同出发的率。

③ 日化为至：日数化为到达的次数。

④ 现在以同时出发为始发的开端，对于原本的道路里数就是余分。

⑤ 所以减去乙先走的 2 日，使其余数相乘，为 25 份。

译文

假设甲自长安出发，5 日至齐；乙自齐出发，7 日至长安。如果乙先出发已经 2 日，甲才自长安出发。问：多少日相逢？答：$2\frac{1}{12}$日。术：将 5 日、7 日相加，作为法。按：此术中，“将 5 日、7 日相加，作为法”，仍然是将齐相加，作为法。布置甲 5 日到达 1 次，乙 7 日到达 1 次，将它们齐同，

确定35日中甲到达7次，乙到达5次。将它们相加，为到达12次，用35日。这是说甲、乙一同出发的率。那么日数化为到达的次数，应当除以日数，所以以它作为法。以乙先出发的2日减7日，“减7日”，是说甲、乙同时出发，现在以同时出发为始发的开端，对于原本的道路里数就是余分。以其余数乘甲自长安到达齐的日数，作为实。7是长安至齐的距离之率，5是甲后来自长安出发时甲、乙相距之率。现在就甲后来自长安出发提问，所以舍去7而用5。以5乘甲自长安到达齐的日数5，为25日。所以说甲到达7次，乙到达5次，再考虑甲乙相距，就是用此25日。实除以法，便得到相逢的日数。甲1日行走全程的$\frac{1}{5}$，乙1日行走全程的$\frac{1}{7}$。将它们齐同，确定甲1日行走全程的$\frac{7}{35}$，乙1日行走全程的$\frac{5}{35}$。这就是齐到长安的全程35份，甲1日行走7份，乙1日行走5份。现在乙先行出发2日，已行走10份，余数是相距25份。所以减去乙先走的2日，使其余数相乘，为25份。

原典

今有一人一日为[①]牝瓦三十八枚，一人一日为牡瓦七十六枚。今令一人一日作瓦，牝、牡相半。问：成瓦几何？答曰：二十五枚少半枚。术曰：并牝、牡为法，牝、牡相乘为实，实如法得一枚。此意亦与凫雁同术。牝、牡瓦相并，犹如凫雁日飞相并也。按：此术，“并牝、牡为法”者，并齐之意[②]；“牝、牡相乘为实”者，犹以同为实也。故实如法即得也。

注释

① 为：制造。

② 是将齐相加之意。

译文

假设一人1日制造牝瓦38枚，一人1日制造牡瓦76枚。现在使一人造瓦1日，牝瓦、牡瓦各一半。问：制成多少瓦？答：$25\frac{1}{3}$枚。术：将一人1日制的牝瓦、牡瓦数相加，作为法，牝瓦、牡瓦数相乘，作为实，实除以法，得到枚数。此问的思路也与野鸭大雁的术文相同。牝瓦、牡瓦数相加，如同野鸭大雁飞的日数相加。按：此术中，“将一人1日制的牝瓦、牡瓦数相加，作为法”，是将齐相加之意，“牝瓦、牡瓦数相乘，作为实”，仍然是以同作为实。所以实除以法，就得到成瓦数。

原典

今有一人日矫矢[①]五十，一人一日羽矢[②]三十，一人一日筈矢[③]十五。今令一人一日自矫、羽、筈，问：成矢几何？答曰：八矢少半矢。术曰：矫矢五十，用徒一人；羽矢五十，用徒一人太半人；筈矢五十，用徒三人少半人。并之，得六人，以为法。以五十矢为实。实如法得一矢。按：此术言成矢五十，用徒六人，一日工也。此同工共作，犹凫、雁共至之类，亦以同为实，并齐为法。可令矢互乘一人为齐，矢相乘为同。今先令同于五十矢，矢同则徒齐，其归一也[④]。一以此术为凫雁者，当雁飞九日而一至，凫飞九日而一至七分至之二，并之，得二至七分至之二，以为法。以九日为实。一实如法而一，得一人日成矢之数也。

注释

① 矫矢：矫正箭。

② 羽矢：装箭翎。

③ 筈矢：装箭尾。

④ 刘徽指出，两种齐同方式，本质是一样的。

译文

假设 1 人 1 日矫正箭 50 枝，1 人 1 日装箭翎 30 枝，1 人 1 日装箭尾 15 枝。现在使 1 人 1 日自己矫正、装箭翎、装箭尾，问：1 日做成多少枝箭？答：$8\frac{1}{3}$枝箭。术：矫正箭 50 枝，用工 1 人；装箭翎 50 枝，用工 $1\frac{2}{3}$人；装箭尾 50 枝，用 $3\frac{1}{3}$人。将它们相加，得到 6 人，作为法。以 50 枝箭作为实。实除以法，得到成箭数。按：此术说成箭 50 枝，用工 6 人，是 1 日的工。这是同工共作类的问题，如同野鸭、大雁共同到达之类，如同野鸭、大雁共同到达之类，也是以同作为实，将齐相加作为法。又可以使矫正、装箭翎、装箭尾互乘 1 人，作为齐，箭的枝数相乘作为同。现在先将它们同于 50 枝箭，箭的枝数相同，则用工数应该分别与之相齐，其归宿是一样的。如果以此术处理野鸭、大雁问题，应当是大雁飞 9 日而到达 1 次，野鸭飞 9 日而到达 $1\frac{2}{7}$次。两者相加，得到 $2\frac{2}{7}$次，以它作为法。以 9 日作为实。实除以法，得 1 人 1 日成箭之数。

原典

今有假田[①]，初假之岁[②]三亩一钱，明年四亩一钱，后年五亩一钱。凡三岁得一百。问：田几何？答曰：一顷二十七亩四十七分亩之

注释

① 假田：指汉代租给贫民垦殖的土地。

② 初假之岁：第一年。

三十一。术曰：置亩数及钱数。令亩数互乘钱数，并以为法。亩数相乘，又以百钱乘之，为实。实如法得一亩按：此术令亩互乘钱者，齐其钱；亩数相乘者，同其亩，同于六十。则初假之岁得钱二十，明年得钱十五，后年得钱十二也。凡三岁得钱一百为所有数，同亩为所求率，四十七钱为所有率，今有之，即得也。齐其钱，同其亩，亦如凫雁术也。于今有术，百钱为所有数，同亩为所求率，并齐为所有率。臣淳风等按：假田六十亩，初岁得钱二十，明年得钱十五，后年得钱十二，并之得钱四十七，是为得田六十亩三岁所假。于今有术，百钱为所有数，六十亩为所求率，四十七为所有率，而今有之，即合问也。

译文

假设出租田地，第一年 3 亩 1 钱，第二年 4 亩 1 钱，第三年 5 亩 1 钱。三年共得 100 钱。问：出租的田是多少？答：1 顷 27 $\frac{31}{47}$亩。术：布置各年的亩数及钱数。使亩数互乘钱数，将它们相加，作为法。各年的亩数相乘，又以 100 钱乘之，作为实。实除以法，得出租田地的亩数。按：此术中，使亩数互乘钱数，是齐各年的钱；亩数相乘，是使它们的亩数相同，它们都同于 60。则第一年得 20 钱，第二年得 15 钱，第三年得 12 钱。三年共得到的 100 钱作为所有数，相同的亩数作为所求率，47 钱作为所有率，对其应用今有术，就得到田地的亩数。齐各年的钱数，使它们的亩数相同，亦如同野鸭大雁术。对于今有术，100 钱作为所有数，使它们的亩数相同作为所求率，将齐相加作为所有率。淳风等按：出租田地 60 亩，第一年得到 20 钱，第二年得到 15 钱，后年得到 12 钱，将它们相加，得到 47 钱，这就是得到 60 亩田地，是三年所出租的。对于今有术，100 钱为所有数，60 亩为所求率，47 钱为所有率，而对之应用今有术，即符合问题。

原典

今有程耕[①]，一人一日发[②]七亩，一人一日耕三亩，一人一日耰种[③]五亩。今令一人一日自发、耕、耰种之，问：治田几何？答曰：一亩一百一十四步七十一分步之六十六。术曰：置发、耕、耰亩数。令互乘人数，并，以为法。亩数相乘为实。实如法得一亩。此犹凫雁术也。臣淳风等谨按：此术亦[④]

注释

①程耕：标准的耕作量。

②发：开发，开垦。

③耰种：古代用以破碎土块、平整田地的农具。这里指播种后用耰平土，覆盖种子。

④亦：通“以”。

发、耕、耰种亩数互乘人者，齐其人；亩数相乘者，同其亩。故并齐为法，以同为实。计田一百五亩，发用十五人，耕用三十五人，种用二十一人，并之，得七十一工。治得一百五亩，故以为实。而一人一日所治，故以人数为法除之，即得也。

译文

假设按标准量耕作，1 人 1 日开垦 7 亩地，1 人 1 日耕 3 亩地，1 人 1 日播种 5 亩地。现在使 1 人 1 日自己开垦、耕地、播种之，问：整治的田地是多少？1 亩 114 $\frac{66}{71}$ 步。术：布置开垦、耕地、播种的亩数。使之互乘人数，相加，作为法。开垦、耕地、播种的亩数相乘，作为实。实除以法，得整治的亩数。此问如同野鸭大雁之术。淳风等按：此术中也用开垦、耕地、播种的亩数互乘人数，是为了使人相齐；开垦、耕地、播种的亩数相乘，是为了使亩数相同。所以将齐相加作为法，以同作为实。总计田地是 105 亩，开垦用 15 人，耕地用 35 人，播种用 21 人，将它们相加，得 71 工。整治了 105 亩，所以作为实。而要求 1 人 1 日所整治的亩数，所以以人数作为法除之，即得。

原典

今有池，五渠注之[①]。其一渠开之，少半日一满；次，一日一满；次，二日半一满；次，三日一满；次，五日一满。今皆决之[②]，问：几何日满池？答曰：七十四分日之十五。

术曰：各置渠一日满池之数，并，以为法。按：此术其一渠少半日满者，是一日三满也；次，一日一满；次，二日半满者，是一日五分满之二也；次，三日满者，是一日三分满之一也；次，五日满者，是一日五分满之一也；并之，得四满十五分满之十四也。以一日为实。实如法得一日。此犹矫矢之术也。先令同于一日，日同则满齐。自凫雁至此，其为同齐有二术焉，可随率宜也。其一术：各置日数及满数。令日互相乘满，并，以为法。日数相乘为实。实如法得一日。亦如凫雁术也。按：此其一渠少半日满池者，是一日三满池也；次，一日一满；次，二日半满者，是五日再满；次，三日一满；次，五日一满。此谓列置日数右行，及满数于左行。以日互乘满者，齐其满；日数相乘者，同其日。满齐而日同，故并齐以除同，即得也。

注释

① 五条水渠向里注水。

② 现在同时打开五条渠。

译文

假设有一水池，五条水渠向里注水。如果开启第一条渠，$\frac{1}{3}$日就注满 1 池；开启第二条渠，1 日就注满 1 池；开启第三条渠，$2\frac{1}{2}$日就注满 1 池；开启第四条渠，3 日就注满 1 池；开启第五条渠，5 日就注满 1 池。现在同时打开五条渠，问：多少日注满水池？答：$\frac{15}{74}$日。

术：分别布置各渠 1 日注满水池之数，相加，作为法。按：此术中，其第一条渠$\frac{1}{3}$日就注满 1 池，就是 1 日注满 3 池；第二条渠 1 日注满 1 池；第三条渠 $2\frac{1}{2}$日注满 1 池，就是 1 日注满$\frac{2}{5}$池；第四条渠 3 日注满 1 池，就是 1 日注满$\frac{1}{3}$池；第五条渠 5 日注满 1 池，就是 1 日注满$\frac{1}{5}$池；将它们相加，得 $4\frac{14}{15}$池。以 1 日作为实。实除以法，得到日数。此问如同矫正箭之术。先使它们同于 1 日，日数相同，则满池之数要分别与之相齐。自野鸭大雁问至此问，它们施行齐同的方式都有两种，可以根据计算的需要选择适宜的方式。另一术：分别布置日数及注满水池之数。使日数互相乘满池之数，相加，作为法。日数相乘作为实。实除以法，得到日数。也如同野鸭大雁之术。按：此术中，其第一条渠$\frac{1}{3}$日注满 1 池，就是 1 日注满 3 池；第二条渠 1 日注满 1 池；第三条渠 $2\frac{1}{2}$日注满 1 池，就是 5 日注满 2 池；第四条渠 3 日注满 1 池；第五条渠 5 日注满 1 池。这是说在右行布列日数，在左行布列满池之数。以日数互乘满池之数，是使满池之数分别与日数相齐；日数相乘，是使日数相同。满池之数分别与日数相齐，而日数相同，所以将齐相加，以它除同，就得到五渠共同注满一池的日数。

趣味数学题

61. 西方人把圣诞节视为最重要的节日。圣诞节前，约翰、彼得和罗伯一早就到市场去卖他们饲养的火鸡。这些火鸡重量相差无几，因此就论只来卖。其中约翰有 10 只，彼得有 16 只，罗伯有 26 只。早上三人卖价相同。中午饭后，由于三人都没卖完，又要赶在天黑前回家，只好降价出售，但三人的卖价仍然相同。黄昏时，他们的火鸡全部卖完。当清点钱时，他们惊奇地发现每个人都得到 56 英镑。想想看，为什么？他们上、下午的售价各是多少？每人上、下午各售出多少只火鸡？

原典

今有人持米出三关[①]，外关三而取一，中关五而取一，内关七而取一，余米五斗。问：本持米几何？答曰：十斗九升八分升之三。

术曰：置米五斗，以所税者三之，五之，七之，为实。以余不税者二、四、六相互乘为法。实如法得一斗。此亦重今有[②]也。“所税者”，谓今所当税之。定[③]三、五、七皆为所求率，二、四、六皆为所有率。置今有余米五斗，以七乘之，六而一，即内关未税之本米也。又以五乘之，四而一，即中关未税之本米也。又以三乘之，二而一，即外关未税之本米也。今从末求本，不问中间，故令中率转相乘而同之，亦如络丝术。又一术：“外关三而取一”，则其余本米三分之二也。求外关所税之余，则当置一，二分乘之，三而一。欲知中关，以四乘之，五而一。欲知内关，以六乘之，七而一。凡余分者，乘其母子，以三、五、七相乘得一百五，为分母，二、四、六相乘得四十八，为分子。约而言之，则是余米于本所持三十五分之十六也。于今有术，余米五斗为所有数，分母三十五为所求率，分子十六为所有率也。

今有人持金出五关，前关二而税一，次关三而税一，次关四而税一，次关五而税一，次关六而税一。并五关所税，适重一斤。问：本持金几何？答曰：一斤三两四铢五分铢之四。术曰：置一斤，通所税者以乘之，为实。亦通其不税者，以减所通，余为法。实免法得一斤。此意犹上术也。置一斤，“通所税者”，谓令二、三、四、五、六相乘为分母，七百二十也。“通其所不税者”，谓令所税之余一、二、三、四、五相乘为分子，一百二十也。约而言之，是为余金于本所持六分之一也。以子减母凡五关所税六分之五也。于今有术，所税一斤为所有数，分母六为所求率，分子五为所有率。此亦重今有之义。又，虽各有率，不问中间，故令中率转相乘而连除之，即得也。置一以为持金之本率，以税率乘之、除之，则其率亦成积分也。

注释

①此问及下一问都是持物出关问题，我们并为一组。

②重今有：即重今有术。

③定：确定。

译文

假设有人带着米出三个关卡，外关3份而征税1份，中关5份而征税1份，内关7份而征税1份，还剩余5斗米。问：本来带的米是多少？10斗$9\frac{3}{8}$升。

术：布置米5斗，以所征税者3、5、7乘之，作为实。以剩余不征税者2、4、6互相乘，作为法。实除以法，得米的斗数。这也是重今有术的意义。“所征税者”，是说现在所应当

征税的部分。确定 3、5、7 皆为所求率，2、4、6 皆为所有率。布置现有的剩余的米 5 斗，以 7 乘之，除以 6，则就是内关未征税时本来的米。又以 5 乘之，除以 4，则就是中关未征税时本来的米。又以 3 乘之，除以 2，则就是外关未征税时本来的米。现在从末求本，不考虑中间的，所以使中率辗转相乘而使它们通同之，也如同络丝术。又一术：“外关 3 份而征税 1 份”，则它的剩余是本来带的米的$\frac{2}{3}$。求外关征税的剩余，则应当布置 1，以 2 分乘之，除以 3。想知道中关征税后的剩余，以 4 乘之，除以 5。想知道中关征税后的剩余，以 6 乘之，除以 7。求总的剩余所占的分数，则使分母、分子分别相乘，以 3、5、7 相乘，得到 105，作为分母，以 2、4、6 相乘，得到 48，作为分子。约简地表示之，则是剩余的米是本来所带的米的$\frac{16}{35}$。对于今有术，剩余的米 5 斗为所有数，分母 35 为所求率，分子 16 为所有率。

假设有人带着金出五个关卡，前关 2 份而征税 1 份，第二关 3 份而征税 1 份，第三关 4 份而征税 1 份，第四关 5 份而征税 1 份，第五关 6 份而征税 1 份。五关所征税之和恰好重 1 斤。问：本来带的金是多少？答：1 斤 3 两 4$\frac{4}{5}$铢。术曰：布置 1 斤，通所应征税者，以其乘之，作为实。亦通其不应征税者，用以减通所应征税者，剩余作为法。实除以法，得到本来带的斤数。此术的思路如同上一术。布置 1 斤，“通所应征税者”，是说使 2、3、4、5、6 相乘作为分母，即 720。“连通所不应征税者”，是说使征税后剩余的 1、2、3、4，5 相乘作为分子，即 120。约简地表示之，这就是剩余的金是本来所带的金的$\frac{1}{6}$，以分子减分母，五关所征的税总计为$\frac{5}{6}$。对于今有术，所征的税 1 斤为所有数，分母 6 为所求率，分子 5 为所有率。这也是重今有术的意义。又，虽然都有各自的率，却不考虑中间的，所以使中率辗转相乘而连除之，即得其结果。布置 1，以作为所带金的本率，以其税率乘之、除之，则它的率也是分数的积累。

趣味数学题

62. 班里的45个同学在石老师的带领下到一个风景点春游。他们准备买票时，看见一块牌子上写着：“请游客购票：每张票票价 2 元；50 人或 50 人以上可以购买团体票，票价按八折优惠。”很多同学提出：“我们应该怎样买票比较合算？”石老师说：“这个问题问得好，看谁能计算出来。”

卷　七

盈不足[1]以御隐杂互见

（盈不足：处理隐杂互见的问题）

原典

今有共买物，人出八，盈三；人出七，不足四。问：人数、物价各几何？答曰：七人，物价五十三。

今有共买鸡，人出九，盈一十一；人出六，不足十六。问：人数、鸡价各几何？答曰：九人，鸡价七十。

今有共买琎[2]，人出半，盈四；人出少半，不足三。问：人数、琎价各几何？答曰：四十二人，琎价十七。

注云：“若两设有分者，齐其子，同其母。”此问两设俱见零分，故齐其子，同其母。又云：“令下维乘上，讫，以同约之。”不可约，故以乘，同之。

今有共买牛，七家共出一百九十，不足三百三十；九家共出二百七十，盈三十。问：家数、牛价各几何？答曰：一百二十六家，牛价三千七百五十。按此术并盈、不足者，为众家之差，故以为实。置所出率各以家数除之，各得一家所出率，以少减多者得一家之差。以除，即家数。以多率乘之，减盈，故得牛价也。

注释

①盈不足：中国传统数学的重要科目，“九数”之一，现今称之为盈亏类问题。

②琎：美石。

译文

假设共同买东西，如果每人出8钱，盈余3钱；每人出7钱，不足4钱。问：人数、物价各多少？答：人数是7人，物价是53钱。

假设共同买鸡，如果每人出9钱，盈余11钱；每人出6钱，不足16钱。问：人数、鸡价各多少？答：人数是9人，鸡价是70钱。

假设共同买琎，如果每人出$\frac{1}{2}$钱，盈余4钱；每人出$\frac{1}{3}$钱，不足3钱。问：人数、进价各多少？答：人数是42人，琎价是17钱。

注云：“如果两个假设中有分数，则使它们的分子相齐，使它们的分母相同”。这个问题中

两个假设都出现分数，所以要使它们的分子相齐，使它们的分母相同。注又云：“使下行与上行交叉相乘，以同约简之。”如果不可约简，就反过来以分母乘，使盈、朒相同。

假设共同买牛，如果 7 家共出 190 钱，不足 330 钱；9 家共出 270 钱，盈余 30 钱。问：家数、牛价各多少？答：126 家，牛价 3 750 钱。按：此术中，盈与不足相加，是所有家所出钱之差，所以作为实。布置所出率，分别以家数除之，各得每一家的所出率。以少减多，得一家所出钱之差。以它除之，就是家数。以所出率之多者乘之，减去盈，就得到牛价。

盈不足术及其发展

我国古代计算盈亏类问题的一种算术方法，“借有余、不足以求隐含之数”。本为《周礼》九数之一。“盈不足”算法需要给出两次假设，如果通过两次假设（分别各假设一个数），然后分别验算其盈余和不足的数量，这样任何算术问题都可以改造成为一个盈亏问题来解。因此盈不足术是中国数学史上解应用问题的一种别开生面的创造，它在我国古代算法中占有相当重要的地位。盈不足术还经过丝绸之路西传中亚阿拉伯国家，受到特别重视，被称为“契丹算法”，后来又传入欧洲，中世纪时期“双设法”曾长期统治了他们的数学王国。

在凯拉吉之后，公元 12 世纪的意大利数学家斐波那奇从阿拉伯人那里习得算学，著书《算经》。此书的第十三章讨论了两种“契丹算法”。斐波那奇在书中提到两种契丹算法，显然第一种契丹算法——“双设法”与凯拉吉的双设法相同，而第二种“契丹算法”即“盈不足术”，其中术语“试错”对应的是“所出率”，“假令”对应的是“不足”或“盈”。

根据斐波那奇在《计算之书》中的记载，把双设法与盈不足术都称为契丹算法。第一种契丹算法——双设法，与凯拉吉的双设法相同，而第二种契丹算法——盈不足术与中国古代的数学方法——盈不足术是相同的。在《计算之书》中，“契丹”正是当时西方对中国的称呼，由此很多学者认为双设法来源于中国。

趣味数学题

63. 一些割草人在两块草地上割草，大草地的面积比小草地大 1 倍。上午，全体割草人都在大草地上割草。下午他们对半分开，一半人留在大草地上，到傍晚时把剩下的草割完；另一半人到小草地上去割草，到傍晚时还剩下一小块没割完。这一小块地上的草第二天由一个割草人割完。假定每半天的劳动时间相等，每个割草人的工作效率也相等。问共有多少割草人？

九章算术

古法今观——中国古代科技名著新编

原典

盈不足术曰：置所出率，盈、不足各居其下。按盈者，谓之朓[①]，不足者，谓之朒[②]，所出率谓之假令。令维乘[③]所出率，并以为实。并盈、不足为法。实如法而一。盈朒维乘两设者欲为同齐之意[④]。

据“共买物，人出八，盈三；人出七，不足四”，齐其假令，同其盈朒，盈朒俱十二。通计齐则不盈不朒之正数，故可并之为实，并盈、不足为法。齐之三十二者，是四假令，有盈十二。齐之二十一者，是三假令，亦朒十二。并七假令合为一实，故并三、四为法。有分者，通之[⑤]。

若两设有分者，齐其子，同其母。令下维乘上，讫，以同约之。盈不足相与同其买物者[⑥]，置所出率，以少减多，余，以约法、实。实为物价，法为人数。所出率以少减多者，余谓之设差，以为少设。则并盈朒，是为定实。故以少设约定实，则法，为人数，适足之实故为物价[⑦]。盈、朒当与少设相通。不可遍约，亦当分母乘，设差为约法实。其一术曰：并盈、不足为实。以所出率以少减多，余为法。实如法得一人以所出率乘之，减盈、增不足即物价。

此术意谓盈不足为众人之差，以所出率以少减多，余为一人之差。以一人之差约众人之差，故得人数也。

注释

① 朓：本义是夏历月底月亮在西方出现。引申为盈，有余。

② 朒：本义是夏历月初月亮在东方出现。引申为不足。

③ 维乘：交叉相乘。此谓以盈、不足与两所出率交叉相乘。

④ 盈朒维乘两设者欲为同齐之意：将盈、朒与两设交叉相乘，是想做到齐同的意思。

⑤ 有分者，通之：如果有分数，就通分。

⑥ 盈不足相与同其买物者：如果使盈、不足相与通同，共同买东西的问题。

⑦ 以少设约定实，则法，为人数，适足之实故为物价：以少设的数量去除确定的实，即法，得到人数，去除适足之实，就得到物价。

译文

盈不足术：布置所出率，将盈与不足分别布置在它们的下面。按：盈称之为朓，不足称之为朒，所出率称之为假令。使盈、不足与所出率交叉相乘，相加，作为实。将盈与不足相加，作为法。实除以法，即得。使盈、朒与两假令交叉相乘，是为了同齐的意思。

根据“共同买东西，如果每人出8钱，盈余3钱；每人出7钱，不足4钱”，是使它们的假令相齐，使它

们的盈、朒相同，则盈、朒都是 12。通同之后计算齐，则就是既不盈也不朒的准确之数，所以可将它们相加，作为实；将盈、不足相加，作为法。将假令 8 通过齐变成 32，是 4 次假令，有盈 12。将假令 7 通过齐变成 21，是 3 次假令，朒也是 12。将 7 次假令合并成一个实，所以将 3 与 4 相加，作为法。

如果有分数，就将它们通分。如果两个假令中有分数，应当使它们的分子相齐，使它们的分母相同。使下行的盈、不足与上行的假令交叉相乘。完了，以同约简它们。如果使盈、不足相与通同，共同买东西的问题，布置所出率，以小减大，用余数除法与实。除实就得到物价，除法就得到人数。所出率中以小减大，其余数称为设差。将它看作少设的数量，那么将盈与朒相加，这就是确定的实。所以用少设的数量去除确定的实，即法，得到人数，去除适足之实，就得到物价。盈、朒应当与少设的数量相通。如果出现少设的数量不能都除尽的情形，也应当用分母乘，用设差去除法、实。

其一术：将盈与不足相加，作为实。所出率以小减大，以余数作为法。实除以法，得到人数。以所出率分别乘人数，或减去盈，或加上不足，就是物价。此术的思路是：盈与不足之和是众人所出钱数的差额，所出率以小减大，余数为一人所出钱数的差额。以一人的差额除众人的差额，所以得到人数。

盈不足术的特征

今有共买物，人出 a_1，盈 b_1，人出 a_2，不足 b_2，问人数、物价各多少？任何一个算术问题，假设一个答案，代入原题验算，都必定会出现盈、不足、适足这三种情况之一，两次假设，便成为一个盈不足问题，中国数学发展的早期，对复杂的问题常用这种两次假设的方法化成盈不足问题解决。这种方法对线性问题可以得出准确的答案，而对非线性问题只能得出近似解，这是《九章》的作者没有认识到的。

趣味数学题

64. 一个破车要走二千尺的路，上山及下山各一千尺，上山时平均速度每小时 15 千尺。问当它下山走第二个千尺的路时要多快才能达到平均速度为每小时 30 千尺，是 45 千尺吗？你可要考虑清楚了呦！

原典

今有共买金，人出四百，盈三千四百；人出二百，盈一百。问：人数、金价各几何？答曰：三十三人，金价九千八百。

今有共买羊，人出五，不足四十五；人出七，不足三。问：人数、羊价各几何？答曰：二十一人，羊价一百五十。

两盈、两不足术曰：置所出率，盈、不足各居其下[①]。令维乘[②]所出率，以少减多，余为实。两盈、两不足以少减多，余为法。实如法而一。有分者，通之。两盈两不足相与同其买物者，置所出率，以少减多，余，以约法、实，实为物价，法为人数。按：此术两不足者，两设皆不足于正数。其所以变化，犹两盈。而或有势同而情违者。当其为实，俱令不足维乘相减，则遗其所不足焉。故其余所以为实者，无朒数以损[③]焉。盖出而有余两盈，两设皆逾于正数。

注释

①各居其下：分别布置在它们的下面。

②维乘：交叉相乘。

③损：减损。

译文

假设共同买金，如果每人出400钱，盈余3400钱；每人出200钱，盈余100钱。问：人数、金价各多少？答：33人，金价9800钱。

假设共同买羊，如果每人出5钱，不足45钱；每人出7钱，不足3钱。问：人数、羊价各多少？答：21人，羊价150钱。

两盈、两不足术：置所出率，将两盈或两不足分别布置在它们的下面。使两盈或两不足与所出率交叉相乘，以小减大，余数作为实。两盈或两不足以小减大，余数作为法。实除以法，即得。如果有分数，就将它们通分。如果使两盈或两不足相与通同，共同买东西的问题，布置所出率，以小减大，用其余数除法、实。除实得到物价，除法得到人数。按：此术中的两不足，就是两次假令的结果皆小于准确的数。对之进行变换的原因，如同两盈的情形。而有时会出现态势相同而情理相反的情形。如果要将两次假令变为实，那就使两不足与它们交叉相乘，然后相减，那么留下的是其不足的部分。所以它的余数成为实的原因，就是此处没有不足的数进行减损。原来所出的结果都有余，就是两盈，即两次假令皆大于准确的数。

原典

假令与共买物，人出八，盈三；人出九，盈十。齐其假令，同其两盈。两盈俱三十。举齐则兼去[①]。其余所以为实者，无盈数。两盈以少减多，余为法。齐之八十者，是十假令，而凡盈三十者，是十，以三之[②]；齐之二十七者，是三假令，而凡盈三十者，是三，以十之[③]。今假令两盈共十、三，以三减十，余七为一实[④]。故令以三减十，余七为法。所出率以少减多，余谓之设差。因设差为少设，则两盈之差是为定实。故以少设约法得人数，约实即得金数[⑤]。

其一术曰：置所出率，以少减多，余为法。两盈、两不足以少减多，余为实。实如法而一，得人数。以所出率乘之，减盈、增不足，即物价。"置所出率，以少减多"，得一人之差。两盈、两不足相减，为众人之差。故以一人之差除之，得人数。以所出率乘之，减盈、增不足，即物价。

注释

① 举齐则兼去：实现了齐，那么两盈都可以消去。

② 是十，以三之：是10用3乘得到的。

③ 是三，以十之：是3用10乘得到的。

④ 今假令两盈共十、三，以三减十，余七为一实：现在由假令得到的两盈是10与3，以3减10，余数7成为一份实。

⑤ 以少设约法得人数，约实即得金数：以假令所少的除法就得到人数，除实就得到金数。

译文

假令共同买东西，如果每人出8钱，盈余3钱；每人出9钱，盈余10钱。使两假令相齐，使两盈相同。两盈都变成30钱，实现了齐那么两盈都可以消去。将齐的余数用来作为实的原因，是没有盈余的数。两盈以小减大，余数作为法。将假令8通过齐变成80，是10次假令，而总共盈30，是10用3乘得到的；将假令9通过齐变成27，是3次假令，而总共盈30，是3用10乘得到的。现在由假令得到的两盈是10与3，以3减10，余数7成为一份实。所以以3减10，余数7作为法。所出率以小减大，其余数称之为设差。因为设差就是假令所少的，则两盈之差就是定实。故以假令所少的除法就得到人数，除实就得到金数。

其一术：布置所出率，以小减大，余数作为法。两盈或两不足以小减大，余数作为实。实除以法，得到人数。分别用所出率乘人数，减去盈余，或加上不足，就是物价。"布置所出率，以小减大"，就是一人所出之差。两盈或两不足相减，是众人所出之差。所以以一人所出之差除众人所出之差，便得到人数。以所出率乘人数，减去盈余，或加上不足，就是物价。

趣味数学题

65. 某工厂生产一批玩具，完成任务的$\frac{3}{5}$后，又增加了280件，这样还需要做的玩具比原来的多10%。原来要做多少玩具？

原典

今有共买犬，人出五，不足九十；人出五十，适足[①]。问：人数、犬价各几何？答曰：二人，犬价一百。

今有共买豕，人出一百，盈一百；人出九十，适足。问：人数、豕价各几何？答曰：一十人，豕价九百。

盈适足、不足适足术曰：以盈及不足之数为实。置所出率，以少减多，余为法，实如法得一人。其求物价者，以适足乘人数，得物价。

此术意谓以所出率，"以少减多"者，余是一人不足之差[②]。不足数为众人之差。以一人差约之，故得人之数也。"以盈及不足数为实"者，数单见[③]，即众人差，故以为实。所出率以少减多，即一人差，故以为法。以除众人差得人数。以适足乘人数，即得物价也。

注释

① 适足：刚刚好。

② 余数就是一人的不足之差。

③ 是因为只出现这一个数。

译文

假设共同买狗，每人出5钱，不足90钱；每人出50钱，刚刚好。问：人数、狗价各多少？答：2人，狗价100钱。

假设共同买猪，每人出100钱，盈余100钱；每人出90钱，刚刚好。问：人数、猪价各多少？答：10人，猪价900。

盈适足、不足适足术：以盈或不足之数作为实。布置所出率，以小减大，余数作为法，实除以法，得人数。如果求物价，便以对应于适足的所出率乘人数，就得到物价。

此术的思路是说，所出率"以小减大"，那么余数就是一人的不足之差。而不足数是众人所出之差。以一人差除之，所以得到人数。"以盈或不足之数作为实"，是因为只出现这一个数，就是众人所出之差，所以以它作为实。所出率以小减大，是一人所出差，所以作为法。以它除众人所出之差，得人数。以对应于适足的所出率乘人数，即得到物价。

趣味数学题

66. 两个农妇带了 100 只鸡蛋去集市上出售。两人的鸡蛋数目不一样，赚得的钱却一样多。第一个农妇对第二个农妇说：“如果我有你那么多的鸡蛋，我就能赚 15 枚铜币。”第二个农妇回答说：“如果我有你那么多的鸡蛋，我就只能赚 2 枚铜币。”问两个农妇各带了多少只鸡蛋?

盈不足术的意义

数学发展起来之前，双设法是中世纪欧洲解决算术问题的一种主要方法，并导致了正负号（+，-）的创用。当时这种方法还有许多别的名称，如公式双假位法或迭借术，增损术或盈朒术等。公元 13 世纪意大利著名数学家 L. 斐波那奇在《算盘书》中说：“契丹法,阿拉伯名词。拉丁译文当为迭借法……亦可称增损术。”明确指出了这种方法的渊源。因此，可以认为，正是中国古代的盈不足术经由阿拉伯传入欧洲，在欧洲数学发展中起了重要的作用。明代之后，中国传统数学逐渐失传，西方数学陆续传入中国。李之藻与利玛窦共同编译《同文算指》10 卷（1613），载有双设法，译称“迭借互征”。于是，诞生于中国的盈不足术，经过一段漫长而曲折的道路，又重新回到了中国。

在现代数学中，求解线性方程已无须用盈不足术。但为计算高次数字方程或函数方程 $f(x)=0$ 的实根近似值，有时还要用到公式 $f(x)=0$。在代数学和近似计算中，这种方法一般称为弦截法或线性插。

原典

今有米在十斗桶中，不知其数。满中添粟而舂之，得米七斗。问：故米几何？答曰：二斗五升。术曰：以盈不足术求之。假令故米二斗，不足二升；令之三斗，有余二升。按：桶受一斛，若使故米二斗，须添粟八斗以满之。八斗得粝米四斗八升，课于七斗，是为不足二升。若使故米三斗，须添粟七斗以满之。七斗得粝米四斗二升，课于七斗[①]，是为有余二升。以盈、不足维乘假令之数者，欲为齐同之意。为齐同者，齐其假令，同其盈朒[②]。通计齐即不盈不朒之正数，故可以并之为实，并盈、不足为法。实如法，即得故米斗数，乃不盈不朒之正数也。

注释

① 与 7 斗米相比较。

② 整个地考虑齐，则就是既不盈也不朒之准确的数。

译文

假设有米在容积为 10 斗的桶中，不知道其数量。把桶中添满粟，然后舂成米，得到 7 斗米。问：原有的米是多少？答：2 斗 5 升。术曰：以盈不足术求解之。假令原来的米是2斗，那么不足2升；假令是3斗，则盈余2升。按：此桶能容纳1斛米，如果假令原来的米是2斗，必须添8斗粟才能盛满它，8斗粟能得到4斗8升粝米，与7斗米相比较，是不足2升。如果使原来的米是3斗，必须添7斗粟才能盛满它。7斗粟能得到4斗2升粝米，与7斗米相比较，是有盈余2升。以盈及不足与假令之数交叉相乘，是想使其符合齐同的意义。所谓齐同，就是使假令相齐，使其盈朒相同。整个地考虑齐，则就是既不盈也不朒之准确的数，所以可以将它们相加，作为实，将盈、不足相加作为法。实除以法，就得到原来的米的斗数，正是既不盈也不朒之准确的数。

原典

今有垣高九尺。瓜生其上，蔓[①]日长七寸；瓠[②]生其下，蔓日长一尺。问：几何日相逢？瓜、瓠各长几何？答曰：五日十七分日之五，瓜长三尺七寸一十七分寸之一，瓠长五尺二寸一十七分寸之一十六。术曰：假令五日，不足五寸；令之六日，有余一尺二寸。按："假令五日，不足五寸"者，瓜生五日，下垂蔓三尺五寸；瓠生五日，上延蔓五尺。课于九尺之垣，是为不足五寸。"令之六日，有余一尺二寸"者，若使瓜生六日，下垂蔓四尺二寸；瓠生六日，上延蔓六尺。课于九尺之垣，是为有余一尺二寸。以盈、不足维乘假令之数者，欲为齐同之意。齐其假令，同其盈朒。通计齐，即不盈不朒之正数，故可并以为实，并盈、不足为法。实如法而一，即设差不盈不朒之正数，即得日数。以瓜、瓠一日之长乘之，故各得其长之数也。

注释

① 蔓：细长而不能直立的茎。

② 瓠：蔬菜名，一年生草本，茎蔓生。

译文

假设有一堵墙，高9尺。一株瓜生在墙顶，它的蔓每日向下长7寸；又有一株瓠生在墙根，它的蔓每日向上长1尺。问：它们多少日后相逢？瓜与瓠的蔓各长多少？答：$5\frac{5}{17}$日相逢，瓜蔓长3尺$7\frac{1}{17}$寸，瓠蔓长5尺$2\frac{16}{17}$寸。术：假令5日相逢，不足5寸；假令6日相逢，盈余1尺2寸。按："假令5日相逢，不足5寸"，是因为瓜生长5日，向下垂伸的蔓是3尺5寸；瓠生长5日，向上延伸的蔓是5尺。与9尺高的墙相比较，这就是不足5寸。"假令6日相逢，盈余1尺2寸"，是因为如果使瓜生长6日，向下垂伸

的蔓是4尺2寸；瓠生长6日，向上延伸的蔓是6尺。与9尺高的墙相比较，这就是盈余1尺2寸。以盈及不足与假令之数交叉相乘，是想使其符合齐同的意义。所谓齐同，就是使假令相齐，使其盈朒相同。整个地考虑齐，则就是既不盈也不朒之准确的数，所以可以将它们相加，作为实，将盈、不足相加作为法。实除以法，就得到相逢日数。以瓜、瓠一日所长的尺寸乘日数，就分别得到它们所长的尺寸。

趣味数学题

67. 某人先向正北走32千米，再向正南走36千米，问以下哪些可能是正确的:

①他离出发点4千米；②他离出发点大于48千米；③他离出发点68千米；④他离出发点小于4千米；⑤他离出发点大于4千米且小于68千米。

原典

今有蒲[①]生一日，长三尺；莞[②]生一日，长一尺。蒲生日自半；莞生日自倍。问：几何日而长等？答曰：二日十三分日之六，各长四尺八寸一十三分寸之六。

术曰：假令二日，不足一尺五寸；令之三日，有余一尺七寸半。按："假令二日，不足一尺五寸"者，蒲生二日，长四尺五寸，莞生二日，长三尺，是为未相及一尺五寸，故曰不足。"令之三日，有余一尺七寸半"者，蒲增前七寸半，莞增前四尺，是为过一尺七寸半，故曰有余。

以盈、不足乘除之，又以后一日所长各乘日分子，如日分母而一者，各得日分子之长也。故各增二日定长，即得其数[③]。

注释

①蒲：香蒲，又称蒲草，多年生水草。

②莞：蒲草类水生植物，俗名水葱。

③所以各增加前两日所长的长度，就得到它们的长度数。

译文

假设有一株蒲，第一日生长3尺；一株莞第一日生长1尺。蒲的生长，后一日是前一日的$\frac{1}{2}$，莞的生长，后一日是前一日的2倍。问：过多少日它们的长才能相等？答：过$2\frac{6}{13}$日其长相等，各长4尺$8\frac{6}{13}$寸。

术：假令2日它们的长相等，则不足1尺5寸；假令3日，则有盈余1尺$7\frac{1}{2}$寸。按："假令2日它们的长相等，则不足 1 尺 5 寸”，是因为蒲生长 2 日，长是 4 尺 5 寸，莞生长 2 日，长是 3 尺，这时莞与蒲相差 1 尺 5 寸，所以说“不足”。“假令 3 日，则有盈余 1 尺 $7\frac{1}{2}$寸”，是因为蒲比前一日增长了 $7\frac{1}{2}$寸，莞比前一日增长了 4 尺，这就是莞超过蒲 1 尺 $7\frac{1}{2}$寸，所以说“有盈余”。

以盈不足术对之做乘除运算，即得日数。又以第三日蒲、莞所长的长度分别乘日数的分子，除以日数的分母，就分别得到第三日的分子所长的长度。所以各增加前两日所长的长度，就得到它们的长度数。

趣味数学题

68. 小华参加摩托车比赛，参加的选手与比赛场次一样多，任何两个选手只在一次比赛中相遇，每次比赛出场四人，问共有多少人参加?

原典

今有醇酒[①]一斗，直钱五十；行酒一斗，直[②]钱一十。今将钱三十，得酒二斗。问：醇、行酒各得几何？答曰：醇酒二升半，行酒一斗七升半。术曰：假令醇酒五升，行酒一斗五升，有余一十；令之醇酒二升，行酒一斗八升，不足二。据醇酒五升，直钱二十五；行酒一斗五升，直钱一十五。课于三十，是为有余十。据醇酒二升，直钱一十；行酒一斗八升，直钱一十八。课于三十，是为不足二。以盈不足术求之。此问已有重设及其齐同之意也[③]。

注释

① 醇酒：酒味醇厚的美酒。

② 直：通“值”。

③ 此问已经有双重假设及其齐同的思想。

译文

假设 1 斗醇酒值 50 钱，1 斗行酒值 10 钱。现在用 30 钱买 2 斗酒。问：醇酒、行酒各得多少？答：醇酒 2.5 升，行酒 1 斗 7.5 升。术：假令买得醇酒 5 升，那么行酒就是 1 斗 5 升，则有盈余 10 钱；假令买得醇酒 2 升，那么行酒就是 1 斗 8 升，则不足 2 钱。根据醇酒 5 升，值 25 钱；行酒是 1 斗 5 升，值 15 钱。与 30 钱相比较，这就是有盈余 10 钱。根据醇酒 2 升，值 10 钱；行酒 1 斗 8 升，值 18 钱。与 30 钱相比较，这就是有不足 2 钱。以盈不足术求之。此问已经有双重假设及其齐同的思想。

原典

今有大器五、小器一，容三斛；大器一、小器五，容二斛。问：大、小器各容几何？答曰：大器容二十四分斛之十三，小器容二十四分斛之七。术曰：假令大器五斗，小器亦五斗，盈一十斗；令之大器五斗五升小器二斗五升，不足二斗。按：大器容五斗，大器五容二斛五斗，以减三斛，余五斗，即小器一所容，故曰小器亦五斗。小器五容二斛五斗，大器一，合为三斛。课[①]于两斛，乃多十斗。令之大器五斗五升，大器五合容二斛七斗五升，以减三斛，余二斗五升，即小器一所容，故曰小器二斗五升。大器一容五斗五升，小器五合容一斛二斗五升，合为一斛八斗。课于二斛，少二斗。故曰不足二斗。以盈、不足维乘除之[②]。

注释

①课：相比较。

②以盈、不足作交叉相乘，并作除法，即得容积。

译文

假设有 5 个大容器、1 个小容器，容积共 3 斛；1 个大容器、5 个小容器，容积共 2 斛。问：大、小容器的容积各是多少？答：大容器的容积是$\frac{13}{24}$斛，小容器的容积是$\frac{7}{24}$斛。术：假令 1 个大容器的容积是 5 斗，1 个小容器的容积也是 5 斗，则盈余 10 斗；假令 1 个大容器的容积是 5 斗 5 升，1 个小容器的容积是 2 斗 5 升，则不足 2 斗。按：1 个大容器的容积是 5 斗，5 个大容器的容积就是 2 斛 5 斗，以减 3 斛，盈余 5 斗，这就是 1 个小容器的容积，所以说 1 个小容器的容积也是 5 斗。5 个小容器的容积是 2 斛 5 斗，与 1 个大容器合起来是 3 斛。与 2 斛相比较，就是多 10 斗。假令 1 个大容器的容积是 5 斗 5 升，5 个大容器的容积合起来就是 2 斛 7 斗 5 升，以减 3 斛，剩余 2 斗 5 升，这就是 1 个小容器的容积，所以说 1 个小容器的容积是 2 斗 5 升。1 个大容器的容积是 5 斗 5 升，5 个小容器的容积共是 1 斛 2 斗 5 升，合起来是 1 斛 8 斗。与 2 斛相比较，就是少 2 斗。所以说不足 2 斗。以盈、不足作交叉相乘，并作除法，即得容积。

现代农业耕作方式

郭守敬（1231—1316），字若思，汉族，顺德府邢台县（今河北省邢台县）人。元朝著名的天文学家、数学家、水利工程专家。

他主要的成就有：第一，主要著作《授时历》，发明正确的处理三次差内插法方

郭守敬

法：自隋代刘焯以来，天文学家使用二次差内插法来计算日、月等各种非均速的天体运动。但实际上唐代天文学家已发现，许多运动用二次差来计算是不够精确的，必须用到三次差，但关于三次差内插公式却一直没有找到，只能用一些近似公式来代替。《授时历》发明了称之为招差法的方法，解决了这个三百多年未能解决的难题。而且，招差法从原理上来说，可以推广到任意高次差的内插法，这在数据处理和计算数学上是个很大的进步。第二，发明弧矢割圆术：天文学上有所谓黄道坐标、赤道坐标、白道坐标等的球面坐标系统。现代天文学家运用球面三角学可以很容易地将一个坐标系统中的数据换算到另一个系统中去。中国古代没有球面三角学，古人是采用近似的代数计算方法来解决问题的。《授时历》采用的弧矢割圆术，将各种球面上的弧段投射到某个平面上，利用传统的勾股公式，求解这些投影线段之间的关系。再利用宋代沈括发明的会圆术公式，由线段反求出弧段长股关系的方法是完全准确的。它们与现今的球面三角学公式在本质上是一致的。

原典

今有玉方一寸，重七两；石方一寸，重六两。今有石立方三寸，中有玉，并重十一斤。问：玉、石重各几何？答曰：玉一十四寸，重六斤二两，石一十三寸，重四斤一十四两。

术曰：假令皆玉，多十三两；令之皆石，不足一十四两。不足为玉，多为石。各以一寸之重乘之，得玉、石之积重①。立方三寸是一面之方，计积②二十七寸。玉方一寸重七两，石方一寸重六两，是为玉、石重差一两。假令皆玉，合有一百八十九两。课于一十一斤，有余一十三两。玉重而石轻，故有此多。即二十七寸之中有十三寸，寸损一两，则以为石重，故言多为石。言多之数出于石以为玉。假令皆石，合有一百六十二两。课于一斤，少十四两。故曰不足。此不足即以重为轻，故令减少数于石重，即二十七寸之中有十四寸，寸增一两也。

注释

① 积重：重量。

② 积：体积。

译文

假如有玉一寸，重七两；石方一寸，重六两。现在有一个三寸见方的石头的立方体，中间夹有玉的成份，总共重约 11 斤。问：玉和石各重多少？答：玉是 14 立方寸，重 6 斤 2 两，石是 13 立方寸，重 4 斤 14 两。

术：假令这块石头都是玉，就多 13 两；假令都是石头，则不足 14 两。那么不足的数就是玉的体积，多的数就是石头的体积。各以它们1立方寸的重量乘之，便分别得到玉和石头的重量。3寸见方的立方是说一边长3寸，计算其体积是27立方寸。1寸见方的玉重7两，1寸见方的石头重6两，就是说1寸见方的玉与石头的重量之差是1两。假令这块石头都是玉，应该有189两重。与11斤相比较，有盈余13两。玉比较重而石头比较轻，所以才有此盈余。就是说27立方寸之中有13立方寸，如果每立方寸减损1两，就成为石头的重量，所以说多的数就是石头的体积。所说的多的数出自于把石头当作了玉。假令这块石头都是石头，应该有162两。与11斤相比较，少了14两，所以说不足。这个不足就是把重的作为轻的造成的，因而从石头的总重中减去少了的数，就是27立方寸之中有14立方寸，每立方寸增加1两。

趣味数学题

69. 说一个屋里有多张桌子，如果3个人一桌，多2个人。如果5个人一桌，多4个人。如果7个人一桌，多6个人。如果9个人一桌，多8个人。如果11个人一桌，正好。请问这屋里有多少人？

原典

今有善田一亩，价三百；恶田七亩[①]，价五百。今并买一顷，价钱一万。问：善、恶田各几何？答曰：善田一十二亩半，恶田八十七亩半。术曰：假令善田二十亩，恶田八十亩，多一千七百一十四钱七分钱之二；令之善田一十亩，恶田九十亩，不足五百七十一钱七分钱之三。按：善田二十亩，直钱六千；恶田八十亩，直钱五千七百一十四、七分钱之二。课[②]于一万，是多一千七百一十四、七分钱之二。令之善田十亩，直钱三千，恶田九十亩，直钱六千四百二十八、七分钱之四。课于一万，是为不足五百七十一、七分钱之三。以盈不足术求之也。

注释

①善田：良田。恶田：又称为“恶地”，贫瘠的田地。

②课：比较。

译文

假设1亩良田，价是300钱；7亩劣田，价是500钱。现在共买1顷田，价钱是10 000钱。问：良田、劣田各多少？答：良田是12.5亩，劣田是87.5亩。术：假令良田是20亩，劣田是80亩，则价钱多了$1714\frac{2}{7}$钱；假令良田是10亩，劣田是90亩，则价钱不足$571\frac{3}{7}$钱。按：良田20亩，值钱6000钱；劣田 80 亩，值钱 5714 $\frac{2}{7}$钱。与 10 000 钱相比较，这就是多了 1714 $\frac{2}{7}$钱。假令良田 10 亩，值钱 3000，劣田 90 亩，值钱 6428 $\frac{4}{7}$钱。与 10 000 钱相比较，这就是不足 571 $\frac{3}{7}$钱。以盈不足术求解之。

趣味数学题

70. 任意 5 个不相同的自然数，其中最少有 2 个数的差是 4 的倍数，这是为什么？

原典

今有人持钱之蜀贾[①]，利：十，三[②]。初返，归一万四千；次返，归一万三千；次返，归一万二千；次返，归一万一千；后返，归一万。凡五返归钱，本利俱尽。问：本持钱及利各几何？答曰：本三万四百六十八钱三十七万一千二百九十三分钱之八万四千八百七十六，利二万九千五百三十一钱三十七万一千二百九十三分钱之二十八万六千四百一十七。

术曰：假令本钱三万，不足一千七百三十八钱半；令之四万，多三万五千三百九十钱八分。按：假令本钱三万，并利为三万九千，除初返归留，余，又加利为三万二千五百；除二返归留，余，又加利为二万五千三百五十；除第三返归留，余，又加利为

注释

① 之蜀贾：到蜀地做买卖。

② 利：十，三：即利润是每 10，可得利息是 3。

译文

假设有人带着钱到蜀地做买卖，利润是每 10，可得利息是 3。第一次返回留下 14 000 钱，第二次返回留下 13 000 钱，第三次返回留下 12 000 钱，第四次返回留下 11 000 钱，最后一次返回留下 10 000 钱。第五次返回留下钱之后，本利俱尽。问：原本带的钱及利润各多少？答：本是 30 468 $\frac{84\,876}{371\,293}$钱，利是 29 531 $\frac{286\,417}{371\,293}$钱。

术：假令本钱是 30 000 钱，则不足是 1738 $\frac{1}{2}$钱；假令本钱是 40 000 钱，则多了 35 390 钱 8 分。按：假令本钱是 30 000 钱，加利润为 39 000 钱，减去第一次返回留下的钱，余数加利润为 32 500 钱；减去第二次返回留下的钱，余

一万七千三百五十五；除第四返归留，余，又加利为八千二百六十一钱半；除第五返归留，合一万钱，不足一千七百三十八钱半。若使本钱四万，并利为五万二千，除初返归留，余，加利为四万九千四百；除第二返归留，余，又加为利四万七千三百二十，除第三返归留，余，又加利为四万五千九百一十六；除第四返归留，余，又加利为四万五千三百九十钱八分；除第五返归留，合一万，余三万五千三百九十钱八分，故曰多。

又术：置后返归一万，以十乘之，十三而一，即后所持之本。加一万一千，又以十乘之，十二而一，即第四返之本。加一万二千，又以十乘之，十三而一，即第三返之本。加一万三千，又以十乘之，十三而一，即第二返之本。加一万四千，又以十乘之，十三而一，即初持之本。并五返之钱以减之，即利也。

数又加利润为 25 350 钱；减去第三次返回留下的钱，余数又加利润为 17 355 钱；减去第四次返回留下的钱，余数又加利润为 $8261\frac{1}{2}$钱；减去第五次返回留下的钱，应当为 10 000 钱，则不足 $1738\frac{1}{2}$钱。若本钱为 40 000 钱，加利润为 52 000 钱，减去第一次返回留下的钱，余数加利润为 49 400 钱；减去第二次返回留下的钱，余数又加利润为 47 320 钱；减去第三次返回留下的钱，余数又加利润为 45 916 钱；减去第四次返回留下的钱，余数又加利润为 45 390 钱 8 分；减去第五次返回留下的钱，应当为 10 000 钱，盈余是 35 390 钱 8 分，所以叫作多。

又术：布置最后一次返回留下的 10 000 钱，乘以 10，除以 13，就是最后一次所带的本钱。加 11 000 钱，又乘以 10，除以 12，就是第四次所带的本钱。加 12 000 钱，又乘以 10，除以 13，就是第三次所带的本钱。加 13 000 钱，又乘以 10，除以 13，就是第二次所带的本钱。加 14 000 钱，又乘以 10，除以 13，就是初次所带的本钱。将五次返回所留下的钱相加，以此减之，就是利润。

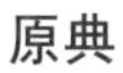

原典

今有垣厚五尺，两鼠对穿。大鼠日一尺，小鼠亦日一尺。大鼠日自倍[①]，小鼠日自半[②]。问：几何

注释

① 日自倍：后一日所穿是前一日的 2 倍，则各日所穿是以 2 为公比的递升等比数列。

② 日自半：后一日所穿是前一日的$\frac{1}{2}$倍，则各日所穿是以$\frac{1}{2}$为公比的递减等比数列。

日相逢？各穿几何？

答曰：二日一十七分日之二。大鼠穿三尺四寸十七分寸之一十二，小鼠穿一尺五寸十七分寸之五。术曰：假令二日，不足五寸；令之三日，有余三尺七寸半。大鼠日倍，二日合穿三尺；小鼠日自半，合穿一尺五寸，并大鼠所穿，合四尺五寸。课于垣厚五尺，是为不足五寸。令之三日，大鼠穿得七尺，小鼠穿得一尺七寸半，并之，以减垣厚五尺，有余三尺七寸半。以盈不足术求之，即得。以后一日所穿乘日分子，如日分母而一，即各得日分子之中所穿。故各增二日定穿，即合所问也。

译文

假设有一堵墙，5尺厚，两只老鼠相对穿洞。大老鼠第一日穿1尺，小老鼠第一日也穿1尺。大老鼠每日比前一日加倍，小老鼠每日比前一日减半。问：它们几日相逢？各穿多长？

答：$2\frac{2}{17}$日相逢，大老鼠穿3尺$4\frac{12}{17}$寸，小老鼠穿1尺$5\frac{5}{17}$寸。术：假令两鼠2日相逢，不足5寸；假令3日相逢，有盈余3尺$7\frac{1}{2}$寸。大老鼠每日比前一日加倍，2日应当穿3尺；小老鼠每日比前一日减半，那么2日应当穿1尺5寸。加上大老鼠所穿的，总共应当是4尺5寸。与墙厚5尺相比较，这就是不足5寸。假令3日相逢，大老鼠穿7尺，小老鼠穿1尺$7\frac{1}{2}$寸。两者相加，以减墙厚5尺，有盈余3尺$7\frac{1}{2}$寸，以盈不足术求解之，即得相逢日数。以最后一日两鼠所穿分别乘该日的分子，除以该日的分母，各得两鼠该日的分子之中所穿的长度。所以以它们分别加2日所穿的长度，就符合所问的问题。

趣味数学题

71. 给8个学生发铅笔。每人5支还剩下一些，每人6支又不够。剩下的和不够的同样多，问：总共有多少支铅笔？

卷 八

方程①以御错糅②正负

（方程：处理交错混杂及正负问题）

原典

今有上禾③三秉，中禾二秉，下禾一秉，实三十九斗；上禾二秉，中禾三秉，下禾一秉，实三十四斗；上禾一秉，中禾二秉，下禾三秉，实二十六斗。问：上、中、下禾实一秉各几何？答曰：上禾一秉九斗四分斗之一，中禾一秉四斗四分斗之一，下禾一秉二斗四分斗之三。

方程程，课程也。群物总杂，各列有数，总言其实。令每行为率④，二物者再程，三物者三程，皆如物数程之，并列为行，故谓之方程。行之左右无所同存，且为有所据而言耳⑤。此都术也，以空言难晓，故特系之禾以决之。又列中、左行如右行也。

注释

① 方程：中国传统数学的重要科目，“九数”之一，即今之线性方程组解法，与今之“方程”的含义不同。今之方程古代称为开方。

② 错糅：就是交错混杂。

③ 禾：粟，今之小米。

④ 令每行为率：是说每一个数量关系构成一个有顺序的整体，并投入运算，类似于今之线性方程组中之行向量的概念。

⑤ 行之左右无所同存，且为有所据而言耳：刘徽在此指出，方程中没有等价的行，同时，每一行都是有根据的。

译文

假设有 3 捆上等禾，2 捆中等禾，1 捆下等禾，共 39 斗实；2 捆上等禾，3 捆中等禾，1 捆下等禾，共 34 斗实；1 捆上等禾，2 捆中等禾，3 捆下等禾，共 26 斗实。问：1 捆上等禾、1 捆中等禾、1 捆下等禾的实各是多少？答：1 捆上等禾 $9\frac{1}{4}$斗，1 捆中等禾 $4\frac{1}{4}$斗，1 捆下等禾 $2\frac{3}{4}$斗。

方程程，就是求解其标准。各种物品混杂在一起，各列都有不同的数，总的表示出它们的实。使每行作为率，两个物品有二程，三个物品有三程，程的多少都与物品的种数相等。把各列并列起来，就成为行，所以叫作方程。某行的左右不能有等价的行，而且都是有所根据而表示出来的。这是一种普遍方法，因为太抽象的表示难以使人通晓，所以特地将它与禾联系起来以解决之。又像右行那样列出中行、左行。

原典

术曰：置上禾三秉，中禾二秉，下禾一秉，实三十九斗于右方。中、左禾列如右方。以右行上禾遍乘[①]中行，而以直除。为术之意，令少行减多行，返覆相减，则头位必先尽。上无一位，则此行亦阙一物矣。然而举率以相减，不害余数之课也[②]。若消去头位，则下去一物之实。如是叠[③]令左右行相减，审其正负，则可得而知。先令右行上禾乘中行，为齐同之意。为齐同者，谓中行直减右行也[④]。从简易虽不言齐同，以齐同之意观之，其义然矣[⑤]。又乘其次，亦以直除。复去左行首。然以中行中禾不尽者遍乘左行，而以直除。亦令两行相去行之中禾也。左方下禾不尽者，上为法，下为实。实即下禾之实。上、中禾皆去，故余数是下禾实，非但一秉。

欲约众秉之实，当以禾秉数为法。列此，以下禾之秉数乘两行，以直除，则下禾之位皆决[⑥]矣。各以其余一位之秉除其下实。即计数矣，用算繁而不省[⑦]。所以别为法，约也。然犹不如自用其旧，广异法也[⑧]。求中禾，以法乘中行下实，而除下禾之实。

注释

①遍乘：整个地乘，普遍地乘。

②举率以相减，不害余数之课也：方程的行与行相减，不影响方程的解。

③叠：重复，重叠。

④为齐同者，谓中行直减右行也：为了做到齐同，就是说应当从中行对减去右行。

⑤以齐同之意观之，其义然矣：不过以齐同的意图考察之，其意义确实是这样。

⑥皆决：即皆去。

⑦即计数矣，用算繁而不省：那么统计用算的次数，运算太烦琐而不简省。

⑧然犹不如自用其旧，广异法也：然而这种方法还不如仍用其旧法，不过，这是为了扩充不同的方法。

译文

术：在右行布置3捆上等禾，2捆中等禾，1捆下等禾，共39斗实。中行、左行的禾也如右行那样

列出。以右行的上等禾的捆数乘整个中行，而以右行与之对减。造术的意图是，数值小的行减数值大的行，反复相减，则头位必定首先减尽。上面没有了这一位，则此行就去掉了一种物品。然而用整个的率互相减，其余数不影响方程的解。若消去了这一行的头位，则下面也去掉一种物品的实。像这样，反复使左右行相减，考察它们的正负，就可以知道它们的结果。先使右行上等禾的捆数乘整个中行，意图是要让它们齐同。为了做到齐同，就是说应当从中行对减去右行。遵从简易的原则，虽然不叫作齐同，不过以齐同的意图考察之，其意义确实是这样。又以右行上禾的捆数乘下一行，亦以右行对减。再消去左行头一位。然后以中行的中等禾没有减尽的捆数乘整个左行，而以中行对减。又使中、左两行相消除去左行的中等禾。左行的下等禾没有减尽的，上方的作为法，下方的作为实。这里的实就是下等禾之实。左行的上等禾、中等禾皆消去了，所以余数就是下等禾之实，但不是1捆的。

想约去众多的捆的实，应当以下等禾的捆数作为法。列出这一行，以下等禾的捆数乘另外两行，以左行对减，则这两行下等禾位置上的数就都被消去了。分别以各行余下的一种禾的捆数除下方的实。那么统计用算的次数，运算太烦琐而不简省。创造别的方法，是为了约简。然而这种方法还不如仍用其旧法，不过，这是为了扩充不同的方法。如果要求中等禾的实，就以左行的法乘中行下方的实，而减去下等禾之实。

原典

此谓中两禾实[①]，下禾一秉实数先见，将中秉求中禾[②]，其列实以减下实[③]。而左方下禾虽去一秉，以法为母，于率不通[④]。故先以法乘，其通而同之[⑤]。俱令法为母，而除下禾实[⑥]。以下禾先见之实令乘下禾秉数，即得下禾一位之列实[⑦]。减于下实，则其数是中禾之实也[⑧]。余，如中禾秉数而一，即中禾之实[⑨]。余，中禾一位之实也。故以一位秉数约之，乃得一

注释

① 中两禾实：即中行的中、下两种禾之实。

② 下禾一秉实数先见，将中秉求中禾：1捆下等禾的实数已先显现出来了，那么就中等禾的捆数求中等禾的实。

③ 其列实以减下实：就用它（下禾）的列实去减中行下方的实。

④ 左方下禾虽去一秉，以法为母，于率不通：虽可以减去左行捆下等禾的实，可是以法作为分母，对于率不能通达。

⑤ 其通而同之：使其通达而做到同。

⑥ 俱令法为母，而除下禾实：都以左行的法作为分母，而减去下等禾的实。

秉之实也。求上禾，亦以法乘右行下实，而除下禾、中禾之实。此右行三禾共实，合三位之实，故以二位秉数约之，乃得一秉之实[⑩]。今中、下禾之实，其数并见，令乘右行之禾秉以减之，故亦如前，各求列实，以减下实也。余，如上禾秉数而一，即上禾之实[⑪]。实皆如法，各得一斗[⑫]。三实同用。不满法者，以法命之。母、实皆当约之。

⑦ 以下禾先见之实令乘下禾秉数，即得下禾一位之列实：以左行下等禾先显现的实乘中行下等禾的捆数，就得到下等禾一位的列实。

⑧ 减于下实，则其数是中禾之实也：以它去减中行下方的实，则其余数就是中等禾之实。

⑨ 余，如中禾秉数而一，即中禾之实：中禾之余实除以中行的中禾的秉数。

⑩ 乃得一秉之实：就得到1秉一种禾的实。

⑪ 余，如上禾秉数而一，即上禾之实：其余数，除以上等禾的捆数，就是1捆上等禾之实。

⑫ 实皆如法，各得一斗：这就是实皆除以法，分别得1捆的斗数。

译文

这是说中行有中等、下等两种禾的实，而1捆下等禾的实数已先显现出来了，那么就中等禾的捆数求中等禾的实，就用下禾的列实去减中行下方的实。虽可以减去左行1捆下等禾的实，可是以法作为分母，对于率不能通达。所以先以左行的法乘中行下方的实，使其通达而做到同。都以左行的法作为分母，而减去下等禾的实。以左行下等禾先显现的实乘中行下等禾的捆数，就得到下等禾一位的列实。以它去减中行下方的实，则其余数就是中等禾之实。它的余数，除以中等禾的捆数，就是1捆中等禾的实。余数是中等禾这一种物品的实。所以以它的捆数除之，就得到1捆中等禾的实。如果要求上等禾的实，也以左行的法乘右行下方的实，而减去下等禾、中等禾的实。这右行是三种禾共有的实，是三种物品的实之和，所以去掉两种物品的捆数，就得到一种的实。现在中等禾、下等禾的实，它们的数量都显现出来了，便以它们乘右行中相应的禾的捆数，以减下方的实，所以也像前面那样，分别求出中等禾、下等禾的列实，以它们减下方的实。其余数，除以上等禾的捆数，就是1捆上等禾之实。这就是实皆除以法，分别得1捆的斗数。三个实被同样地使用。如果实有不满法的部分，就以法命名一个分数。分母、分子都应当约简。

方程的发展

自宋以来，直到20世纪，关于方程的含义多有误解，比如将“方”理解成方形、方阵、正、比、比方等；将“程”理解成式、表达式等。这都是望文生义。方程：本义是并而程之。方，并也。《说文解字》：“方，并船也。像两舟，省总头形。”程：本义是度量名，引申为做事的标准。《荀子·致仕》：“程者，物之准也。”《九章算术》“冬（春、夏、秋）程人功”“程功”“程行”“程粟”等等皆指标准度量。因此，方程就是并而程之，即将诸物之间的几个数量关系并列起来，考察其度量标准。将一个个数量关系并列在一起，像一支支竹筏并在一起。显然，刘徽的定义完全符合《九章算术》方程的本义。一个数量关系排成有顺序的一行，像一支竹或木棍，一行行并列起来，恰似一条竹筏或木筏，这正是方程的形状。李籍云：“方者，左右也。程者，课率也。左右课率，总统群物，故曰方程。”李籍的说法接近本义。《仪礼·大射礼》：“左右曰方。”郑玄注：“方，出旁也。”应该是由“并”引申出来的。方程：中国传统数学的重要科目，“九数”之一，即今之线性方程组解法，与今之“方程”的含义不同。今之方程古代称为开方。1859年李善兰与传教士伟烈亚力合译棣么甘的《代数学》时，将 equation 译作“方程”，1872年华蘅芳与传教士傅兰雅合译华里司的《代数术》时将 equation 译作“方程式”。华蘅芳在《学算笔谈》等著作中“方程”与“方程式”并用，前者仍是《九章算术》本义，后者指 equation。1934年数学名词委员会确定用“方程（式）”表示 equation，用“线性方程组”表示中国古代的“方程”。1950年傅钟孙力主去掉“式”字，1956年科学出版社出版的《数学名词》去掉了“式”字，最终改变了“方程”的本义。

趣味数学题

72. 有同样大小的红、白、黑三种球共160个，现在按5个红的、3个白的、1个黑的顺序排列起来。在这160个球中，红、白、黑三种球各有多少个?

原典

今有上禾七秉，损实一斗，益之下禾二秉，而实一十斗；下禾八秉，益实一斗，与上禾二秉，而实一十斗。问：上、下禾实一秉各几何？答曰：上禾一秉实一斗五十二分斗之一十八，下禾一秉实五十二分斗之四十一。术曰：如方程。损之曰益，益之曰损[①]。问者之辞虽[②]？今按：实云上禾七秉、下禾二秉，实一十一斗；上禾二秉、下禾八秉，实九斗也。“损之曰益”，言损一斗，余当一十斗。今欲全其实，当加所损也。“益之曰损”，言益实以一斗，乃满一十斗。今欲知本实，当减所加，即得也。损实一斗者，其实过一十斗也；益实一斗者，其实不满一十斗也。重谕损益数者，各以损益之数损益之也。

注释

① 损之曰益，益之曰损：在此处减损某量，也就是说在彼处增益同一个量，在此处增益某量，也就是说在彼处减损同一个量。损益是建立方程的一种重要方法。损之曰益：是说关系式一端减损某量，相当于另一端增益同一量。益之曰损：是说关系式一端增益某量，相当于另一端减损同一量。

② 问者之辞虽：提问者的话是什么意思呢？

译文

假设有 7 捆上等禾，如果它的实减损 1 斗，又增益 2 捆下等禾，而实共是 10 斗；有 8 捆下等禾，如果它的实增益 1 斗，与 2 捆上等禾，而实也共是 10 斗。问：1 捆上等禾、下等禾的实各是多少？答：1 捆上等禾的实 $1\frac{18}{52}$ 斗，1 捆下等禾的实 $\frac{41}{52}$ 斗。术：如同方程术那样求解。在此处减损某量，也就是说在彼处增益同一个量，在此处增益某量，也就是说在彼处减损同一个量，提问者的话是什么意思呢？今按：这实际上是说，7 捆上等禾、2 捆下等禾，实是 11 斗；2 捆上等禾、8 捆下等禾，实是 9 斗。“在此处减损某量，也就是说在彼处增益同一个量”，是说实减损 1 斗，余数应当是 10 斗。今想求它的整个实，应当加所减损的数量。“在此处增益某量，也就是说在彼处减损同一个量”，是说实增益 1 斗，才满 10 斗。今想知道本来的实，应当减去所增加的数量，就得到了。“它的实减损 1 斗”，就是它的实超过 10 斗的部分；“它的实增益 1 斗”，就是它的实不满 10 斗的部分。再一次申明减损增益的数量，就是各以减损增益的数量对之减损增益。

方程的解法原理：损益术

损益之说本是先秦哲学家的一种辩证思想。《周易·损》：“损下益上，其道上行。”《老子·四十二章》：“物或损之而益，或益之而损。”其他学者也经常用到“损益”。《九章算术》的编纂者借用“损益”这一术语，仍是增减的意思，与《老子》之说十分接近，当然其含义稍有不同。

老 子

损益术是通过移项建立方程的方法。就是，在等式一端损，相当于在另一端益；在等式一端益，相当于在另一端损。有时既损益常数项，也损益未知数。

损益术还包括今之合并同类项。

趣味数学题

73. 甲、乙、丙、丁 4 个数的平均数为 20，若把其中一个数改为 30，则这 4 个数的平均值为 25，这个数原来是多少？

原典

今有上禾二秉，中禾三秉，下禾四秉，实皆不满斗。上取中、中取下、下取上各一秉而实满斗。问：上、中、下禾实一秉各几何？答曰：上禾一秉实二十五分斗之九，中禾一秉实二十五分斗之七，下禾一秉实二十五分斗之四。术曰：如方程。各置所取[①]。置上禾二秉为右行之上，中禾三秉为中行之中，下禾四秉为左行之下。所取一秉及实一斗各从其位[②]。

注释

① 分别布置所借取的数量。

② 每行所借取的 1 捆及实 1 斗都遵从自己的位置。

译文

假设有 2 捆上等禾，3 捆中等禾，4 捆下等禾，它们各自的实都不满 1 斗。如果上等禾借取中等禾、中等禾借取下等禾、下等禾借取上等禾各 1 捆，则它们的实恰好都满 1 斗。问：1 捆上等禾、中等禾、下等禾的实各是多少？答：1 捆上等禾的实是$\frac{9}{25}$斗，1 捆中等禾的实是$\frac{7}{25}$斗，1 捆下等禾的实是$\frac{4}{25}$斗。术：如同方程术那样求解。分别布置所借取的数量。布置上等禾的捆数 2 为右行的上位，中等禾的捆数 3 为中行的中位，下等禾的捆数 4 为左行的下位。每行所借取的 1 捆及实 1 斗都遵从自己的位置。

原典

诸行相借取之物，皆依此例。以正负术入之[①]。正负术[②]曰：今两算得失相反，要令正负以名

注释

① 以正负术入之：将正负术纳入其解法。

② 正负术：即正负数加减法则。

之[③]。正算赤，负算黑。否则以邪正为异。方程自有赤、黑相取，法、实数相推求之术，而其并减之势不得广通，故使赤、黑相消夺[④]之。于算或减或益，同行异位殊为二品，各有并、减之差见于下焉。着此二条[⑤]，特系之禾以成此二条之意。故赤、黑相杂[⑥]足以定上下之程，减、益虽殊足以通左右之数，差、实虽分足以应同异之率。然则其正无人以负之[⑦]负无人以正之[⑧]，其率[⑨]不妄也。如，同名相除[⑩]，此为以赤除赤，以黑除黑。行求相减[⑪]者，为去头位[⑫]也。然则头位同名者当用此条[⑬]；头位异名者当用下条[⑭]。异名相益[⑮]，益行减行，当各以其类矣[⑯]。其异名者，非其类也。

③ 这是刘徽的正负数定义。它表示，正数与负数是互相依存的，相对的。正数相对于负数而言为正数，负数相对于正数而言为负数。因此，正数与负数可以互相转化，已经摆脱了以盈为正、以欠为负的素朴观念。

④ 消夺：指相消与夺位两种运算。相消是以某数消减另一个数。如果将该数相消化为0，则就是夺，即夺其位。

⑤ 二条：指正负数加法法则与正负数减法法则。

⑥ 赤、黑相杂：指方程的一行中正负数相杂。

⑦ 正无人以负之：正的算数如果无偶，就变成负的。

⑧ 负无人以正之：负的算数如果无偶，就变成正的。

⑨ 这里“率”也指计算方法。

⑩ 同名相除：相减的两个数如果符号相同，则它们的数值相减。

⑪ 相减：这里指相加减，偏词复义。

⑫ 为去头位：为的是消去头位。

⑬ 此条：指正负数减法法则中的“同名相除”。

⑭ 下条：指下文正负数减法法则中的“异名相益”。

⑮ 异名相益：相减的两个数如果符号不同，则它们的数值相加。

⑯ 益行减行，当各以其类矣：两行相加或相减，都应当分别依据它们的类别。

译文

凡是各行之间有互相借取物品的问题，皆依照此例。将正负术纳入之。正负术：如果两个算数所表示的得与失是相反的，必须引入正负数以命名之。正的算数用红筹，负的算数用黑筹。否则就用邪筹与正筹区别它们。方程术自有

红算数与黑算数互相借取，法与实的数值互相推求的方法，然而它们相加、相减的态势不能广泛通达，所以使红算数与黑算数互相消减夺位。减夺位与减损增益使之成为一种物品的实。一种术最根本的是要抓住其关键。方程术中必定要消去某一行的首位，至于其他位，不管是多少，所以有时是它们相减，有时是它们相加，不论符号是相同还是不同，原理都是一样的。正数如果无偶，就变成负的，负数如果无偶，就变成正的。

原典

非其类者，犹无对也，非所得减也[①]。故赤用黑对则除，黑[②]。无对则除，黑。黑用赤对则除，赤[③]。无对则除，赤[④]。赤、黑并于本数。此为相益之[⑤]，皆所以为消夺。消夺之与减益成一实[⑥]也。术本取要，必除行首，至于他位，不嫌多少，故或令相减，或令相并，理无同异而一也。正无人负之[⑦]，负无人正之[⑧]。无人，为无对也。无所得减，则使消夺者居位也。其当以列实或[⑨]减下实，而行中正、负杂者亦用此条[⑩]。此条者，同名减实、异名益实，正无人负之，负无人正之也。其异名相除[⑪]，同名相益[⑫]，正无人正之，负无人负之[⑬]。此条“异名相除”为例，故亦与上条互取。凡正负所以记其同异，使二品互相取而已[⑭]矣。言负者未必负于少，言正者未必正于多[⑮]。故每一行之中虽

注释

① 非其类者，犹无对也，非所得减也：不是它那一类的，就好像是没有。对减的数，则就不可以相减了。无对：没有相对的数。这是说在建立正负数加减法则之前正负数是无法相加减的。

② 故赤用黑对则除，黑：红算数如果用黑算数作对减的数，则得黑算数。

③ 黑用赤对则除，赤：黑算数如果用红算数对减，则得红算数。

④ 无对则除，赤：如果黑算数没有与之对减的数，也得红算数。

⑤ 之：语气词。

⑥ 消夺之与减益成一实：此谓通过消夺减益化成一种物品的实。

⑦ 正无人负之：《九章算术》的术文是说，正数没有与之对减的数，则为负数。

⑧ 负无人正之：《九章算术》的术文是说，负数没有与之对减的数，则为正数。

⑨ 或：与“有”通。

⑩ 此条：指正负数减法法则。

⑪ 其异名相除：如果两者是异号的，则它们的数值（这里是绝对值）相减。

⑫ 同名相益：如果相加的两者是同号的，则它们的数值（这里是绝对值）相加。

复赤黑异算无伤。然则可得使头位常相与异名⑯。此条之实兼通矣，遂以二条返覆一率。观其每与上下互相取位，则随算而言耳，犹一术也。又，本设诸行，欲因成数以相去耳，故其多少无限，令上下相命而已。若以正负相减，如数有旧增法者，每行可均之⑰，不但数物左右之⑱也。

⑬ 负无人负之：如果负数没有与之相加的，则为负数。

⑭ 使二品互相取而已：只是使两种物品互取而已。

⑮ 刘徽在此再一次阐明正数与负数是相对的，就其绝对值而言，正的未必就大，负的未必就小。

⑯ 刘徽指出，在一行中，赤算统统变成黑算，黑算统统变成赤算，其数量关系不变。因此，可以将用来消元的两行的头位变成互相异号，以使它们相加。

⑰ 如数有旧增法者，每行可均之：如一行诸数中有原来的法的重叠，那么这一行可以自行调节。

⑱ 不但数物左右之：不只是对各物品的数量利用左右行相消。

译文

无偶，就是没有与之对减的数。没有能够被减的，则就使用来消减的数居于这个位置。那些应当以列实去减下方的实的，以及一行中正负数相错杂的，也应当应用这一条。这一条就是，同符号的就减实、不同符号的就加实，正数如果无偶就变成负数，负数如果无偶就变成正数。相加的两个数如果符号不相同，则它们的数值相减，相加的两个数如果符号相同，则它们的数值相加，正数如果无偶就是正数，负数如果无偶就是负数。这一条以“相加的两个数如果符号不相同，则它们的数值相减”为例，所以也与上一条互取。凡是正负数所以记出它们的同号异号，只是使两种物品互取而已。表示成负的，负的其数值未必就小，表示成正的，正的其数值未必就大。所以每一行之中即使将红算与黑算互易符号，也没有什么障碍。那么可以使两行的头位取成互相不同的符号。这些条文的实质全都是相通的，于是以上两条翻来覆去都是同一种运算。考察它们在一行中上下互相选取的符号，则总是根据运算的需要而表示出来的，仍然是同一种方法。又，设置诸行，本意是想凭借已有的数互相消减，所以不管行数是多少，使上下相命就可以了。若用正负数相减，如一行诸数中有原来的法的重叠，那么这一行可以自行调节，不只是对各物品的数量利用左右行相消。

正负数的起源及运算法则

据史料记载，早在 2000 多年前，我国就有了正负数的概念，掌握了正负数的运算法则。人们计算的时候用一些小竹棍摆出各种数字来进行计算。这些小竹棍叫作“算筹”。算筹也可以用骨头和象牙来制作。

刘徽在建立负数的概念上有重大贡献。刘徽首先给出了正负数的定义，他说：“今两算得失相反，要令正负以名之。”意思是说，在计算过程中遇到具有相反意义的量，要用正数和负数来区分它们。刘徽第一次给出了正负区分正负数的方法。他说“正算赤，负算黑；否则以邪正为异”。意思是说，用红色的小棍摆出的数表示正数，用黑色的小棍摆出的数表示负数；也可以用斜摆的小棍表示负数；用正摆的小棍表示正数。

除《九章算术》定义有关正负运算方法外，东汉末年刘烘（206 年）、宋代杨辉（1261 年）也论及了正负数加减法则，都与《九章算术》所说的完全一致。特别值得一提的是，元代朱世杰除了明确给出了正负数同号异号的加减法则外，还给出了关于正负数的乘除法则。

趣味数学题

74. 从甲地到丁地需要经过乙地和丙地，已知甲、丙两地相距 1200 米，乙、丁两地相距 1700 米，甲、丁两地相距 2300 米，乙、丙两地相距多少米？

原典

今有上禾五秉，损实一斗一升，当下禾七秉；上禾七秉，损实二斗五升，当下禾五秉。问：上、下禾实一秉各几何？答曰：上禾一秉五升，下禾一秉二升。术曰：如方程。置上禾五秉正，下禾七秉负，损实一斗一升。言上禾五秉之实多，减其一斗一升，余，是与下禾七秉相当数也。故互其算[①]，令相折除，以一斗一升为差。为差者，上禾之余实也。次置上禾七秉正，下禾五秉负，损实二斗五升正以正负术入之。

按：正负之术本设列行，物程之数不限多少，必令与实上、下相次，而以每行各自为率。然而或减或益，同行异位殊为二品，各自并、减之差见于下也[②]。

注释

① 互其算：交换算数，即损益。

② 各自并、减之差见于下也：各自有加有减，其和差显现于下方。

今有上禾六秉，损实一斗八升，当下禾一十秉；下禾一十五秉，损实五升，当上禾五秉。问：上、下禾实一秉各几何？答曰：上禾一秉实八升，下禾一秉实三升。

译文

假设有5捆上等禾，将它的实减损1斗1升，等于7捆下等禾；7捆上等禾，将它的实减损2斗5升，等于5捆下等禾。问：1捆上等禾、下等禾的实各是多少？答：1捆上等禾的实是5升，1捆下等禾的实是2升。术：如同方程术那样求解。布置上等禾的捆数5，是正的，下等禾的捆数7，是负的，减损的实1斗1升，是正的。这是说5捆上等禾的实多，减损它1斗1升，余数就与7捆下等禾的实相等。所以互相置换算数，使它们互相折消，以1斗1升作为差。成为这个差的，就是上等禾余下的实。其次布置7捆上等禾，是正的，5捆下等禾，是负的，减损的实2斗5升，是正的。将正负术纳入之。

按：应用正负术，本来设置各列各行，需要求解的物品个数不管多少，必须使它们与实上下一一排列，而以每行各自作为率。然而有的减损，有的增益，它们在同一行不同位置完全表示2种不同的物品，各自有加有减，其和差显现于下方。假设有6捆上等禾，将它的实减损1斗8升，与10捆下等禾的实相等；15捆下等禾，将它的实减损5升，与5捆上等禾的实相等。问：1捆上等禾、下等禾的实各是多少？答：1捆上等禾的实是8升，1捆下等禾的实是3升。

原典

术曰：如方程。置上禾六秉正，下禾一十秉负，损实一斗八升正。次[①]，上禾五秉负，下禾一十五秉正，损实五升正。以正负术入之。言上禾六秉之实多，减损其一斗八升，余，是与下禾十秉相当之数。故亦互其算，而以一斗八升为差实。差实者，上禾之余实。今有上禾三秉，益实六斗，当下禾一十秉；下禾五秉，益实一斗，当上禾二秉。问：上、下禾实一秉各几何？答曰：上禾一秉实八斗，下禾一秉实三斗。术曰：如方程。置上禾三秉正，下禾一十秉负，益实六斗负。次置上禾二秉负，下禾五秉正，益实一斗负。以正负术入之。言上禾三秉之实少，益其六斗，然后于下禾十秉相当[②]也。故亦互其算，而以六斗为差实。差实者，下禾之余实。

注释

①次：即“次置”。

②于下禾十秉相当：与10捆下等禾相当。

译文

术曰：如同方程术那样求解。布置上等禾的捆数 6，是正的，下等禾的捆数 10，是负的，所减损的实 1 斗 8 升，是正的。接着，布置上等禾的捆数 5，是负的，下等禾的捆数 15，是正的，所减损的实 5 升，是正的。将正负术纳入之。这是说 6 捆上等禾的实多，减损它 1 斗 8 升，余数与 10 捆下等禾的实相等。所以也互相置换算数，而以 1 斗 8 升作为差实。差实就是上等禾余下的实。假设有 3 捆上等禾，将它的实增益 6 斗，与 10 捆下等禾的实相等；5 捆下等禾，将它的实增益 1 斗，与 2 捆上等禾的实相等。问：1 捆上等禾、下等禾的实各是多少？答：1 捆上等禾的实是 8 斗，1 捆下等禾的实是 3 斗。术：如同方程术那样求解。布置上等禾的捆数 3，是正的，下等禾的捆数 10，是负的，增益的实 6 斗，是负的。接着布置上等禾的捆数 2，是负的，下等禾的捆数 5，是正的，增益的实 1 斗，是负的。将正负术纳入之。这是说 3 捆上等禾的实少，给它增益 6 斗，然后与 10 捆下等禾的实相等。所以也互相置换算数，而以 6 斗作为差实。差实就是下等禾余下的实。

数学史上的重要计算工具——算筹

算　筹

算筹或称算子，是中国古代一种十进制计算工具。起源于商代的占卜。商代占卜盛行，用现成的小木棍做计算，这就是最早的算筹。古代筹、策、算三字都带竹头，表示用竹制成。策为束字加竹头，表示手握一束竖立的算策，作为占卜之用。筹可能代表周易八卦横向排列时用的阴阳竹，算筹横竖二式，可能来源于此。据史书的记载和考古材料的发现，古代的算筹实际上是一根根同样长短和粗细的小棍子，一般长为 13~14 厘米，径粗 0.2~0.3 厘米，多用竹子制成，也有用木头、兽骨、象牙、金属等材料制成的，二百七十几枚为一束，放在一个布袋里，系在腰部随身携带。需要记数和计算的时候，就把它们取出来，放在桌上、炕上或地上都能摆弄。别看这些都是一根根不起眼的小棍子，在中国数学史上它们却是立有大功的。而它们的发明，也同样经历了一个漫长的历史发展过程。

在算筹计数法中，以纵横两种排列方式来表示单位数目的，其中 1~5 均分别以纵横方式排列相应数目的算筹来表示，6~9 则以上面的算筹再加下面相应的算筹来表示。

表示多位数时，个位用纵式，十位用横式，百位用纵式，千位用横式，以此类推，遇零则置空。这种计数法遵循一百进位制。据《孙子算经》记载，算筹记数法则是：凡算之法，先识其位，一纵十横，百立千僵，千十相望，万百相当。《夏阳侯算经》说：满六以上，五在上方，六不积算，五不单张。

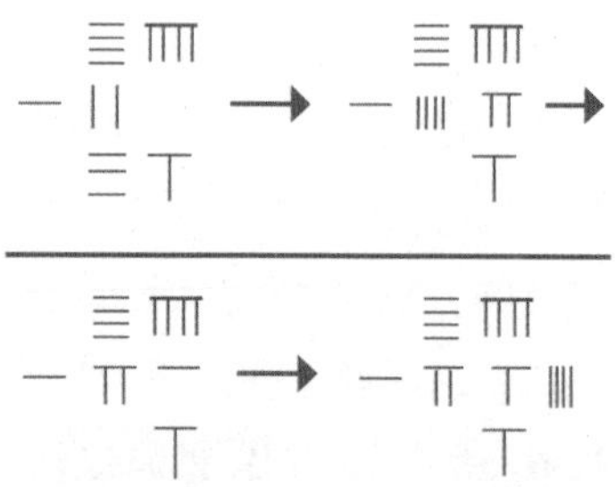

趣味数学题

75. 在一次歌咏比赛时，王东同学站在一个梯形方阵的队伍里，他往后面看，有4排，往前面看，也是4排，已知第一排有6名同学，以后每排比前面多1名同学，问这个歌咏队共有多少人？

原典

今有牛五、羊二，直金十两；牛二、羊五，直金八两。问：牛、羊各直金几何？答曰：牛一直金一两二十一分两之一十三，羊一直金二十一分两之二十。术曰：如方程。假令为同齐，头位为牛，当相乘[①]。右行定，更置牛十、羊四，直金二十两[②]；左行牛十，羊二十五，直金四十两。牛数等同，金多二十两者，羊差二十一使之然也。以少行减多行，则牛数尽，惟羊与直金之数见，可得而知也。以小推大，虽四、五行不异也。

注释

① 相乘：指头位互相乘，以做到齐同。这是刘徽创造的解线性方程组的互乘相消法。

② 更置牛十、羊四，直金二十两：此谓通过齐同运算，右行由“牛五、羊二，直金十两”变换成“牛十、羊四，直金二十两”。

译文

假设有5头牛、2只羊，值10两金；2头牛、5只羊，值8两金。问：1头牛、1只羊各值多少金？答：1头牛值$1\frac{13}{21}$两金，1只羊值$\frac{20}{21}$两金。术：如同方程术那样求解。假令作齐同变换，两行的头位是牛，应当互相乘。右行就确定了，重新布置牛的头数10，羊的只数4，值金数20两；左行牛的头数10，羊的只数25，值金数40两。两行牛的头数相等，那么金多20两，是羊多了21只造成的。以数值少的行减多的行，则牛的头数减尽，只有羊的只数与所值的金数显现出来，因此可以知道羊所值的金的两数。以小推大，即使是四、五行的方程也没有什么不同。

方程的运算核心——遍乘直除

方程术的核心是通过直除法消元，逐步减少未知数的个数及方程的行数，最终消成一行一个未知数，然后再求第二、第三个未知数。所谓直除即直减：要消去乙行某未知数系数，便用甲行同一未知数的系数乘乙行所有的数，然后用甲行一次次对减乙行，直至乙行该系数为零。反复执行“遍乘直除”这种算法，就可以解出方程。刘徽认为，用甲行某未知数系数乘乙行是齐，即使乙行所有项与欲消去的项相齐；用甲行对减乙行至该系数为零止是同，即使甲、乙两行的该未知数系数相同。就是说，直除法符合齐同原理。

趣味数学题

76. 一个公园早上 8 点钟来了 200 个游客，9 点钟来了 200 个，9 点 30 分又走了 100 个，10 点钟又来了 200 个，10 点 30 分又走了 100 个……问在什么时间公园里的游客正好 1000 个。

原典

今有卖牛二、羊五，以买一十三豕，有余钱一千；卖牛三、豕三，以买九羊，钱适足；卖六羊、八豕，以买五牛，钱不足六百。问：牛、羊、豕价各几何？答曰：牛价一千二百，羊价五百，豕价三百。术曰：如方程。置牛二、羊五正，豕一十三负，余钱数正；次，牛三正，羊九负，豕三正；次，五牛负，六羊正，八豕正，不足钱负。以正负术入之。

此中行买、卖相折，钱适足，故[①]但互买、卖算而已。故下无钱直也。设欲以此行如方程法，先令二牛遍乘中行，而以右行直除之。是故终于下实虚缺矣，故注曰“正无实负，负无实正”，方为类也[②]。方将以别实加适足之数与实物作实。盈不足章黄金白银与此相当。“假令黄金九、白银一十一，称之重适等。交易其一，金轻十三两。问：金、银一枚各重几何？”与此同。

注释

① 故：所以。

② 刘徽此处所引，当然是前人的旧注。

译文

假设卖了2头牛、5只羊，用来买13只猪，还剩余1000钱；卖了3头牛、3只猪，用来买9只羊，钱恰好足够；卖了6只羊、8只猪，用来买5头牛，不足600钱。问：1头牛、1只羊、1只猪的价格各是多少？答：1头牛的价格是1200钱，1只羊的价格是500钱，1只猪的价格是300钱。术：如同方程术那样求解。布置牛的头数2、羊的只数5，都是正的，猪的只数13，是负的，余钱数是正的；接着布置牛的头数3，是正的，羊的只数9，是负的，猪的只数3，是正的；再布置牛的头数5，是负的，羊的只数6，是正的，猪的只数8，是正的，不足的钱是负的。将正负术纳入之。

这里中行的买卖互相折算，钱数恰好足够，所以只是互相置换买卖的算数即可，因而下方没有值的钱数。如果想把方程的解法用于这一行，须先使牛的头数2整个地乘中行，而用右行与之对减。中行下方的实既然虚缺，那么注云“正的没有实被减，就是负的，负的没有实被减，就是正的”，就是为了这一类问题。将用别的实加适足的数，以实物作为实。盈不足章的黄金白银问题与此相似。“假设有9枚黄金，11枚白银，称它们的重量，恰好相等。交换其一枚，黄金这边轻13两。问：1枚黄金、1枚白银各重多少？”与此相同。

元代数学家、教育家——朱世杰

朱世杰（1249—1314），字汉卿，号松庭，燕山人，元代数学家、教育家，毕生从事数学教育。朱世杰在当时天元术的基础上发展出“四元术”，也就是列出四元高次多项式方程，以及消元求解的方法。此外他还创造出“垛积法”，即高阶等差数列的求和方法，与“招差术”，即高次内插法。主要著作是《算学启蒙》与《四元玉鉴》。朱世杰的数学成果代表了宋元以来的最高水平，

在解分数系数的方程组时，传统的方法是用各项乘以分母的最小公倍数，以转换为整系数方程组。在《算学启蒙》一书中，朱世杰采用设辅助未知数的方法，将分数系数转化为整数系数。李冶在其著作中曾用设辅助未知数的方法转化方程，而朱世杰将这种方法推广应用到方程组上。

无理方程是指出现了关于未知数的无理表达式的方程。李冶处理过根式，但并未解过无理方程。朱世杰著作中的无理方程是中国算学史上的首创。朱世杰的处理方法是将无理式设为辅助未知数，通过变量代换将无理方程转化为有理方程来解决。这种方法只能针对只有一个无理式的无理方程，当出现形如的方程时，朱世杰则通过两次平方，将其转为有理方程。

消元法：解多元高次方程组的关键是将其中的多个未知数消去，转化为一元方程求解。朱世杰创造了一套完整的消元方法，称为四元消法。他通过方程组中不同方程的配合，依次消掉各个未知数，化四元为三元、二元以至一元。

趣味数学题

77. 有两个完全相同的长方形，如果把它们的长拼在一起组成一个新长方形，新长方形的周长比原来一个长方形的周长长 10 厘米；如果把它们的宽拼在一起组成一个新长方形，该长方形的周长比原来一个长方形的周长长 16 厘米。求原来的一个长方形的面积。

原典

今有五雀六燕[①]，集称[②]之衡，雀俱重，燕俱轻。一雀一燕交而处，衡适平。并雀、燕重一斤。问：雀、燕一枚各重几何？答曰：雀重一两一十九分两之一十三，燕重一两一十九分两之五。

术曰：如方程。交易质[③]之，各重八两。此四雀一燕与一雀五燕衡适平。并重一斤，故各八两。列两行程数。左行头位其数有一者，令右行遍除亦可令于左行，而取其法、实于左。左行数多，以右行取其数。左头位减尽，中、下位算当燕与实。右行不动，左上空。中法，下实，即每枚当重宜可知也。按：此四雀一燕与一雀五燕其重等，是三雀四燕重相当，雀率重四，燕率重三也。诸再程之率皆可异术[④]求也，即其数也。

注释

① 成语“五雀六燕”即由此衍化而成，喻双方分量相等，如五雀六燕，铢两悉称。

② 称：称量。

③ 质：称，衡量。

④ 异术：实际上就是刘徽在麻麦问提出的方程新术。

译文

有 5 只麻雀、6 只燕子，分别在衡上称量之，麻雀重，燕子轻。将 1 只麻雀、1 只燕子交换，衡恰好平衡。麻雀与燕子合起来共重 1 斤。问：1 只麻雀、1 只燕子各重多少？答：1 只麻雀重 $1\frac{13}{19}$两，1 只燕子重 $1\frac{5}{19}$两。

术：如同方程术那样求解。将 1 只麻雀与 1 只燕子交换，再称量它们，各重 8 两。这里 4 只麻雀、1 只燕子与 1 只麻雀、5 只燕子恰好使衡平衡。它们合起来重 1 斤，所以各重为 8 两。列出两行用以求解的数。左行头位的数为 1，使左行整个地去减右行。也可使右行与左行对减，而在左行取得法与实。左行的下位与实的数值大，以右行消减它的数。左行的头位减尽，中位与下位应当是燕与实的算数。右行不动，左行上位空。中位是法，下位是实，那么每 1 只燕子的重量应当是可以知道的。按：此 4 只麻雀、1 只燕子与 1 只麻雀、5 只燕子，它们的重量相等，这就是 3 只麻雀与 4 只燕子的重量相当，所以麻雀重的率是 4，燕子重的率是 3。各种求若干率的问题都可以用特殊的方法解决，就得到其数值。

算盘的发展史

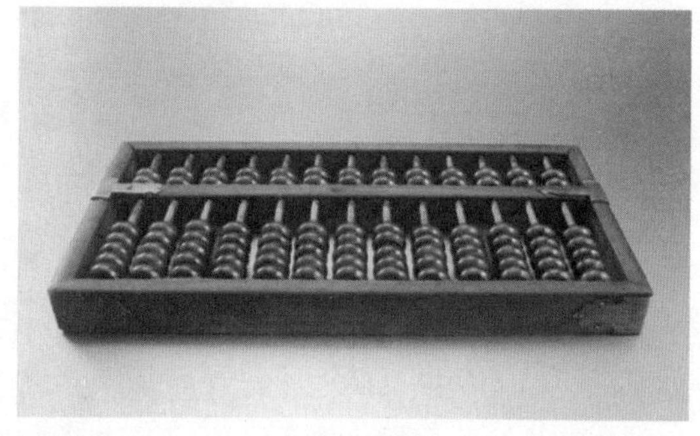

算　盘

珠算是由筹算演变而来的，这是十分清楚的。算数字中，上面一根筹当五，下面一根筹当一，珠算盘中的上一珠也是当五，下一珠也是当一；由于筹算在乘、除法中出现某位数字等于十或多于十的情形，所以珠算盘采用上二珠下五珠的形式。其次，从杨辉、朱世杰开始到元末丁巨、何平子、贾亨止起除“起一”法外的全部现今通用的珠算歌诀，是为筹算而设的。

歌诀出现后，筹算原来存在的缺点就更突出了，歌诀的快捷和摆弄算筹的迟缓存在矛盾。为了得心应手，人们便创造出更加先进的计算工具——珠算盘。从遗留下来的著作中可以看出，筹算的改革是从筹算的简化开始而不是从工具改革开始的，这个改革最后导致珠算的出现。

珠算，在发展完善的历史过程中脱颖而出，到公元 15 世纪末珠算完全取代筹算而成一统，直到计算机（器）普及，在实用中珠算一统的状况才有所改变。

趣味数学题

78. 某车间有 50 名工人，车间组织活动，参加划船的有 34 人，参加游泳的有 28 人，小王和小李因公什么都没参加，车间有多少人两项活动都参加？

原典

今有甲乙二人持钱不知其数。甲得乙半而钱五十，乙得甲太半而亦钱五十。问：甲、乙持钱各几何？答曰：甲持三十七钱半，乙持二十五钱。

术曰：如方程。损益之[①]。此问者言一甲、半乙而五十，太半甲、一乙亦五十也。各以分母乘其全，内子，行定：二甲、一乙而钱一百；二甲、三乙而钱一百五十。于是乃如方程。诸物有分者放[②]此。

注释

①损益之：此处的“损益”是指将分数系数通过通分损益成整数系数。

②放：训“仿”。

译文

假设甲、乙二人带着钱，不知是多少。如果甲得到乙的钱数的一半，就有了 50 钱，乙得到甲的钱数的$\frac{2}{3}$，也有了 50 钱。问：甲、乙各带了多少钱？答：甲带了 37 $\frac{1}{2}$钱，乙带了 25 钱。

术：如同方程术那样求解。先对之减损增益。这一问题是说，1 份甲带的钱与$\frac{1}{2}$份乙带的钱而共有 50 钱，$\frac{2}{3}$份甲带的钱与 1 份乙带的钱也共有 50 钱。各以分母乘其整数部分，纳入分子，确定两行为：甲的份数 2、乙的份数 1 而共有 100 钱，甲的份数 2、乙的份数 3 而共有 150 钱。于是就如同方程术那样求解。各种物品有分数的都仿照此问。

原典

今有二马、一牛价过[①]一万，如半马之价；一马、二牛价不满一万，如半牛之价。问：牛、马价各几何？答曰：马价五千四百五十四钱一十一分钱之六，牛价一千八百一十八钱一十一分钱之二。

术曰：如同方程。损益曾[②]。此一马半与一牛价直一万也，二牛半与一马亦直一万也。“一马半与一牛直钱一万”，通分内子，右行为三马、二牛，直钱二万。“二牛半与一马直钱一万”，通分纳子，左行为二马、五牛，直钱二万也。

注释

①过：超过。

②损益曾：先对之减损增益。

译文

假设有 2 匹马、1 头牛，它们的价钱超过 10 000 钱的部分，如同 1 匹马价钱的$\frac{1}{2}$；1 匹马、2 头牛，它们的价钱不满 10 000 钱的部分，如同半头牛的价钱。问：1 头牛、1 匹马的价钱各是多少？答：1 匹马的价钱是 5454 $\frac{6}{11}$钱，1 头牛的价钱是 1818 $\frac{2}{11}$钱。

术：如同方程术那样求解。先对之减损增益。这里 1.5 匹马与 1 头牛的价钱值 10 000 钱，2 $\frac{1}{2}$头牛与 1 匹马的价钱也是 10 000 钱。“1 $\frac{1}{2}$匹马与 1 头牛的价钱值 10 000 钱”，通分纳子，右行为：马的匹数 3、牛的头数 2，值钱 20 000 钱。“2 $\frac{1}{2}$头牛与 1 匹马的价钱也是 10 000 钱”，通分纳子，左行为：马的匹数 2、牛的头数 5，值钱 20 000 钱。

北魏大数学家——张丘建

《张丘建算经》三卷，据钱宝琮考，约成书于公元 466—485 年间。张丘建，北魏时清河（今山东临清一带）人，生平不详。最小公倍数的应用、等差数列各元素互求以及“百鸡术”等是其主要成就。“百鸡术”是世界著名的不定方程问题。公元 13 世纪意大利斐波那奇《算经》、15 世纪阿拉伯阿尔·卡西《算术之钥》等著作中均出现有相同的问题。

趣味数学题

79. 在三年级三个班所订的《小学生数学报》中，有 58 份不是一班的，60 份不是二班的，26 份既不是一班的，也不是二班的。三个班一共订了多少份？

原典

今有武马[①]一匹，中马二匹，下马三匹，皆载四十石至坂[②]，皆不能上。武马借中马一匹，中马借下马一匹，下马借武马一匹，乃皆上。问：武、中、下马一匹各力引[③]几何？答曰：武马一匹力引二十二石七分石之六，中马一匹力引一十七石七分石之一，下马一匹力引五石七分石之五。

术曰：如方程。各置所借。以正负术入之。

注释

① 武马：上等马。

② 坂：斜坡。

③ 力引：拉力，牵引力。

译文

假设有1匹上等马，2匹中等马，3匹下等马，分别载40石的物品至一陡坡，都上不去。这匹上等马借1匹中等马，这些中等马借1匹下等马，这些下等马借1匹上等马，于是都能上去。问：1匹上等马、中等马、下等马的拉力各是多少？答：1匹上等马的拉力$22\frac{6}{7}$石，1匹中等马的拉力$17\frac{1}{7}$石，1匹下等马的拉力$5\frac{5}{7}$石。

术：如同方程术那样求解。分别布置所借的1匹马。将正负术纳入之。

无理数的发现

中国古代数学家在开方运算中接触到了无理数。《九章算术》开方术中指出了存在有开不尽的情形，“若开方不尽者，为不可开”。并且，给这种不尽根数起了一个专有名词——面。“面”就是无理数。与古希腊毕达哥拉斯学派发现正方形的对角线不是有理数时惊慌失措的表现相比，中国古代数学家却是相对自然地接受了那些“开不尽”的无理数，这也许归功于他们早就习惯使用的十进位制，这种十进位制使他们能够有效地计算“不尽根数”的近似值。

趣味数学题

80. 在一块正方形场地四周种树，每边都种10棵，并且四个顶点都种有一棵树。这个场地四周共种树多少棵。

原典

今有五家共井，甲二绠不足，如乙一绠[①]；乙三绠不足，以丙一绠；丙四绠不足，以丁一绠；丁五绠不足，以戊一绠；戊六绠不足，以甲一绠。如各得所不足一绠，皆逮[②]。问：井深、绠长各几何？答曰：井深七丈二尺一寸，甲绠长二丈六尺五寸，乙绠长一丈九尺一寸，丙绠长一丈四尺八寸，丁绠长一丈二尺九寸，戊绠长七尺六寸。术曰：如方程[③]。以正负术入之。此率初如方程为之，名各一逮井。其后，法得七百二十一，实七十六，是为七百二十一绠而七十六逮井，并用逮之

注释

① 绠：汲水用的绳索。

② 逮：及，及至。

③ 如方程：如同方程术那样求解。

数以法除实者，而戊一绠逮井之数定[④]，逮七百二十一分之七十六。是故七百二十一为井深，七十六为戊绠之长，举率以言之[⑤]。

④那么就确定了戊家1根井绳达到井底的数。

⑤这只是用率将它们表示出来。

译文

假设有五家共同使用一口井，甲家的2根井绳不如井的深度，如同乙家的1根井绳；乙家的3根井绳不如井的深度，如同丙家的1根井绳；丙家的4根井绳不如井的深度，如同丁家的1根井绳；丁家的5根井绳不如井的深度，如同戊家的1根井绳；戊家的6根井绳不如井的深度，如同甲家的1根井绳。如果各家分别得到所不足的那一根井绳，都恰好及至井底。问：井深及各家的井绳长度是多少？答：井深是7丈2尺1寸，甲家的井绳长是2丈6尺5寸，乙家的井绳长是1丈9尺1寸，丙家的井绳长是1丈4尺8寸，丁家的井绳长是1丈2尺9寸，戊家的井绳长是7尺6寸。术：如同方程术那样求解。将正负术纳入之。这些率最初是如方程术那样求解出来的，指的是各达到一次井深。其后，得到法是721，实是76。这就是721根戊家的井绳而能76次达到井底，这是合并了达到井底的次数。如果以法除实，那么就确定了戊家1根井绳达到井底的数，达到井深的$\frac{76}{721}$。所以把721作为井深，76作为戊家1根井绳之长，这只是用率将它们表示出来。

天元术

由于史料散佚，天元术的早期发展情况尚不清楚。李冶对天元术的重大贡献在于，他取消了表示负幂的地元，只用一个“元”字表示未知数的一次幂，或用“太”表示常数项，其他幂次皆按位置值给出，进一步简化了天元术的表示和运算。他在《测圆海镜》中仍取正幂在上，负幂在下的方式，在《益古演段》中则颠倒过来，正幂在下，负幂在上，后来的数学家都采取这种方式。人们把天元术与方程术结合起来，便创造了二元术、三元术与四元术，即二元、三元、四元联立高次方程组的解法。

天元术的基本思想是：首先立所求的量为天元一，根据问题的条件给出两个等价的天元式，使两个天元式相减，便得到一个开方式，即一个方程式。后面这个过程叫作如积相消。而如积释锁则包含了列方程、解方程的完整过程。在李冶时代已完全掌握了天元多项式的加、减、乘法及除数为天元单项式的除法，掌握了指数的乘除法运算及合并同类项等运算。由于天元式的表示采取位置值制，故乘除数为天元幂的乘除法，只要上下移动“元”字或“太”字即可。

趣味数学题

81. 小华和姐姐踢毽子。姐姐三次一共踢 81 下，小华第一次和第二次都踢了 25 下，要想超过姐姐，小华第三次最少要踢多少个。

原典

今有白禾二步、青禾三步、黄禾四步、黑禾五步，实各不满斗。白取青、黄，青取黄、黑，黄取黑、白，黑取白、青，各一步，而实满斗。问：白、青、黄、黑禾实一步各几何？答曰：白禾一步实一百一十一分斗之三十三，青禾一步实一百一十一分斗之二十八，黄禾一步实一百一十一分斗之一十七，黑禾一步实一百一十一分斗之一十。术曰：如方程。各置所取。以正负术入之。今有甲禾二秉、乙禾三秉、丙禾四秉，重皆过于石：甲二重如乙一，乙三重如丙一，丙四重如甲一。问：甲、乙、丙禾一秉各重几何？答曰：甲禾一秉重二十三分石之一十七，乙禾一秉重二十三分石之一十一，丙禾一秉重二十三分石之一十。术曰：如方程。置重过于石之物[①]为负。此问者言甲禾二秉之重过于一石也。其过者何云[②]？如乙一秉重矣。互言其算[③]，令相折除，而一以石为之差实[④]。差实者，如甲禾余实，故置算相与同也。以正负术入之。此入，头位异名相除者，正无入正之，负无入负之也。

注释

① 重过于石之物：指与某种禾的重量超过1石的部分相当的那种物品。

② 其过者何云：那超过的部分是什么呢？

③ 互言其算：互相置换它们的算数。

④ 而一以石为之差实：谓二甲减一乙，三乙减一丙，四丙减一甲，差实同是一石也。

译文

假设有 2 步白禾、3 步青禾、4 步黄禾、5 步黑禾，各种禾的实都不满 1 斗。2 步白禾取青禾、黄禾各 1 步，3 步青禾取黄禾、黑禾各 1 步，4 步黄禾取黑禾、白禾各 1 步，5 步黑禾取白禾、青禾各 1 步，而它们的实都满 1 斗。问：1 步白禾、青禾、黄禾、黑禾的实各是多少？答：1 步白禾的实是$\frac{33}{111}$斗，1 步青禾的实是$\frac{28}{111}$斗，1 步黄禾的实是$\frac{17}{111}$斗，1 步黑禾的实是$\frac{10}{111}$斗。术：如同方程术那样求解。分别布置所取的数量。将正负术纳入之。假设有 2 捆甲等禾，3 捆乙等禾，4 捆丙等禾，它们的重量都超过 1 石：

2捆甲等禾超过1石的恰好是1捆乙等禾的重量，3捆乙等禾超过1石的恰好是1捆丙等禾的重量，4捆丙等禾超过1石的恰好是1捆甲等禾的重量。问：1捆甲等禾、乙等禾、丙等禾各重多少？答：1捆甲等禾重$\frac{17}{23}$石，1捆乙等禾重$\frac{11}{23}$石，1捆丙等禾重$\frac{10}{23}$石。术：如同方程术那样求解。布置与重量超过1石的部分相当的那种物品，为负的。这个问题是说，2捆甲等禾的重量超过1石。那超过的部分是什么呢？就如同1捆乙等禾的重量。互相置换它们的算数，使其互相折算，那么一律以1石作为差实。差实，如同甲等禾余下的实，所以布置的算数都是相同的。将正负术纳入之。这里的“纳入”就是，头位的两个数如果符号不相同，则它们的数值相减，正数如果无偶就是正数，负数如果无偶就是负数。

原典

今有令[①]一人、吏[②]五人、从[③]者一十人，食鸡一十；令一十人、吏一人、从者五人，食鸡八；令五人、吏一十人、从者一人，食鸡六。问：令、吏、从者食鸡各几何？答曰：令一人食一百二十二分鸡之四十五，吏一人食一百二十二分鸡之四十一，从者一人食一百二十二分鸡之九十七。术曰：如方程。以正负术入之。今有五羊、四犬、三鸡、二兔直钱一千四百九十六；四羊、二犬、六鸡、三兔直钱一千一百七十五；三羊、一犬、七鸡、五兔直钱九百五十八；二羊、三犬、五鸡、一兔直钱八百六十一。问：羊、犬、鸡、兔价各几何？答曰：羊价一百七十七，犬价一百二十一，鸡价二十三，兔价二十九。术曰：如方程。以正负术入之。

注释

① 令：官名，古代政府某机构的长官，如尚书令、大司农令等。也专指县级行政长官。

② 吏：古代官员的通称。

③ 从：随从。

译文

假设有1位县令、5位官吏、10位随从，吃了10只鸡；10位县令、1位官吏、5位随从，吃了8只鸡；5位县令、10位官吏、1位随从，吃了6只鸡。问：1位县令、1位官吏、1位随从，各吃多少只鸡？答：1位县令吃了$\frac{45}{122}$只鸡，1位官吏吃了$\frac{41}{122}$只鸡，1位随从吃了$\frac{97}{122}$只鸡。术：如同方程术那样求解。将正负术纳入之。假设有5只羊、4条狗、3只鸡、2只兔子值钱1496钱；4只羊、2条狗、6只鸡、3只兔子值钱1175钱；3只羊、1条狗、7只鸡、5只兔子值钱

958 钱；2 只羊、3 条狗、5 只鸡、1 只兔子值钱 861 钱。问：1 只羊、1 条狗、1 只鸡、1 只兔子价钱各是多少？答：1 只羊的价钱是 177 钱，1 条狗的价钱是 121 钱，1 只鸡的价钱是 23 钱，1 只兔子的价钱是 29 钱。术：如同方程术那样求解。将正负术纳入之。

四元术

四元术就是多元高次方程组解法，它实际上包括四元术表示法和四元消法两部分内容。四元术的核心是四元消法，即将四元四式消成三元三式，再消成二元二式，最后化成一元一式，即高次开方式。朱世杰《四元玉鉴》卷首的“假令细草”中列出了天元术、二元术、三元术和四元术的范例。四元术的表示方法是常数项居中，旁记一“太”字，天元幂系数居下，地元居左，人元居右，物元居上，其幂次由它们与“太”字的位置关系决定，不必记出天、地、人、物等字，距“太”字愈远，幂次愈高，相邻两元幂次之积记入每行列的交叉处，不相邻之元的幂次之积无相应位置，寄放在夹缝中，一个筹式相当于现今的一个方程式，二元方程组列出两个筹式，三元方程组列出三个筹式，四元方程组列出四个筹式。这是一种分离系数表示法，对列出高次方程组与消元都很方便。可惜由于平面只有上、下、左、右四个方向，最多只能列出四元，高出四元的方程组便无能为力。

趣味数学题

82. 古埃及人处理分数一般只用分子为 1 的分数，如：用$\frac{1}{3}+\frac{1}{15}$表示$\frac{2}{5}$，$\frac{1}{4}+\frac{1}{7}+\frac{1}{28}$表示$\frac{3}{7}$等。现有 90 个埃及数$\frac{1}{2}$、$\frac{1}{3}$、$\frac{1}{4}$、$\frac{1}{5}$……$\frac{1}{90}$、$\frac{1}{91}$，从中挑出 10 个，加上正负号，使它们的和等于 1。

原典

今有麻九斗、麦七斗、菽三斗、荅二斗、黍五斗，直[①]钱一百四十；麻七斗、麦六斗、菽四斗、荅五斗、黍三斗，直钱一百二十八；麻三斗、麦五斗、菽七斗、荅六斗、黍四斗，直钱一百一十六；麻二斗、麦五斗、菽三斗、荅九斗、黍四斗，直钱一百一十二；麻一斗、麦三斗、菽二斗、荅八斗、黍五斗，直钱九十五。问：一斗直几何[②]？答曰：麻一斗七钱，麦一斗四钱，菽一斗三钱，荅一斗五钱，黍一斗六钱。

注释

①直：通“值”。

②问：1 斗麻、小麦、菽、荅、黍各值多少钱？

译文

假设有9斗麻、7斗小麦、3斗菽、2斗荅、5斗黍，值140钱；7斗麻、6斗小麦、4斗菽、5斗荅、3斗黍，值128钱；3斗麻、5斗小麦、7斗菽、6斗荅、4斗黍，值116钱；2斗麻、5斗小麦、3斗菽、9斗荅、4斗黍，值112钱；1斗麻、3斗小麦、2斗菽、8斗荅、5斗黍，值95钱。问：1斗麻、小麦、菽、荅、黍各值多少钱？答：1斗麻值7钱，1斗小麦值4钱，1斗菽值3钱，1斗荅值5钱，1斗黍值6钱。

原典

术曰：如方程。以正负术入之。此麻麦与均输、少广之章重衰[①]、积分皆为大事。其拙于精理徒按本术者，或用算而布毡，方好烦而喜误，曾不知其非，反欲以多为贵。故其算也，莫不暗于设通[②]而专于一端。至于此类，苟务其成，然或失之，不可谓要约[③]。更有异术者，庖丁解牛，游刃理间，故能历久其刃如新。夫数，犹刃也，易简用之则动中庖丁之理。故能和神爱刃，速而寡尤。凡《九章》为大事，按法皆不尽[④]一百算也。虽布算不多，然足以算多。世人多以方程为难，或尽布算之象在缀正负而已，未暇以论其设动无方。斯胶柱调瑟[⑤]之类。聊复恢演[⑥]为作新，著之于此，将亦启导疑意。网罗道精[⑦]，岂传之空言？记其施用之例，著策之数，每举一隅[⑧]焉。

注释

① 重衰：指均输章用连锁比例求解的各个问题的方法。

② 暗于设通：不通晓全面而通达。

③ 约：要领，关键。

④ 不尽：不能穷尽。

⑤ 胶柱调瑟：如果用胶黏住瑟的弦柱，就无法调节音调，以比喻拘泥不知变通。

⑥ 聊复恢演：姑且展开演算。

⑦ 道精：道理的精髓。

⑧ 每举一隅：举一反三。

译文

术：如同方程术那样求解。将正负术纳入之。此麻麦问与均输章的重衰、少广章的积分等都是重要问题。那些对数理的精髓认识肤浅，只知道按本来方法做的人，有时为了布置算数而铺下毡毯，正是喜好烦琐而导致错误，竟然不知道这样做不好，反而想以布算多为贵。所以他们都不通晓全面而通达知识而拘泥于一孔之见。至于此类做法，即使努力使其成功，然而有时会产生失误，不能说是抓住了关键。更有一种新异的方法，就像是庖丁解牛，使刀刃在牛的肌理间游动，所以能历经很久其刀刃却像新的一样。数学方法就好像是刀刃，遵从易简的原则使用之，就常常正合于庖丁解牛的道理。所以只要能认真细心，就会做得迅速而错误极少。凡是《九章算术》中成为大的问题，按方法都不足 100 步计算。虽然布算不多，然足以计算很复杂的问题。世间的人大都把方程术看得很难，或者认为布算之象只不过在点缀正负数而已没有花时间讨论它们的无穷变换，这是胶柱调瑟那样的事情。我姑且展示演算，为之作一新术，撰著于此，只不过是想启发开导疑惑之处。搜罗数理的精髓，岂能只说空话？我记述其施用的例子，运算的方法，在这里只举其一隅而已。

南宋数学家——秦九韶

秦九韶像

秦九韶（约 1202—1261），字道吉，四川安岳人，先后在湖北、安徽、江苏、浙江等地做官，1261 年左右被贬至梅州（今广东梅县），不久死于任所。秦九韶与李冶、杨辉、朱世杰并称宋元数学四大家。他早年在杭州“访习于太史，又尝从隐君子受数学”，1247 年写成著名的《数书九章》。《数书九章》全书共 18 卷，81 题，分九大类（大衍、天时、田域、测望、赋役、钱谷、营建、军旅、市易）。其最重要的数学成就——“大衍总数术”（一次同余组解法）与“正负开方术”（高次方程数值解法），使这部宋代算经在中世纪世界数学史上占有突出的地位。

趣味数学题

83. 学校组织兴趣小组。参加书法组的有 8 人，参加绘画组的有 24 人，参加唱歌组的人数比参加绘画组的人数多 2 倍，唱歌组人数是书法组人数的多少倍？

原典

方程新术曰：以正负术入之。令左、右相减，先去下实，又转去物位，则其[①]求一行二物正、负相借者，是其相当之率[②]。又令

注释

①其：训“以”。

②相当之率：与相与之率相反的率关系。

二物与他行互相去取，转其二物相借之数，即皆相当之率也。各据二物相当之率，对易其数，即各当之率[③]也，更置成行及其下实[④]，各以其物本率今有之，求其所同，并以为法。其当相并而行中正负杂者，同名相从，异名相消，余以为法。以下置为实[⑤]。实如法，即合所问也。一物各以本率今有之，即皆合所问也。率不通者，齐之[⑥]。

③ 各当之率：即相与之率。

④ 更置成行及其下实：重新布置所确定的一行及其下方的实。

⑤ 以下置为实：以下方所布置的作为实。

⑥ 率不通者，齐之：第一步所求出的诸未知数的两两相与之率不一定互相通达，便使用齐同术，使诸率悉通。

译文

方程新术：将正负术纳入之。使左、右相减，先消去下方的实，又转而消去某些位置上的物品，则由此求出某一行中两种物品以正、负表示的互相借取的数，就是它们的相当之率。又使此两种物品的系数与其他行互相去取，转而求出那些行的两种物品的互相借取之数，则全都是相当之率。分别根据两种物品的相当之率，对易其数，那么就是它们分别对应的率。重新布置那确定的一行及其下方的实，分别以各种物品的本率应用今有术，求出各物同为某物的数，相加，作为法。如果其中应当相加而行中正负数相混杂的，那么同一符号的就相加，不同符号的就相消，余数作为法。以下方布置的数作为实。实除以法，便应该是所问的那种物品的数量。每一种物品各以其本率应用今有术，便都应该是所问的物品的数量。其中如果有互相不通达的率，就使它们相齐。

趣味数学题

84. 小红和小林各拿出同样多的钱合买同样价钱的练习本，买完后小红比小林少拿了 2 本。因此，小林给小红 4 角钱。请问每本练习本几角钱?

原典

其一术[①]曰：置群物通率[②]为列衰。更置成行群物之数[③]，各以其率乘之，并以为法。其当相并

注释

① 其一术：是方程新术的另一种方法。

② 通率：即诸未知数的相与之率。通率在应用衰分术时作为列衰。

③ 重新布置那确定的一行各个物品之数。

而行中正负杂者，同名相从，异名相消，余为法。以成行下实乘列衰，各自为实。实如法而一，即得。

译文

其一术曰：布置所有物品的通率，作为列衰。重新布置那确定的一行各个物品之数，各以其率乘之，相加，作为法。如果其中有相加而行中正负数相混杂的，那么同一符号的就相加，不同符号的就相消，余数作为法。以确定的这行下方的实乘列衰，各自作为实。实除以法，即得到答案。

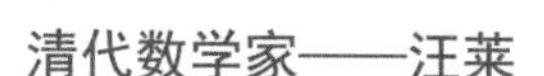

清代数学家——汪莱

汪莱（1768—1813），字孝婴，号衡斋，歙县瞻淇人。在数学、天文、经学、训诂学、音韵学和乐律等方面都有很深造诣，尤以数学成就最显著。汪莱毕生致力于数学研究，其算学造诣曾为当时的同行专家所认可，汪莱在 P 进位制、方程论、弧三角术和组合计算方面均取得重要研究成果。当时普遍采用十进位制，汪莱认为不必“尽立数于十”，对于具体问题，究竟采用何种进位制为宜，原则上应当“审法与数相宜而已”。较之 20 世纪 40 年代随着电子计算机的出现才兴起的 P 进位制研究早 150 余年。中国古代方程，多侧重解法（开方术）及布列法（天元法），只求解方程的一个正根，对于方程根的个数及性质认识模糊。汪莱指出，在求解方程时方程根不只有一正根，亦有负根，二次方程有二根，并论证了三次方程正根与系数的关系和三次方程有正根的条件。汪莱对于方程的认识、根的存在与判别的研究，是我国方程理论研究的发端。汪莱说“弧三角之算，穷形固难，设形亦难，稍不经意，动乖其方”。他分别论证了已知三边，三角，二角夹边或二边夹角，二角对一边或二边对一角等各种情况下有解的条件，其成就在梅文鼎、戴震、焦循诸家之上，汪莱将组合计算公式建立在中国传统的贾宪三角形规律上，论证了组合运算及其若干性质。所得出的递兼的定义、性质、计算公式以及恒等式均与现代组合运算结果相同，发现了组合规律，更赋予古老的贾宪三角形以组合的意义。

趣味数学题

85. 设想你有一罐红漆、一罐蓝漆，以及大量同样大小的立方体木块。打算把这些立方体的每一面漆成单一的红色或单一的蓝色。例如，你会把一块立方体完全漆成红色。第二块，你会决定漆成三面红三面蓝。第三块或许也是三面红三面蓝，但是各面的颜色与第二块相应各面的颜色不完全相同。

按照这种做法，你能漆成多少块互不相同的立方体？如果一块立方体经过翻转，它各面的颜色与另一块立方体的相应各面相同，这两块立方体就被认为是相同的。

原典

以旧术[①]为之凡应置五行。今欲要约。先置第三行，减以第四行[②]，又减第五行[③]，次置第二行，以第二行减第一行[④]，又减第四行[⑤]，去其头位；余，可半[⑥]；次置右行及第二行，去其头位[⑦]；次以右行去第四行头位[⑧]，次以左行去第二行头位[⑨]；次以第五行去第一行头位[⑩]；次以第二行去第四行头位；余，可半[⑪]；以右行去第二行头位[⑫]；以第二行去第四行头位[⑬]。余，约之为法、实，实如法而一，得六，即有黍价。以法治第二行，得荅价，右行得菽价，左行得麦价，第三行麻价。如此凡用七十七算。

注释

① 旧术：是刘徽将直除法进行到底的那种方法。

② 先置第三行，减以第四行：以第 4 行减第 3 行。

③ 又减第五行：又去减第 5 行。

④ 次置第二行，以第二行减第一行：再布置第 2 行，以第 2 行减第 1 行。

⑤ 又减第四行：这里仍然是以第 2 行减第 1 行之后新的第 1 行减第 4 行。

⑥ 去其头位；余，可半：消去第 4 行的头位；剩余的整行，可以被 2 整除，便除以 2。

⑦ 次置右行及第二行，去其头位：此谓布置右行及第 2 行，分别以第 3 行二度减、七度减，其头位均变为 0。

⑧ 次以右行去第四行头位：此谓布置第 4 行，以右行二度减第 4 行，第 4 行头位变为 0（头位均就有效数字而言）。

⑨ 次以左行去第二行头位：此谓布置第 2 行，以左行二度减第 2 行，第 2 行头位变为 0。

⑩ 次以第五行去第一行头位：此谓布置第 1 行，以第 5 行头位 3 遍乘第 1 行，减去第 5 行，第 1 行头位变为 0。

⑪ 次以第二行去第四行头位；余，可半：此谓布置第 4 行，将第 2 行加于第 4 行，并整行除以 2。第 4 行头位变为 0。

⑫ 以右行去第二行头位：此谓布置第 2 行，以右行头位 25 遍乘第 2 行，二度减右行，第 2 行头位变为 0。

⑬ 以第二行去第四行头位：此谓布置第 4 行，以第 2 行头位遍乘第 4 行，二度减第 2 行，则第 4 行头位变为 0。

译文

用旧的方程术求解麻麦问，共应该布置五行。现在想抓住问题的关键，并使之简约。先布置第三行，减去第四行，又减第五行；再布置第二行，以第二行减第一行，又减第四行，消去它的头位；剩余的整行，可以被 2 整除；再布置右行及第二行，消去它们的头位，再以右行消去第四行的头位；再以左行消去第二行的头位；再以第五行消去第一行的头位；再以第二行消去第四行的头位，剩余的整行，可以被 2 整除；以右行消去第二行的头位；以第二行消去第四行的头位。剩余的整行，约简，作为法、实，实除以法，得 6，就是 1 斗黍的价钱。分别以法处理第二行，得到 1 斗荅的价钱，处理右行，得到 1 斗菽的价钱，处理左行，得到 1 斗麦的价钱，处理第三行，得到 1 斗麻的价钱。这样做，共享了 77 步运算。

方程新术与直除法、互乘相消法的比较

所谓方程新术，是通过各行相加减，借助某行消去其他各行的常数项及某些未知数，使每行中只剩下两个未知数，从而求出诸未知数的相与之率，就某一行，或利用今有术化成同为某物之数，或利用衰分术求解。在实际问题中，由于求诸未知数的相与之率较复杂，方程新术并不见得比直除法简便。

直除法消元显得烦琐，刘徽在方程章“牛羊直（同值）金”问中创造了互乘相消法。刘徽说，以小推大，此种方法“虽四、五行不异也”，就是说，这是一种普遍方法。

贾宪更多地用互乘相消法为方程章题目作细草，有时互乘后先约简再相消。但在有的题目中，贾宪仍用直除法。因为在这些方程中，用直除法更简便些，必须因题制宜。

秦九韶则完全废止了直除法，全部使用互乘相消法。有时他在互乘前先求出两相乘数的公约数，约简后再互乘，显得更简捷。

趣味数学题

86. 我国古代数学名著《孙子算经》中有这样一道有关自然数的题：
今有物不知其数，三三数之剩二，五五数之剩三，七七数之剩二。问物几何?
翻译：一个数被 3 除余 2，被 5 除余 3，被 7 除余 2。求这个数。
请你解释一下这个数是几?

原典

以新术为此：先以第四行减第三行。次以第三行去右行及第二行、第四行下位[①]。又以减左行下位，不足减乃止[②]。次以左行减第三行下位[③]。次以第三行去左行下位。讫，废去第三行[④]。次以第四行去左行下位，又以减右行下位[⑤]。次以右行去第二行及第四行下位[⑥]。次以第二行减第四行及左行头位[⑦]。次以第四行减左行菽位，不足减乃止[⑧]次以左行减第二行头位，余，可再半[⑨]。次以第四行去左行及第二行头位[⑩]。次以第二行去左行头位[⑪]。余，约之，上得五，下得三，是菽五当苔三。次以左行去第二行菽位，又以减第四行及右行菽位，不足减乃止[⑫]。次以右行减第二行头位，不足减乃止[⑬]。次以第二行去右行头位[⑭]。次以左行去右行头位[⑮]。余，上得六，下得五。是为苔六当黍五。次以左行去右行苔位[⑯]。余，约之，上为二，下为一。次以右行去第二行下位[⑰]，以第二行去第四行下位，又以减左行下位[⑱]。次，左行去第二行下位。余，上得三，下得四。是为麦三当菽四次以第二行减第四行下位[⑲]。次以第四行去第二行下位[⑳]。

注释

①以第三行减右行、第二行、第四行，直到它们的下位（实）变为0。

②又以第三行减左行，以消减左行下位（实），直到不足减为止。

③以左行减第三行，以消减其下位。

④以第三行减左行，直到其下位变为0。然后废去第三行，其余四行的下位变为0。

⑤以第四行（仍是原来的序号）减左行，直到其下位变为0；又以第四行减右行，消减其下位。

⑥以右行减第二行、第四行，直到其下位变为0。

⑦以第二行减第四行、左行，以消减其头位。

⑧以第四行减左行，以消减其菽位（第3位），直到不足减为止。

⑨以左行加第二行，以消减其头位（绝对值）。剩余的第二行整行，除以4。

⑩以第四行加左行，减第二行，直到其头位变为0。

⑪以第二行加左行，直到其头位变为0。

⑫以左行减第二行，直到其菽位变为0。又以左行加第四行，减右行，加第四行，直到菽位不足减为止。

⑬以右行减第二行，直到头位不足减为止。

⑭以第二行减右行，直到头位变为0。

⑮以左行减右行，直到头位变为0。

⑯以左行加右行，直到苔位变为0。

⑰以右行加第二行，直到其下位变

为0。

⑱ 以第二行加第四行，其下位变为0。

⑲ 以左行加第二行，直到其下位变为0。

⑳ 以第二行减第四行，消减其下位。以第四行减第二行，直到其下位变为0。

译文

以方程新术解决这个问题：先以第四行减第三行。再以第三行消去右行及第二行、第四行的下位。又以第三行消减左行，直到其下位不足减才停止。再以左行减第三行，消减其下位。再以第三行消去左行的下位。完了，废去第三行。再以第四行消去左行的下位，又以第四行减右行，消减其下位。再以右行消去第二行及第四行的下位。再以第二行减第四行及左行，消减它们的头位。再以第四行减左行，直到其菽位不足减才停止。再以左行减第二行，消减其头位，其剩余的行，可以两次被2整除。再以第四行加左行，减第二行，消去它们的头位。再以第二行加左行，消去其头位。余数，约简之，上方得到5，下方得到3，这就是菽5相当于荅3。再以左行减第二行，消去其菽位，又以左行加第四行，减右行，消减其菽位，直到不足减才停止。再以右行减第二行，直到其头位不足减才停止。再以第二行消去右行的头位。再以左行消去右行的头位。余数，上方得到6，下方得到5。这就是荅6相当于黍5。再以左行加右行，消去其荅位。余数，约简之，上方为2，下方为1。再以右行加第二行，消去其下位，再第二行加第四行，消去其下位，又以第二行加左行，消减其下位。再以左行加第二行，消去其下位。余数，上方得到3，下方得到4。这就是麦3相当于菽4。再以第二行减第四行，消减其下位。再以第四行减第二行，消去其下位。

原典

余，上得四，下得七，是为麻四当麦七[①]。是为相当之率举矣。据麻四当麦七，即麻价率七而麦价率四[②]；又麦三当菽四，即为麦价率四而菽价率三[③]；又菽五当荅三，即为菽价率三而荅价率五[④]；又荅六当黍五，即为荅价率[⑤]五而黍

注释

① 诸物的相当之率，即麻4相当于麦7，麦3相当于菽4，菽5相当于荅3，荅6相当于黍5。

② 此由麻4相当于麦7，得出麻：麦=7 ：4。

③ 此由麦3相当于菽4，得出麦：菽=4 ：3。

价率六[⑥]；而率通矣。更置第三行，以第四行减之，余有麻一斗、菽四斗正，荅三斗负，下实四正。求其同为麻之数，以菽率三、荅率五各乘其斗数，如麻率七而一，菽得一斗七分斗之五正，荅得二斗七分斗之一负。则菽、荅化为麻，以并之，令同名相从，异名相消，余得定麻七分斗之四，以为法。置四为实，而分母乘之，实得二十八，而分子化为法矣。以法除得七，即麻一斗之价。置麦率四、菽率三、荅率五、黍率六，皆以麻乘之，各自为实。以麻率七为法，所得即各为价。

亦可使置本行实与物同通之，各以本率今有之，求其本率所得，并，以为法。如此，即无正负之异矣[⑦]，择异同而已[⑧]。

④此由菽5相当于荅3，得出菽：荅=3 ：5。

⑤此由荅6相当于黍5，得出荅：黍=5 ：6。

⑥由于麻与麦，麦与菽，菽与荅，荅与黍的四组率中，麦、菽、荅的率已相等，故不必再进行齐同，直接得出麻：麦：菽：荅：黍=7 ：4 ：3 ：5 ：6。

⑦显然，这里没有正负数的加减问题。

⑧择异同而已：只是选择所同于的谷物罢了。

译文

余数，上方得到4，下方得到7。这就是麻4相当于麦7。这样，各种谷物的相当之率都列举出来了。根据麻4相当于麦7，就是麻价率是7而麦价率是4，又根据麦3相当于菽4，就是麦价率是4而菽价率是3；又根据菽5相当于荅3，就是菽价率是3而荅价率是5；又根据荅6相当于黍5，就是荅价率是5而黍价率是6；因而诸率都互相通达了。重新布置第三行，以第四行减之，余有麻的斗数1，菽的斗数4，都是正的，荅的斗数3，是负的，下方的实4，是正的。求出它们同为麻的数，就以菽率3、荅率5各乘菽、荅的斗数，除以麻率7，得到菽为$1\frac{5}{7}$斗，是正的，得到荅为$2\frac{1}{7}$斗，是负的。那么菽、荅都化成了麻，将它们相加，使同一符号的相加，不同符号的相消，那么确定麻的余数是$\frac{4}{7}$斗，作为法。布置4作为实，而以分母乘之，得到实为28，而分子化为法。以法除，得到7，就是1斗麻的价钱。布置麦率4、菽率3、荅率5、黍率6，皆以1斗麻的价钱乘之，各自作为实。以麻率7作为法，实除以法，所得到的结果就是各种谷物的价钱。

也可以布置原来某一行的实与诸谷物的斗数，将它们同而通之，分别以其本率，应用今有术，求其本率所相应的某谷物的数，相加，作为法。这样做，就没有正负数的差异了，只是选择它们所同于的谷物罢了。

空位表零法

中国人在公元 4 世纪以前就开始用空位表示零，中国的算盘就是这样表示的。按照西方的传统说法，用符号“0”来表示零，是印度人在公元 9 世纪发明的，它出现在公元 870 年瓜摩尔的碑文中。但是，实际上，符号“0”的出现要比这早得多。在公元 683 年柬埔寨和苏门答腊的碑文中，以及在公元 686 年苏门答腊附近的邦加岛上的碑文中，均出现该一符号。一些专家认为，这些国家出现的零的符号，是由中国传过去的，而他们又将该符号传到印度。零非常重要，如果忽视了零，那么现代技术就会瓦解。当然用空位表示零这是中国人的一项发明，然而我们并不是说使用“0”符号的绝对优先权属于我国，因为直到 1247 年“0”符号才第一次在我国印刷品中出现，尽管我们确信至少在一个世纪以前就已经使用这个符号了，但没有人知道，这个表示零的符号中国人在何时、何地首先使用的，这是需要进一步考证的。

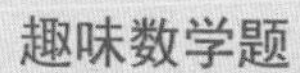

趣味数学题

87. 一个挂钟敲 6 下要 30 秒，敲 12 下要几秒?

原典

又可以一术为之①：置五行通率，为麻七、麦四、菽三、荅五、黍六以为列衰②。成行麻一斗、菽四斗正，荅三斗负，各以其率乘之，讫，令同名相从，异名相消，余为法。又置下实乘列衰，所得各为实。此可以置约法，则不复乘列衰，各以列衰为价③。如此则凡用一百二十四算也。

注释

① 此是以上述“其一术”解麻麦问的细草，它归结到衰分术。

② 以麻、麦、菽、荅、黍的相与之率作为列衰。

③ 各以列衰为价：分别以列衰作为价格。

译文

又可以用另一术求解它：布置五行的通率，就是麻 7、麦 4、菽 3、荅 5、黍 6，作为列衰。取确定的一行：麻的斗数 1，是正的，菽的斗数 4，是正的，荅的斗数 3，是负的，分别以它们各自的率乘之。完了，使符号相同的相加，符号不同的相消，余数作为法。又布置下方的实乘列衰，所得分别作为实。而在这一问题中，下方布置的实可以与法互约，则不再乘列衰，分别以列衰作为 1 斗的价钱。这样做，共用了 124 步运算。

趣味数学题

88. 有两根不均匀分布的香，香烧完的时间是 1 小时，你能用什么方法来确定一段 15 分钟的时间?

卷 九

句股[①]以御高深广远

（勾股：处理有关高深广远的问题）

原典

今有句[②]三尺，股[③]四尺问：为弦[④]几何？答曰：五尺。今有弦五尺，句三尺，问：为股几何？答曰：四尺。今有股四尺，弦五尺，问：为句几何？答曰：三尺。句股短面曰句，长面曰股，相与结角曰弦。句短其股，股短其弦。将以施于诸率，故先具此术以见其源也。术曰：句股各自乘，并，而开方除之，即弦。句自乘为朱方，股自乘为青方[⑤]，令出入相补，各从其类[⑥]，因就其余不移动也，合成弦方之幂。开方除之，即弦也。又，股自乘，以减弦自乘，

注释

① 句股：中国传统数学的重要科目，由先秦“九数”中的“旁要”发展而来。

② 句：勾股形中较短的直角边。

③ 股：勾股形中较长的直角边。

④ 弦：勾股形中的斜边。

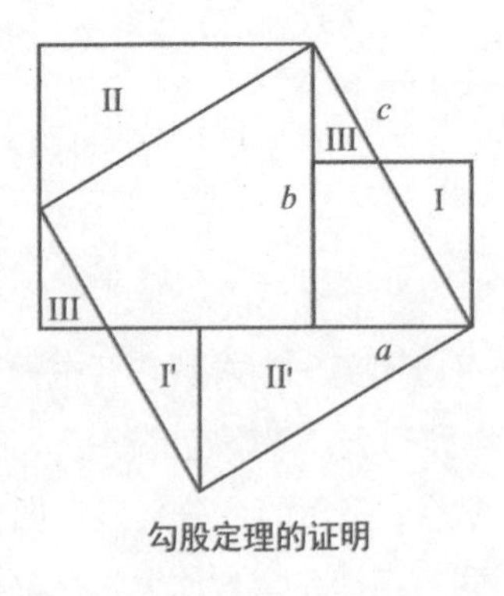

勾股定理的证明

其余，开方除之，即句。臣淳风等谨按：此术以句、股幂合成弦幂。句方于内，则句短于股。令股自乘，以减弦自乘，余者即句幂也。故开方除之，即句也。又，句自乘，以减弦自乘，其余，开方除之，即股。句、股幂合以成弦幂，令去其一，则余在者皆可得而知之。

⑤《九章算术》与刘徽时代常给图形涂上朱、青、黄等不同的颜色。这里勾方为朱方，股方为青方，但并不是固定的。下文勾股容方、勾股容圆中朱、青分别表示位于勾、股上的小勾股形。

⑥出入相补，各从其类：这就是著名的出入相补原理。

译文

假设勾股形中勾是3尺，股是4尺，问：相应的弦是多少？答：5尺。假设勾股形中弦是5尺，勾是3尺，问：相应的股是多少？答：4尺。假设勾股形中股是4尺，弦是5尺，问：相应的勾是多少？答：3尺。勾股在勾股形中，短边叫作勾，长边叫作股，与勾、股分别形成一个角的边叫作弦。勾比股短，股比弦短。将要把勾股术实施于各种率中，所以先提出此术，为的是展现其源头。术：勾、股各自乘，相加，而对之作开方除法，就得到弦。勾自乘为红色的正方形，股自乘为青色的正方形，现在使它们按照自己的类别进行出入相补，而使其余的部分不移动，就合成以弦为边长的正方形之幂。对之作开方除法，就得到弦。又，股自乘，以它减弦自乘，对其余数作开方除法，就得到勾。淳风等按：此术中以勾幂与股幂合成弦幂。勾所形成的正方形在股所形成的正方形的里面，就是勾比股短。使股自乘，以它减弦自乘，其剩余的部分就是勾幂也。所以对之作开方除法，就得到勾。又，勾自乘，以它减弦自乘，对其余数作开方除法，就得到股。勾幂与股幂合以成弦幂，现在去掉其中之一，则余下的那个都是可以知道的。

勾股术的起源

相传大禹治水时左手拿着准绳，右手拿着规矩。准绳、规矩都是测望山川高低远近的工具。人们对勾股定理的认识也很早，不过勾股知识的大发展是在西汉，而三国赵爽、刘徽方建立起理论基础。

句股：中国传统数学的重要科目，由先秦“九数”中的“旁要”发展而来。据《周髀算经》所载，勾股知识在中国起源很早，起码可以追溯到公元前11世纪的商高。商高答周公问曰：“句广三，股修四，径隅五。”公元前5世纪陈子答荣方问中已有勾股术的抽象完整的表述。贾宪《黄帝九章算经细草》将勾股容方解法称为勾股旁要法，可见“旁要”除了测望城邑等一次测望问题外，还应当包括勾股术、勾股容方、勾股容圆等内容。郑玄引郑众注“九数”曰：“今有句股、重差也。”由此并根据《九章算术》体例和内容的分析，可以知道，勾股问题，特别是解勾股形的内容在汉代得到了大发展，并形成了一个科目。它与“旁要”有关，但在深度、广度和难度上都超过了后者。张苍、耿寿昌整理《九章算术》，将其补充到原有的“旁要”卷，并将其改称“句股”。

趣味数学题

89. 两个圆环，半径分别是 1 和 2，小圆在大圆内部绕大圆圆周一周，问小圆自身转了几周？如果在大圆的外部，小圆自身转几周呢？

原典

今有圆材径二尺五寸，欲为方版[①]，令厚七寸。问：广几何？答曰：二尺四寸。术曰：令径二尺五寸自乘，以七寸自乘减之，其余，开方除之，即广。此以圆径二尺五寸为弦，版厚七寸为句，所求广为股也[②]。

今有木长二丈，围之三尺。葛生其下，缠木七周，上与木齐。问：葛长几何？答曰：二丈九尺。术曰：以七周乘围为股，木长为句，为之求弦。弦者，葛之长。据围广，求从为木长者其形葛卷裹袤[③]。

以笔管青线宛转，有似葛之缠木。解而观之，则每周之间自有相间成句股弦。则其间葛长，弦。七周乘围，并合众句以为一句；木长而股，短，术云木长谓之股，言之倒。

句与股求弦，亦无围，弦之自乘幂[④]。句、股幂合为弦幂，明矣。然二幂之数谓倒在于弦幂之中而已，可更相表里，居里者则成方幂，其居表者则成矩幂[⑤]。二表里形讹而数均[⑥]。又按：此图句幂之矩青，卷白表[⑦]，是其幂以股弦差为广，股弦并为袤，而股幂方其里。股幂之矩青，卷白表[⑧]，是其幂以句弦差为广，句弦并为袤，而句幂方其里。是故差之与并，用除之，短、长互相乘也。

注释

① 版：木板。后作“板”。

② 此谓版厚、版广和圆材的直径构成一个勾股形的勾、股、弦。

③ 据围广，求从为木长者其形葛卷裹袤：根据围的广，求纵为树长而其形状如裹卷该树的葛的长。

④ 此谓在此问这种青线宛转若干周而展成的勾股问题中，勾与股求弦，如同“无围”的情形。

⑤ 刘徽进一步指出，勾幂与股幂合成弦幂时互为表里。

⑥ 二表里形讹而数均：此谓勾幂（或

股幂）居里与居表形状不同，而面积却相等。

⑦ 按：在勾股章中，“朱”不一定表示勾幂，“青”也不一定表示股幂。本章有几处用朱幂、青幂表示勾股形的面积，亦有用青幂表示勾矩者。

⑧ 股幂之矩青，卷白表：股幂之矩呈青色，卷曲在白色的勾方表面。

译文

假设有一圆形木材，其截面的直径是 2 尺 5 寸，想把它锯成一条方板，使它的厚为 7 寸。问：它的广是多少？答：2 尺 4 寸。术：使直径 2 尺 5 寸自乘，以 7 寸自乘减之，对其余数作开方除法，就得到它的广。这里以圆的直径 2 尺 5 寸作为弦，方板的厚 7 寸作为勾，所要求的方板的广就是股。

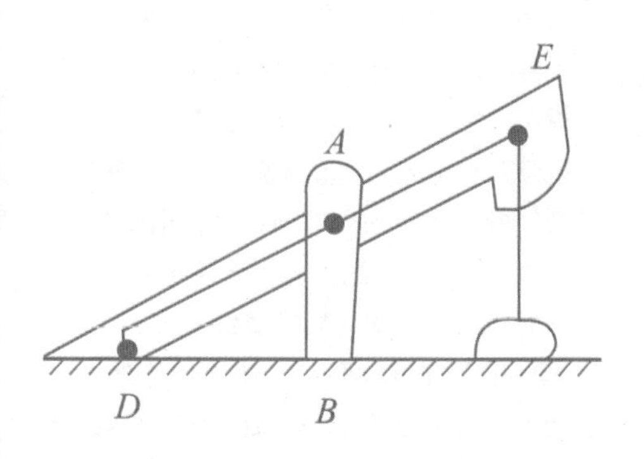

假设有一株树长是 2 丈，一围的周长是 3 尺。有一株葛生在它的根部，缠绕树干共 7 周，其上与树干顶端相齐。问：葛长是多少？答：2 丈 9 尺。术：以 7 周乘围作为股，树长作为勾，求它们所对应的弦。弦就是葛的长。根据围的广，求纵为树长而其形状如裹卷该树的葛的长。

取一支笔管，用青线宛转缠绕之，就像葛缠绕树。把它解开而观察之，则每一周之间各自间隔成勾股弦。那么其间隔中葛的长，就是弦。7 周乘围广，就是合并各个勾股形的勾作为一个勾；树长作为股，却比勾短，所以如果术文说树长叫作股，就把勾、股说颠倒了。

由勾与股求弦，如同没有围的情形，弦自乘得到的幂也出自上面第一图。那么勾幂与股幂合成弦幂，是很明显的。这样，勾、股二幂之数倒互于弦幂之中罢了，它们在弦幂中互相为表里，位于里面的就成为正方形的幂，那位于表面的就成为折矩形的幂。二组位于表、里的幂的形状不同而数值却相等。又按：此图中勾幂的折矩是青色的，卷曲在白色的股幂的表面，则它的幂以股弦差作为广，以股弦和作为长，而股幂呈正方形，居于它的里面。股幂的折矩是青色的，卷曲在白色的勾幂的表面，则它的幂以勾弦差作为广，以勾弦和作为长，而勾幂呈正方形，居于它的里面。因此，勾弦或股弦的差与和，就是用其中之一除短、长互相乘。

中国最古老的数学著作——《周髀算经》

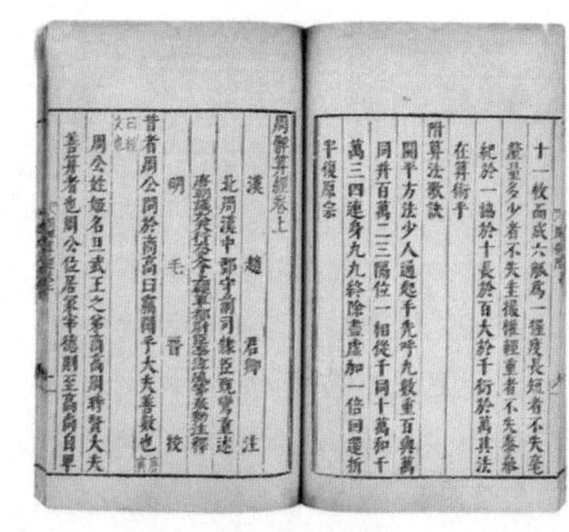

古版《周髀算经》

《周髀算经》原名《周髀》，是算经的十书之一。中国最古老的汉族天文学和数学著作，约成书于公元前 1 世纪，主要阐明当时的盖天说和四分历法。唐初规定它为国子监明算科的教材之一，故改名《周髀算经》。《周髀算经》在数学上的主要成就是介绍了勾股定理及其在测量上的应用以及怎样引用到天文计算。《周髀算经》记载了勾股定理的公式与证明，相传是在商代由商高发现，故又有称之为商高定理；三国时代的赵爽对《周髀算经》内的勾股定理做出了详细注释，又给出了另外一个证明引。书中有矩（一种量直角、画矩形的工具）的用途，勾股定理及其在测量上的应用，相似直角三角形对应边成比例定理等数学内容。在《周髀算经》中还有开平方的问题，等差级数的问题，使用了相当繁复的分数算法和开平方法，以及应用于古代的四分历计算的相当复杂的分数运算，还有相当繁杂的数字计算和勾股定理的应用。

趣味数学题

90. 老人辗转病榻已经几个月了，他想，去见上帝的日子已经不远了，便把孩子们叫到床前，铺开自己一生积蓄的钱财，然后对老大说：

“你拿去 100 克朗吧！”

当老大从一大堆钱币中，取出 100 克朗后，父亲又说：

“再拿剩下的$\frac{1}{10}$去吧！”

于是，老大照拿了。

轮到老二，父亲说：“你拿去 200 克朗和剩下的$\frac{1}{10}$。”

老三分到 300 克朗和剩下的$\frac{1}{10}$，老四分到 400 克朗和剩下的$\frac{1}{10}$，老五、老六……都按这样的分法分下去。

在全部财产分尽之后，老人用微弱的声调对儿子们说：“好啦，我可以放心地走了。”

老人去世后，兄弟们各自点数自己的钱数，却发现所有人分得的遗产都相等。

聪明的朋友算一算：这位老人有多少遗产？有几个儿子？每个儿子分得多少遗产？

原典

今有池方一丈，葭[①]生其中央，出水一尺。引葭赴岸，适与岸齐。问：水深、葭长各几何？答曰：水深一丈二尺，葭长一丈三尺。术曰：半池方自乘，此以池方半之，得五尺为句，水深为股，葭长为弦。以句、弦见股，故令句自乘，先见矩幂也[②]。以出水一尺自乘，减之，出水者，股弦差。减此差幂于矩幂则除之[③]。余，倍出水除之，即得水深。差为矩幂之广[④]，水深是股。令此幂得出水一尺为长，故为矩而得葭长也[⑤]。加出水数，得葭长。臣淳风等谨按：此葭本出水一尺，既见水深，故加出水尺数而得葭长也。

今有立木，系索其末，委[⑥]地三尺。引索却行，去本八尺而索尽。问：索长几何？答曰：一丈二尺六分尺之一。术曰：以去本自乘，此以去本八尺为句，所求索者，弦也。引而索尽、开门去阃者，句及股弦差同一术[⑦]。去本自乘者，先张矩幂。令如委数而一。委地者，股弦差也。以除矩幂，即是股弦并也。所得，加委地数而半之，即索长。子不可半者，倍其母。加差者并，则两长，故又半之。其减差者并，而半之得木长也。今有垣高一丈。倚木于垣，上与垣齐。引木却行一尺，其木至地。问：木长几何？答曰：五丈五寸。术曰：以垣高一十尺自乘，如却行尺数而一。所得，以加却行尺数而半之，即木长数。此以垣高一丈为句，所求倚木者为弦，引却行一尺为股弦差。为术之意与系索问同也。

注释

① 葭：初生的芦苇。

② 刘徽认为池方之半、水深、葭长构成一个勾股形。

③ 减此差幂于矩幂则除之：从勾的折矩幂减去这个差的幂才能除。

④ 差为矩幂之广：股弦差是勾的折矩幂的广。

⑤令此幂得出水一尺为长，故为矩而得葭长也：使这个幂得到露出水面的1尺，作为长，所以将它变成折矩，就得到芦苇的长。

⑥ 委：堆积，累积。

⑦引而索尽、开门去阃者，句及股弦差同一术：牵引着绳索到其尽头、开门离开门槛，都是已知勾及股弦差的问题，用同一种术解决。

译文

假设有一水池，1丈见方，一株芦苇生长在它的中央，露出水面1尺。把芦苇扯向岸边，顶端恰好与岸相齐。问：水深、芦苇的长各是多少？答：水深是1丈2尺，芦苇长是1丈3尺。术：将水池边长自乘，这里取水池边长的$\frac{1}{2}$得到5尺，作为勾，水深作为股，芦苇的长作为弦。以勾、弦展现出股，所以使勾

自乘，先显现勾的折矩幂。以露出水面的1尺自乘，减之，芦苇露出水面的长度就是股弦差。从勾的折矩幂减去这个差的幂才能除。其余数，以露出水面的长度的2倍除之，就得到水深。股弦差是勾的折矩幂的广，水深就是股。使这个幂得到露出水面的1尺，作为长，所以将它变成折矩，就得到芦苇的长。加芦苇露出水面的数，就得到芦苇的长。淳风等按：这里芦苇本来露出水面1尺，既然已经显现出水深，所以加露出水面的尺数而得到芦苇的长度。

假设有一根竖立的木柱，在它的顶端系一条绳索，那么在地上堆积了3尺长。牵引着绳索向后倒退，到距离木柱根部8尺时恰好是绳索的尽头。问：绳索的长是多少？答：1丈$2\frac{1}{6}$尺。术：以到木柱根部的距离自乘，这里以到木柱根部的距离8尺作为勾，所求绳索的长，就是弦。牵引着绳索到其尽头、开门离开门槛，都是已知勾及股弦差的问题，用同一种术解决。以到木柱根部的距离自乘，是先展显勾的折矩幂。以地上堆积的绳索的长除之。在地上堆积的长，就是股弦差。以除勾的折矩幂，就是股弦和。所得的结果，加堆积在地上的长，除以2，就是绳索的长。如果分子是不可以除以2的，就将分母加倍。在股弦和上加股弦差，则是绳索长的2倍，所以又除以2。在股弦和上减股弦差，也除以2，便得到木柱的长。假设有一堵垣，高1丈。一根木柱倚在垣上，上端与垣顶相齐。拖着木向后倒退1尺，这根木柱就全部落在地上。问：木柱的长是多少？答：5丈5寸。术：以垣高10尺自乘，除以向后倒退的尺数。以所得到的结果加向后倒退的尺数，除以2，就是木柱的长。这里以垣高1丈作为勾，所求的倚在垣上的木柱作为弦，以拖着向后倒退1尺作为股弦差。造术的意图与在木柱顶端系绳索的问题相同。

原典

今有圆材埋在壁[①]中，不知大小。以锯锯之，深一寸，锯道长一尺。问：径几何？答曰：材径二尺六寸。术曰：半锯道自乘，此术以锯道一尺为句，材径为弦，锯深一寸为股弦差之一半，锻道长是半也[②]。臣淳风等谨按：下锯深得一寸为半股弦差，注云为股弦差者，锯道也。如深寸而一，以深寸增之，即材径。亦以半增之，如上术，本当半之，今此皆同半差，故不复半也。

今有开门去阃一尺，不合二寸[③]。问：门广几何？答曰：一丈一寸。术曰：以去阃一尺自乘，所得，以不合二寸半之而一。所得，增不合之半，即得门广。此去阃一尺为句，半门广为弦，不合二寸以半之，得一寸为股弦差，求弦。故当半之。今次以两弦为广数，故不复半之也[④]。

译文

假设有一圆形木材埋在墙壁中，不知道它的大小。用锯锯之，如果深达到1寸，则锯道长是1尺。问：木材的直径是多少？答：木材的直径是2尺6寸。术：锯道长的$\frac{1}{2}$自乘，此术中以锯道长1尺作为勾，木材的直径作为弦，锯道深1寸是股弦差的$\frac{1}{2}$，锯道长也应是取一半。淳风按：除以锯道深1寸，加上锯道深1寸，就是木材的直径。也以股弦差的$\frac{1}{2}$加之。如同上面诸术，本来应当取其$\frac{1}{2}$，现在这里所有的因子都取了$\frac{1}{2}$，所以就不再取其一半了。

假设打开两扇门，距门槛1尺，没有合上的宽度是2寸。问：门的广是多少？答：1丈1寸。术：以到门槛的距离1尺自乘，所得到的结果，除以没有合上的宽度2寸的一半。所得到的结果，加没有合上的宽度2寸的就得到门的广。这里以到门槛的距离1尺作为勾，门广的$\frac{1}{2}$作为弦，取没有合上的宽度2寸的一半，得到1寸作为股弦差，以求弦。本来应当取其$\frac{1}{2}$。现在以两弦作为门广的数，所以不再取它们的一半了。

注释

① 壁：墙壁。

② 锯道长也应是取一半。

③ 假设打开两扇门，距门槛1尺，没有合上的宽度是2寸。

④ 现在以两弦作为门广的数，所以不再取它们的一半了。

清代数学家——李善兰

李善兰

李善兰，字壬叔，号秋纫，浙江海宁人，从小喜爱数学。李善兰的数学研究成果集中地体现在他自己编辑刊刻的《则古昔斋算学》之中，里面包括有他的数学著作13种。其中《方圆阐幽》《弧矢启秘》《对数深源》3种是关于幂级数展开式方面的研究。李善兰创造了一种“尖锥术”，即用尖锥的面积来表示x_n，用求诸尖锥之和的方法来解决各种数学问题。虽然他在创造“尖锥术”的时候还没有接触微积分，但实际上已经得出了有关定积分公式。李善兰还曾把“尖锥术”用于对数函数的幂级数展开。从 20 世纪 50 年代开始，李善兰与伟烈亚力合作所翻译的《几何原本》后 9 卷、《代数学》《代微积拾级》等书，使明末清初传入我国前 6 卷的古希腊数学名著《几何原本》有了较为完整的中文译文，并且使西方近代的符号代数学以及解析几何和徽积分第一次传入我国。

李善兰还创造了不少的数学名词和术语，例如“代数”“微分”“积分”等等都一直被沿用到今天，而且也传到日本被沿用到现在。他还直接引用了西方的不少数学符号，例如＝、÷、（ ）、>、<等，但是仍未采用世界通用的阿拉伯数码而是用了一、二、三、四……并用传统的天干（甲、乙、丙……）地支（子、丑、寅……）外加“天”“地”“人”“物”4 个字来表示 26 个英文字母，用“微”的偏旁“彳”来表示微分，用“禾”字表示积分。总之，这些译文和今天通用的数学符号还相差较远。

趣味数学题

91. 假设你得到一份新的工作，老板让你在下面两种工资方案中进行选择：
（A）工资以年薪计，第一年为 4000 美元，以后每年加 800 美元；
（B）工资以半年薪计，第一个半年为 2000 美元，以后每半年增加 400 美元。
你选择哪一种方案？为什么？

原典

今有户高多于广六尺八寸，两隅相去适一丈。问：户高、广各几何[①]？答曰：广二尺八寸，高九尺六寸。术曰：令一丈自乘为实。半相多[②]，令自乘，倍之，减实，半其余。以开方除之[③]。所得，减相多之半，即户广；加相多之半，即户高。令户广为句，高为股，两隅相去一丈为弦，高多于广六尺八寸为句股差。按图为位，弦幂适满万寸。倍之，减句股差幂，开方除之。其所得即高广并数。以差减并而半之，即户广；加相多之数，即户高也。今此术先求其半。一丈自乘为朱

注释

①《九章算术》户高多于广间实际上应用了已知弦与勾股差求勾、股的公式。

② 半相多：取高多于广的$\frac{1}{2}$。

③ 将它自乘，加倍，去减实，取其余数的对之作开方除法。

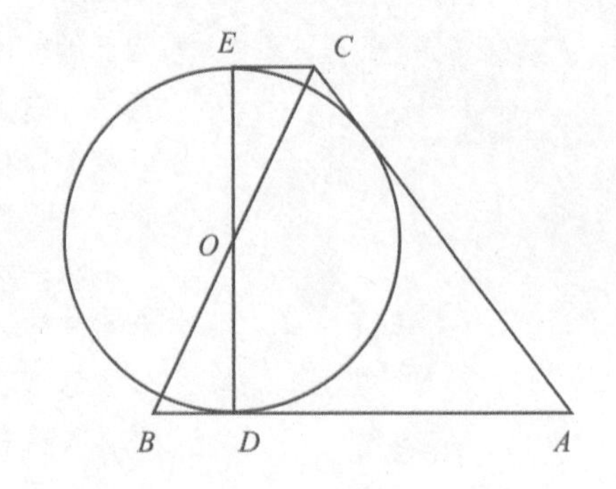

幂四、黄幂一。半差自乘，又倍之，为黄幂四分之二。减实，半其余，有朱幂二、黄幂四分之一。其于大方者四分之一。故开方除之，得高广并数半。减差半，得广，加，得户高。

译文

假设有一门户，高比广多 6 尺 8 寸，两对角相距恰好 1 丈。问：此门户的高、广各是多少？答：门户的广是 2 尺 8 寸，门户的高是 9 尺 6 寸。术：使 1 丈自乘，作为实。取高多于广的$\frac{1}{2}$，将它自乘，加倍，去减实，取其余数的对之作开方除法。所得到的结果，减去高多于广的$\frac{1}{2}$，就是门户的广；加上高多于广的一半，就是门户的高。将门户的广作为勾，高作为股，两对角的距离 1 丈作为弦，那么高多于广 6 尺 8 寸就成为勾股差。按照图形考察它们所处的地位，弦幂恰恰是 10 000 平方寸。将它加倍，减去勾股差幂，对其余数作开方除法。那么所得到的结果就是门户的高与广之和。以勾股差减高与广之和，而取其$\frac{1}{2}$，就是门户的广；以勾股差加高与广之和，而取其$\frac{1}{2}$，就是门户的高。现在此术是先求其$\frac{1}{2}$。1 丈自乘为 4 个朱幂与 1 个黄幂。勾股差的$\frac{1}{2}$自乘，又加倍，就是黄幂的$\frac{2}{4}$。以它去减实，取其余数的$\frac{1}{2}$，就有 2 个朱幂与$\frac{1}{4}$个黄幂。它们在以高与广之和为边长的大正方形中占据$\frac{1}{4}$。所以对之作开方除法，就得到$\frac{1}{2}$的高与广之和。$\frac{1}{2}$的高与广之和减去$\frac{1}{2}$的高与广之差，就得到门户的广，$\frac{1}{2}$的高与广之和加上$\frac{1}{2}$的高与广之差，就得到门户的高。

趣味数学题

92. 8 个数字“8”，如何使它等于 1000？

原典

又按：句股相并幂而加其差幂，亦减弦幂，为积[①]。盖先见其弦，然后知其句与股。今适等，自乘，亦各为方，合为弦幂。令半相多而自乘，倍之，又半并自乘，倍之，亦合为弦幂[②]。

注释

① 句股相并幂而加其差幂，亦减弦幂，为积：这是一个勾股恒等式。

② 刘徽在这里提出

而差数无者，此各自乘之，而与相乘数，各为门实。及股长句短，同源而分流焉。假令句、股各五，弦幂五十，开方除之，得七尺，有余一，不尽。假令弦十，其幂有百，半之为句、股二幂，各得五十，当亦不可开。故曰：圆三、径一，方五、斜七，虽不正得尽理，亦可言相近耳③。

又一勾股恒等式。

③ 虽然没有正好穷尽其数理，也可以说是相近的。

译文

又按：勾股和之幂加勾股差之幂，又减去弦幂，为弦方的积。原来这里先显现出它的弦，然后知道与之对应的勾与股。如果勾与股恰好相等，使它们自乘，各自也成为正方形，相加就合成为弦幂。使勾股差的$\frac{1}{2}$自乘，加倍，又使勾股和的$\frac{1}{2}$自乘，加倍，也合成为弦幂。如果勾与股没有差，此时它们各自自乘，或者两者相乘，都成为门的面积。这与股长而勾短的情形，是同源而分流。假设勾、股都是5，弦幂就是50，对之作开方除法，得7尺，还有余数1，开不尽。假设弦是10，其幂是100，取其$\frac{1}{2}$，就成为勾、股二者的幂，分别是50，也应当是不可开的。所以说：周三径一，方五斜七，虽然没有正好穷尽其数理，也可以说是相近的。

几何之父——欧几里得

亚历山大里亚的欧几里得，古希腊数学家，被称为“几何之父”。他活跃于托勒密一世（公元前323年—前283年）时期的亚历山大里亚，他最著名的著作《几何原本》是欧洲数学的基础，提出五大公设，发展欧几里得几何，被广泛地认为是历史上最成功的教科书。欧几里得也写了一些关于透视、圆锥曲线、球面几何学及数论的作品，是几何学的奠基人。

在《几何原本》里，它由浅到深、从简至繁，先后论述了直边形、圆、比例论、相似形、数、立体几何以及穷竭法等内容。其中有关穷竭法的讨论，成为近代微积分思想的来源。

欧几里得雕像

他总结和发挥了前人的思维成果，巧妙地论证了毕达哥拉斯定理，也称“勾股定理”。即在一直角三角形中，斜边上的正方形的面积等于两条直角边上的两个正方形的面积之和。他的这一证明，从此确定了勾股定理的正确性并延续了2000多年。

趣味数学题

93. 把24个人按5人排列，排成6行，该怎样排?

原典

其句股合而自相乘之幂者，令弦自乘，倍之，为两弦幂，以减之。其余，开方除之，为句股差。加于合而半，为股；减差于合而半之，为句。句、股、弦即高、广、衺。其出此图也，其倍弦为衺①。令矩句即为幂②，得广即句股差。其矩句之幂，倍句为从法，开之亦句股差。以句股差幂减弦幂，半其余，差为从法，开方除之，即句也。

注释

①其出此图也，其倍弦为衺：如果画出这个图的话，它以弦的2倍作为长。

②令矩句即为幂：将矩勾作为幂。矩句，是股幂减以勾幂所余之矩。

译文

如果是勾股和而自乘之幂的情形，那么使弦自乘，加倍，就成为2个弦幂，以勾股和自乘之幂减之。对其余数作开方除法，就是勾股差。将它加于勾股和，取其$\frac{1}{2}$，就是股；以它减勾股和，取其$\frac{1}{2}$，就是勾。勾、股、弦就是门户的高、广、斜。如果画出这个图的话，它以弦的2倍作为长。将矩勾作为幂，求得它的广就是勾股差。如果是矩勾之幂，将勾加倍作为从法，对其开方，也得到勾股差。以勾股差幂减弦幂，取其余数的$\frac{1}{2}$，以勾股差作为从法，对其作开方除法，就是勾。

趣味数学题

94. 将18平均分成两份，却不得9，还会得几?

原典

今有竹高一丈，末折抵地，去本三尺。问：折[①]者高几何？答曰：四尺二十分尺之一十一。术曰：以去本自乘，此去本三尺为句，折之余高为股，以先令句自乘之幂[②]。令如高而一，凡为高一丈为股弦并之[③]，以除此幂得差。所得，以减竹高而半余，即折者之高也。此术与系索之类更相返覆也。亦可如上术，令高自乘为股弦并幂，去本自乘为矩幂，减之，余为实。倍高为法，则得折之高数也。

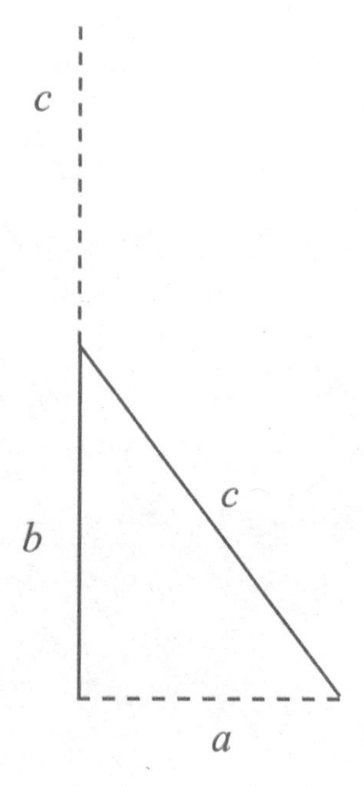

竹高折地之勾股形

注释

① 折：李籍云："断也。"

② 以先令句自乘之幂：所以先得到勾的自乘之幂。

③ 凡为高一丈为股弦并之：总的高 1 丈作为股弦并，以它除勾幂，得到股弦差。

译文

假设有一棵竹，高 1 丈，末端折断，抵到地面处距竹根 3 尺。问：折断后的高是多少？答：$4\frac{11}{20}$尺。术：以抵到地面处到竹根的距离自乘，这里以抵到地面处距竹根 3 尺作为勾，折断之后余下的高作为股，所以先得到勾的自乘之幂。除以高，总的高 1 丈作为股弦并，以它除勾幂，得到股弦差。以所得到的数减竹高，而取其余数的就是折断之后的高。此术与木柱顶端系绳索之类互为反复。亦可像上术那样，将高自乘，作为股弦和之幂，抵到地面处到竹根的距离自乘作为矩幂，两者相减，余数作为实。将高加倍作为法，实除以法，就得到折断之后高的数值。

趣味数学题

95. 有一个数，3 个 3 个地数，还余 2；5 个 5 个地数，还余 3；7 个 7 个地数，还余 2，请问这个数是多少？

原典

今有二人同所立。甲行率七，乙行率三。乙东行，甲南行十步而邪东北与乙会。问：甲、乙各行步几何？答曰：乙东行一十步半，甲邪行一十四步半及之。术曰：令七自乘，三亦自乘，并而半之，以为甲邪行率。邪行率减于七自乘，余为南行率。以三乘七为乙东行率。此以南行为句，东行为股，邪行为弦[①]。并句弦率七。欲引者[②]，当以股率自乘为幂，如并而一，所得为句弦差率。加并，之半为弦率，以差率减，余为句率。如是或有分，当通而约之乃定。术以同使无分母[③]，故令句弦并自乘为朱、黄相连之方股自乘为青幂之矩，以句弦并为袤，差为广。今有相引之直[④]，加损同上[⑤]。其图大体[⑥]，以两弦为袤，句弦并为广。引横断其半为弦率[⑦]。列用率[⑧]七自乘者，句弦并之率[⑨]。故弦减之，余为句率。同立处是中停[⑩]也，皆句弦并为率，故亦以句率同其袤也[⑪]。置南行十步，以甲邪行率乘之，副置十步，以乙东行率乘之，各自为实。实如南行率而一，各得行数。南行十步者，所有见句求见弦、股，故以弦、股率乘，如句率而一。

注释

① 刘徽认为南行、东行、邪行构成一个勾股形。

② 欲引者：如果想要把它引申的话。

③ 以同使无分母：此谓以同（即勾弦并率）消去各个率的分母。自此起，是勾、股、弦三率的几何推导方法。

④ 今有相引之直：如果将青幂之矩引申成长方形。

⑤ 加损同上：增加、减损之后，它们的广、长就如上述。

⑥ 大体：义理，本质，要点，关键。

⑦ 引横断其半为弦率：在图形的一半处引一条横线切断它，就成为弦率。

⑧ 列用率：列出来所用的率，指甲行率七。

⑨ 列用率七自乘者，句弦并之率：此谓甲行率 7 自乘就是勾弦并率。

⑩ 中停：中间平分。

⑪ 皆句弦并为率，故亦以句率同其袤也：它们都以勾弦和建立率，所以也使勾率的长与之相同。

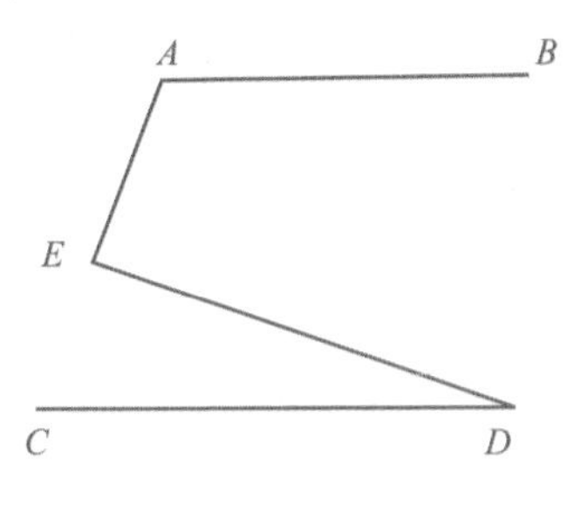

译文

假设有二人站在同一个地方。甲走的率是 7，乙走的率是 3，乙向东走，甲向南走 10 步，然后斜着向东北走，恰好与乙相会。问：甲、乙各走多少步？答：乙向东走 $10\frac{1}{2}$步，甲斜着走 $14\frac{1}{2}$步与乙会合。术：令 7 自乘，3 也自乘，两者相加，除以 2，作为甲斜着走的率。从 7 自乘中减去甲斜着走的率，其余数作为甲向南走的率。以 3 乘 7 作为乙向东走的率。此处以向南走的距离作为勾，向东走的距离作为股，斜着走的距离作为弦。那么勾弦和率就是 7。如果想要把它引申的话，应当以股率自乘作为幂，除以勾弦和，所得作为勾弦差率。将它加勾弦和，除以 2，作为弦率；以勾弦差率减弦率，其余数作为勾率。这样做也许有分数，应当将它们通分、约简，才能确定。此术以同使分母化为 0，所以使勾弦和自乘作为朱方、黄方相连的正方形。将股自乘化为青幂之矩，它以勾弦和作为长，勾弦差作为广。如果将它们引申成长方形，增加、减损后，它们的广、长就如上述。其图形的关键就是以两弦作为长，以勾弦和作为广。在图形的一半处引一条横线切断它，就成为弦率。列出来所用的率 7 自乘者，是因为它是勾弦和率，所以以弦率减之，余数就作为勾率。甲乙所站的那同一个地方是中间平分的位置，它们都以勾弦和建立率，所以也使勾率的长与之相同。布置甲向南走的 10 步，以甲斜着走的率乘之，在旁边布置 10 步，以乙向东走的率乘之，各自作为实。实除以甲向南走的率，分别得到甲斜着走的及乙向东走的步数。甲向南走的 10 步，是已有现成的勾，要求显现出它对应的弦、股，所以分别以弦率、股率乘之，除以勾率。

趣味数学题

96. 数学家维纳的年龄，全题如下：我今年岁数的立方是个四位数，岁数的四次方是个六位数，这两个数，刚好把十个数字 0、1、2、3、4、5、6、7、8、9 全都用上了，维纳的年龄是多少？

原典

今有句五步，股十二步。问：句中容方几何？答曰：方三步一十七分步之九。术曰：并句、股为法，句、股相乘为实。实如法而一，得方一步。句、股相乘为朱、青、黄幂各二[①]。令黄幂袤于隅中，朱、青各以其类，令从其两径，共成脩之幂[②]：中方黄为广[③]，并句、股为袤。故并句、股为法[④]。幂图：方

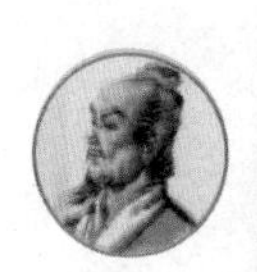

在句中，则方之两廉各自成小句股，而其相与之势不失本率[5]也。句面之小句、股，股面之小句、股各并为中率。令股为中率，并句、股为率，据见句五步而今有之，得中方也。复令句为中率，以并句、股为率，据见股十二步而今有之，则中方又可知。此则虽不效而法，实有法由生矣[6]。下容圆率而似[7]今有、衰分言之，可以见之也。

注释

①勾股形所容正方形称为黄方，余下两小勾股形，位于勾上的称为朱幂，位于股上的称为青幂。

②令黄幂袤于隅中，朱、青各以其类，令从其两径，共成修之幂：此谓这些朱、青、黄幂可以重新拼成一个长方形，两个黄幂位于两端，朱幂、青幂各从其类。两径，表示勾与股。

③此脩幂的广就是所容正方形即黄方的边长。

④此脩幂的长即勾股和。

⑤其相与之势不失本率：这是刘徽提出的一条重要原理，即相似勾股形的对应边成比例。

⑥此则虽不效而法，实有法由生矣：此谓此基于率的方法虽然没有效法。基于出入相补的方法，实与法却由此产生出来。

⑦率：方法。似：古通“以”。

译文

假设一勾股形的勾是5步，股是12步。问：如果勾股形中容一正方形，它的边长是多少？答：边长是$3\frac{9}{17}$步。术：将勾、股相加，作为法，勾、股相乘，作为实。实除以法，得到正方形边长的步数。勾、股相乘之幂含有朱幂、青幂、黄幂各2个。使2个黄幂位于两端，界定其长，朱幂、青幂各根据自己的类别组合，使它们的勾、股与2黄幂的边相吻合，共同组成一个长方形的幂：以勾股形内容的正方形即黄幂作为广，勾、股相加作为长。所以使勾、股相加作为法。幂的图形：正方形在勾股形中，那么，正方形的两边各自形成小勾股形，而其相与的态势没有改变原勾股形的率。勾边上的小勾、股，股边上的小勾、股，分别相加，作为中率。令股作为中率，勾、股相加作为率，根据显现的勾5步而应用今有术，便得到中间正方形的边长。再令勾作为中率，勾股相加作为率，根据显现的股12步而应用今有术，则又可知道中间正方形的边长。这里显然没有效法开头的方法，实与法却由此产生出来。下面的勾股容圆的方法而以今有术、衰分术求之，又可以见到这一点。

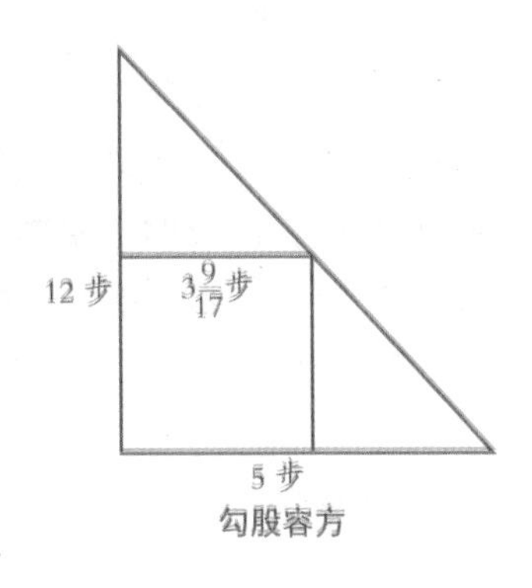

勾股容方

趣味数学题

97. 有位渔夫，头戴一顶大草帽，坐在划艇上钓鱼。河水的流动速度是每小时 3 千尺，划艇以同样的速度顺流而下。“我得向上游划行几千尺，”他自言自语道，“这里的鱼儿不愿上钩！”

正当他开始向上游划行的时候，一阵风把他的草帽吹落到船旁的水中。但是，这位渔夫并没有注意到他的草帽丢了，仍然向上游划行。直到他划行到船与草帽相距 5 千尺的时候，他才发现草帽丢了。于是他立即掉转船头，向下游划去，终于追上了他那顶在水中漂流的草帽。

在静水中，渔夫划行的速度总是每小时 5 千尺。在他向上游或下游划行时，一直保持这个速度不变。当然，这并不是他相对于河岸的速度。例如，当他以每小时 5 千尺的速度向上游划行时，河水将以每小时 3 千尺的速度把他向下游拖去，因此，他相对于河岸的速度仅是每小时 2 千尺；当他向下游划行时，他的划行速度与河水的流动速度将共同作用，使得他相对于河岸的速度为每小时 8 千尺。

如果渔夫是在下午 2 时丢失草帽的，那么他找回草帽是在什么时候？

原典

今有句八步，股一十五步。问：句中容圆[①]径几何？答曰：六步。术曰：八步为句，十五步为股，为之求弦[②]。三位并之为法，以句乘股，倍之为实。实如法得径一步[③]。句、股相乘为图本体，朱、青、黄幂各二[④]，倍之，则为各四。可用画于小纸，分裁邪会，令颠倒相补，各以类合，成修幂：圆径为广，并勾、股、弦为袤。故并勾、股、弦以为法。又以圆大体言之[⑤]，股中青必令立规于横广，句、股又邪三径均，而复连规[⑥]，从横量度句股，必合而成小方矣。又画中弦以规除会[⑦]，则句、股之面中央小句股弦[⑧]：句之小股、股之小句皆小

注释

① 句中容圆：即勾股容圆，也就是勾股形内切一个圆。

② 此利用勾股术求出弦。

③ 此是已知勾股形中勾、股，求其所容圆的直径的问题。

④ 作由两个勾股形构成的长方形，也就是勾股相乘之幂，它含有朱幂、青幂、黄幂各 2 个。

⑤ 又以圆大体言之：又根据圆的义理阐述此术。

⑥ 股中青必令立规于横广，句、股又邪三径均，而复连规：股边上的青幂等元素必须使圆规立于勾的横线上，并且到勾、股、弦的三个半径相等的点上，这样再连成圆。

⑦ 又画中弦以规除会：又过圆心画出中弦，以观察它们施予会通的情形。

方之面⑨皆圆径之半。其数故可衰之。以勾、股、弦为列衰，副并为法。以句乘未并者，各自为实。实如法而一，得句面之小股，可知也。以股乘列衰为实，则得股面之小句可知。言虽异矣，及其所以成法之实⑩，则同归矣⑪。则圆径又可以表之差、并⑫：句弦差减股为圆径；又，弦减句股并，余为圆径，以句弦差乘股弦差而倍之，开方除之，亦圆径也。

⑧ 则句、股之面中央小句股弦：此谓中弦与勾股形的勾、股及垂直于勾、股的半径分别形成位于勾、股中央的小勾股形。

⑨ 句之小股、股之小句皆小方之面：此谓勾上的小勾股形的股与股上的小勾股形的勾相等，且都是垂直于勾、股的半径且等于勾、股构成的小正方形的边长。

⑩ 成法之实：形成法与实。

⑪ 此谓从不同的途径，得到法与实，都是相同的。

⑫ 此句意在提示以下以勾、股、弦的差、并表示的三个圆径公式。

译文

假设一勾股形的勾是8步，股是15步。问：勾股形中内切一个圆，它的直径是多少？答：6步。术：以8步作为勾，15步作为股，求它们相应的弦。勾、股、弦三者相加，作为法，以勾乘股，加倍，作为实。实除以法，得到直径的步数。勾与股相乘作为图形的主体，含有朱幂、青幂、黄幂各2个，加倍，则各为4个。可以把它们画到小纸片上，从斜线与横线、竖线交会的地方将其裁开，通过平移、旋转而出入相补，使各部分按照各自的类型拼合，成为一个长方形的幂：圆的直径作为广，勾、股、弦相加作为长。所以以勾、股、弦相加作为法。又根据圆的义理阐述此术，股边上的青幂等元素必须使圆规立于勾的横线上，并且到勾、股、弦的三个半径相等的点上，这样再连成圆，纵横量度勾、股，必定合成小正方形。又过圆心画出中弦，以观察它们施予会通的情形，那么勾边、股边的中部都有小勾股弦：勾上的小股、股上的小勾都是小正方形的边长，都是圆直径的一半。所以对它们的数值是可以施行衰分术的。以勾、股、弦作为列衰，在旁

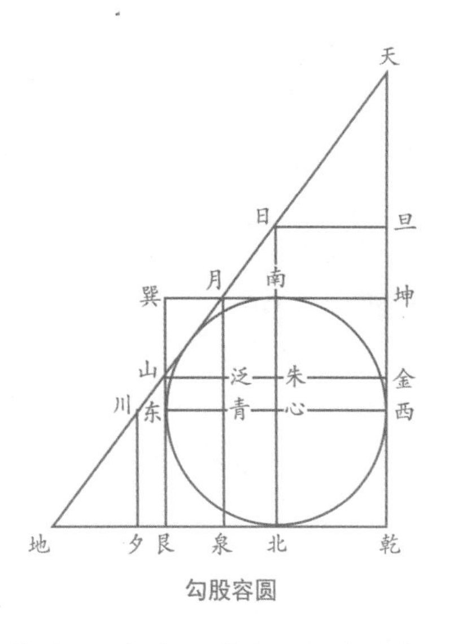

勾股容圆

边将它们相加作为法。以勾乘未相加的勾、股、弦，各自作为实。实除以法，得到勾边上的小股，是不言而喻的。以股乘列衰作为实，则得到股边上的小勾，是不言而喻的。言辞虽然不同，至于用它们构成法与实，则都有同一个归宿。而圆的直径又可以表示成勾、股、弦的和差关系：以勾弦差减股成为圆的直径；又，以弦减勾股和，其余数为围的直径；以勾弦差乘股弦差，而加倍，作开方除法，也成为圆的直径。

勾股容方和容圆对解勾股形的意义

勾股容方与容圆是《九章》勾股章的两个题目。对这两个问题，刘徽都提出了两种方法证明之。一种是出入相补的方法。另一种方法是过圆心作一中弦平行于弦，中弦与勾、股及垂直于勾、股的半径形成两个小勾股形，勾股容圆在宋元时代成为重要的研究课题。人们考虑了各种容圆问题。元李冶便在洞渊九容基础上演绎出《测圆海镜》。清李善兰又补充了勾弦上容圆、股弦上容圆、弦外容半圆，北宋贾宪把《九章》解勾股形的四个类型的方法抽象成一般性公式。杨辉又进而总结出 13 种关系及变成 b−a、c−b、a+b−c 的段数，称作“勾股生变十三名图”。这 13 种关系包括了勾股形中勾、股、弦及其和、差的全部可能的关系，对勾股理论起着提纲挈领的作用。

原典

今有邑方[①]二百步，各中开门。出东门一十五步有木。问：出南门几何步而见木？答曰：六百六十六步太半步。术曰：出东门步数为法，以句率为法也。半邑方自乘为实，实如法得一步。此以出东门十五步为句率，东门南至隅一百步为股率，南门东至隅一百步为见句步。欲以见句求股，以为出南门数。正合“半邑方自乘”者，股率当乘见句，此二者数同也。今有邑，东西七里，南北九里，各中开门。出东门一十五里有木。问：出南门几何步而见木？答曰：三百一十五步。术曰：东门南至隅步数，以乘南门东至隅步数为实。以木去门步数为法。实如法而一。此以东门南至隅四里半为句率，出东门一十五里为股率，南门东至隅三里半为见股。所问出南门即见股之句。

为术之意，与上同也。今有邑方不知大小，各中开门。出北门三十步有木，出西门七百五十步见木。问：邑方几何？答曰：一里。术曰：令两出门步数相乘，因而四之，为实。开方除之，即得邑方。按：半邑方，令半方自乘，出门除之，即步[②]。令二出门相乘，故为半方邑自乘，居一隅之积分。因而四之，即得四隅之积分。故为实，开方除，即邑方也。

注释

① 邑方：正方形的城。

② 半邑方，令半方自乘，出门除之，即步：此条刘徽注系一般性论述。两相邻之门，不拘东、西、南、北，半邑方自乘，以一出门步数除之，得另一出门步数。

译文

假设有一座正方形的城，每边长 200 步，各在城墙的中间开门。出东门 15 步处有一棵树。问：出南门多少步才能见到这棵树？答：$666\frac{2}{3}$步。术：以出东门的步数作为法，这是以勾率作为法。取城的边长的一半，自乘，作为实，实除以法，得到出南门见到树的步数。这里以出东门 15 步作为勾率，自东门向南至城角 100 步作为股率，自南门向东至城角 100 步作为勾的已知步数。想以已知的勾求相应的股，作为出南门的步数。恰恰是“城的边长的$\frac{1}{2}$自乘”，这是因为应当以股率乘已知的勾，而这二者的数是相同的。假设有一座城，东西宽 7 里，南北长 9 里，各在城墙的中间开门。出东门 15 里处有一棵树。问：出南门多少步才能看到这棵树？答：315 步。术：以东门向南至城角步数乘自南门向东至城角的步数，作为实。以树至东门的步数作为法。实除以法即得。这里以自东门向南至城角的 $4\frac{1}{2}$里作为勾率，出东门至树的 15 里作为股率，南门向东至城角 $3\frac{1}{2}$里作为已知的股。所问的出南门见树的步数就是与已知的股相应的勾。

造术的意图，与上一问相同。假设有一座正方形的城，不知道其大小，各在城墙的中间开门。出北门 30 步处有一棵树，出西门 750 步恰好能见到这棵树。问：这座城的每边长是多少？答：1 里。术：使两出门的步数相乘，乘以 4，作为实。对之作开方除法，就得到城的边长。按：取城的边长的$\frac{1}{2}$，将边长的$\frac{1}{2}$自乘，除以一出门步数，就得到另一出门步数。那么，二出门步数相乘，本来就是边长的$\frac{1}{2}$自乘，它是居于城一个角隅的积分。因而乘以 4，就得到 4 个角隅的积分。所以作为实，对之作开方除法，就得到城的边长。

趣味数学题

98. 一个经理有三个女儿，三个女儿的年龄加起来等于13，三个女儿的年龄乘起来等于经理自己的年龄，有一个下属已知道经理的年龄，但仍不能确定经理三个女儿的年龄，这时经理说只有一个女儿的头发是黑的，然后这个下属就知道了经理三个女儿的年龄。请问三个女儿的年龄分别是多少？为什么？

原典

今有邑方不知大小，各中开门。出北门二十步有木。出南门一十四步，折而西行一千七百七十五步见木。问：邑方几何？答曰：二百五十步。术曰：以出北门步数乘西行步数，倍之，为实。此以折而西行为股，自木至邑南一十四步为句，以出北门二十步为句率，北门至西隅为股率，半广数。故以出北门乘折西行股，以股率乘句之幂。然此幂居半，以西行。故又倍之，合东，尽之也[①]。并出南、北门步数，为从法。开方除之，即邑方。此术之幂，东西如邑方，南北自木尽邑南十四步[②]。之幂[③]：各南、北步为广，邑方为袤，故连两广为从法[④]，并以为隅外之幂也。

注释

① 此幂居半，以西行。故又倍之，合东，尽之也：此幂占有了一半的原因是向西走。所以又加倍，加上东边的幂，才穷尽了整个的幂。

② 此术之幂，东西如邑方，南北自木尽邑南十四步：其东西就是城邑的边长，南北是自北门外之木至出南门折西行处。

③ 之幂：此幂。

④ 连两广为从法：连接两个广作为从法。

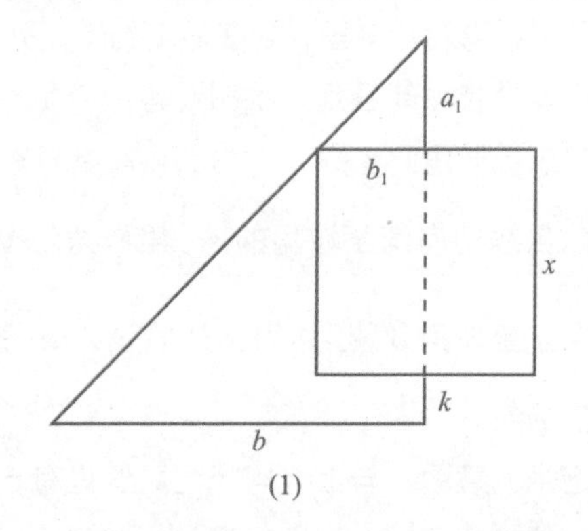

(1)

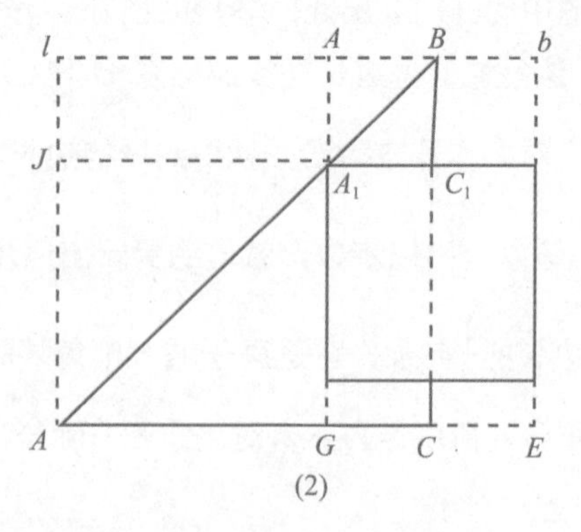

(2)

译文

假设有座正方形的城，不知道大小，各在城墙的中间开门。出北门 20 步处有一棵树。出南门 14 步，然后拐弯向西走 1775 步，恰好看见这棵树。问：城的边长是多少？答：250 步。术曰：以出北门到树的步数乘拐弯向西走的步数，加倍，作为实。这里以拐弯向西走的步数作为股，以自树至城南 14 步作为勾，以出北门 20 步作为勾率，自北门向西至西北角作为股率，就是城的边长的$\frac{1}{2}$。所以以出北门至树的步数乘拐弯向西走的步数亦即股，等于股率乘勾之幂。然而此幂占有了$\frac{1}{2}$，其原因是向西走。所以又加倍，加上东边的幂，才穷尽了整个的幂。将出南门和北门的步数相加，作为从法。对之作开方除法，就得到城的边长。此术中的幂：东西是城的边长，南北是自北门外的树到城南 14 步。这个幂：分别以出南门、出北门的步数作为广，城的边长作为长，所以连接两个广作为从法。两者相加，作为城外之幂。

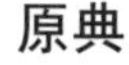

原典

今有邑方一十里，各中开门。甲、乙俱从邑中央而出：乙东出；甲南出，出门不知步数，邪向东北，磨邑隅[①]，适与乙会。率：甲行五，乙行三。问：甲、乙行各几何？答曰：甲出南门八百步，邪东北行四千八百八十七步半，及乙；乙东行四千三百一十二步半。术曰：令五自乘，三亦自乘，并而半之，为邪行率。邪行率减于五自乘者，余为南行率。以三乘五为乙东行率。求三率之意与上甲乙同。置邑方，半之，以南行率乘之，如东行率而一，即得出南门步数。今半方，南门东至隅五里。半邑[②]者，谓为小股也。求以为出南门步数。故置邑方，半之，以南行句率乘之，如股率而一。以增邑方半，即南行。“半邑”者，谓从邑心中停也。

置南行步，求弦者，以邪行率乘之；求东行者，以东行率乘之，各自为实。实如法，南行率，得一步。此术与上甲乙同。

注释

① 磨邑隅：擦着城墙的东南角。

② 半邑：边长的一半。

译文

假设有一座正方形的城，每边长 10 里，各在城墙的中间开门。甲、乙二人都从城的中心出发：乙向东出城门，甲向南出城门，出门走了不知多少步，便斜着向东北走，擦着城墙的东南角，恰好与乙相会。他们的率：甲走的率是 5，乙走的率是 3。问：甲、乙各走了多少？答：甲向南出城门走 800 步，斜着向东北走 4887 $\frac{1}{2}$步，遇到乙；乙向东出城门走 4312 $\frac{1}{2}$步。术：将 5 自乘，3 也自乘，相加，取其$\frac{1}{2}$，作为甲斜着走的率。5 自乘减去甲斜着走的率，余数作为甲向南走的率。以 3 乘 5，作为乙向东走的率。求三率的意图与上面甲乙同所立的问题相同，布置城的边长，取其$\frac{1}{2}$，以甲向南走的率乘之，除以乙向东走的率，就得到甲向南出城门走的步数。现在边长的$\frac{1}{2}$，是城的南门向东至城东南角，即 5 里。边长的$\frac{1}{2}$，称之为小股。求与之相应的向南出城门走的步数。所以，布置城的边长，取其$\frac{1}{2}$，以甲向南走的率即勾率乘之，除以股率。以它加城边长的$\frac{1}{2}$，就是甲向南走的步数。“加城边长的$\frac{1}{2}$”，是因为从城的中心出发的。

布置甲向南走的步数，如果求弦，就以甲斜着走的率乘之；如果求乙向东走的步数就以向东走的率乘之，各自作为实。实除以法，即甲向南走的率，分别得到走的步数。此术与上面甲乙同所立的问题相同。

趣味数学题

99. 有两位盲人，他们都各自买了两对黑袜和两对白袜，八只袜子的布质、大小完全相同，而每对袜子都有一张商标纸连着。两位盲人不小心将八只袜子混在一起。他们每人怎样才能取回黑袜和白袜各两对呢？

原典

今有木去[①]人不知远近。立四表，相去各一丈，令左两表与所望参相直[②]。从后右表望之，入前右表三寸。问：木去人几何？答曰：三十三丈三尺三寸少半寸。术曰：令一丈自乘为实。以三寸为法，实如法而一。此以入前右表三寸

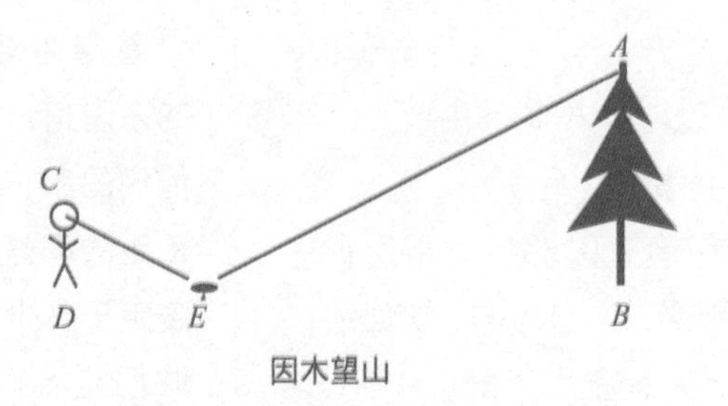

因木望山

为句率，右两表相去一丈为股率，左右两表相去一丈为见句，所问木去人者，见句之股。股率当乘见句，此二率俱一丈，故曰“自乘”之。以三寸为法。实如法得一寸。

今有山居木西，不知其高。山去木五十三里，木高九丈五尺。人立木东三里，望木末[3]适与山峰斜平。人目高七尺。问：山高几何？答曰：一百六十四丈九尺六寸太半寸。术曰：置木高，减人目高七尺，此以木高减人目高七尺，余有八丈八尺，为句率。去人目三里为股率。山去木五十三里为见股，以求句。加木之高，故为山高也。余，以乘五十三里为实。以人去木三里为法。实如法而一。所得，加木高，即山高。此术句股之义。

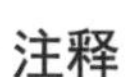
注释

① 去：距离。
② 直：一条直线上。
③ 木末：树梢。

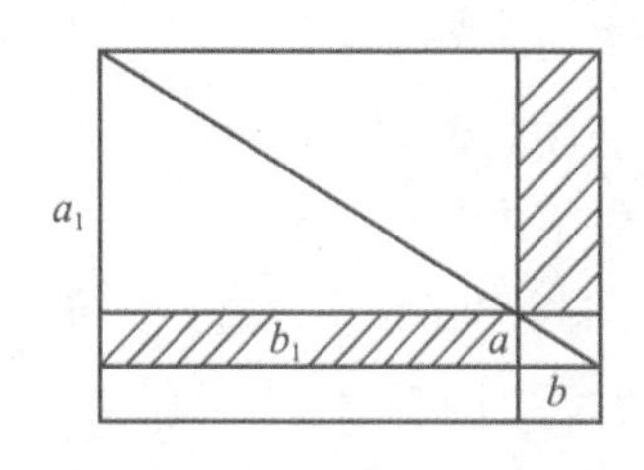

译文

假设有一棵树，距离人不知远近。竖立 4 根表，相距各 1 丈，使左两表与所望的树三者在一条直线上。从后右表望树，入前右表左边 3 寸。问：此树距离人是多少？答：33 丈 3 尺 $3\frac{1}{3}$寸。术：使 1 丈自乘，作为实。以 3 寸作为法。实除以法，得到结果。这里以入前右表左边 3 寸作为勾率，右两表相距 1 丈作为股率，左右两表相距 1 丈作为已知的勾，所问的树到人的距离，就是与已知的勾相应的股。应当以股率乘已知的勾，这两个数都是 1 丈，所以说“自乘”。以 3 寸作为法。实除以法，得到树距离人的寸数。

假设有一座山，位于一棵树的西面，不知道它的高。山距离树 53 里，树高 9 丈 5 尺。一个人站立在树的东面 3 里处，望树梢恰好与山峰斜平。人的眼睛高 7 尺。问：山高是多少？答：164 丈 9 尺 $6\frac{2}{3}$寸。术：布置树的高度，减去人眼睛的高 7 尺，这里是以树的高减去人眼睛的高 7 尺，余数有 8 丈 8 尺，作为勾率。以树距离人的眼睛 3 里作为股率。以山距离树 53 里作为已知的股，求与之相的勾。勾加树的高度，就是山高。以其余数乘 53 里，作为实。以人与树的距离 3 里作为法。实除以法。所得到的结果加树高，就是山高。此术有勾股的意义。

趣味数学题

100. 有一辆火车以每小时 15 千米的速度离开洛杉矶直奔纽约，另一辆火车以每小时 20 千米的速度从纽约开往洛杉矶。如果有一只鸟，以 30 千米每小时的速度和两辆火车同时启动，从洛杉矶出发，碰到另一辆车后返回，依次在两辆火车间来回飞行，直到两辆火车相遇，请问，这只小鸟飞行了多长距离?

原典

今有户不知高、广，竿不知长短。横之不出四尺，从之不出二尺，邪之适出。问：户高、广、袤各几何？答曰：广六尺，高八尺，袤一丈。术曰：从、横不出相乘，倍，而开方除之。所得，加从不出，即户广[1]；此以户广为句，户高为股，户袤为弦。凡句之在股[2]，或矩于表，或方于里[3]。连之者举表矩而端之[4]。又从句方里令为青矩之表，未满黄方。满此方则两端之邪重于隅中[5]，各以股弦差为广，句弦差为袤。故两端差相乘，又倍之，则成黄方之幂。开方除之，得黄方之面。其外之青知，亦以股弦差为广。故以股弦差加，则为句也。加横不出，即户高；两不出加之，得户袤。

注释

① 此即户广。

② 凡句之在股：凡是勾对于股。

③ 这里刘徽又一次讨论勾方或勾矩与股矩或股方在弦方中的关系，或一个作为折矩在另一个形成的正方形的表面，或一个作为正方形在另一个形成的折矩的里面。

④ 连之者举表矩而端之：可以举出位于表面的折矩而考察它们的两端。

⑤ 满此方则两端之邪重于隅中：填满这个框的乃是勾矩和股矩的两端为广，勾弦差为袤。

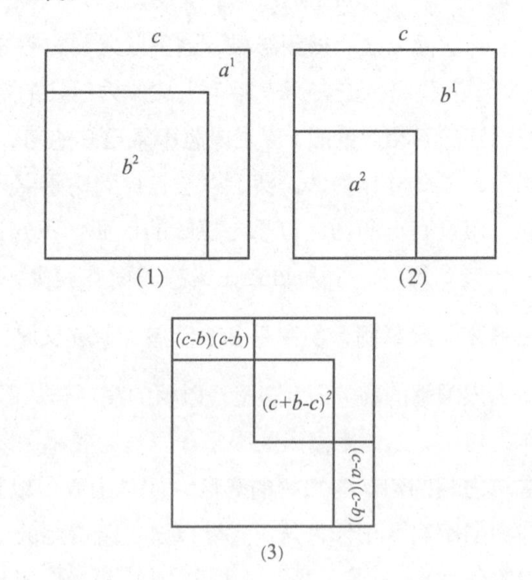

译文

假设有一门户，不知道它的高和广，有一根竹竿，不知道它的长短。将竹竿横着，有 4 尺出不去，竖起来有 2 尺出不去，将它斜着恰好能出门。问：门户的高、广、斜各是多少？答：广是 6 尺，高是 8 尺，斜是 1 丈。术：将竖着、横着出不去的长度相乘，加倍，而对之作开方除法。所得的结果加竖着出不去的长度，就是门户的广；这里以门户的广作为勾，门户的高作为股，门户的斜作为弦。凡是勾对于股，有时在股的表面成为折矩，有时在股的里面成为正方形。如果把它们结合起来，可以举出位于表面的折矩而考察它们的两端。又把位于里面的勾方变为位于表面的青矩，则未能填满黄方。填满这个黄方的乃是勾矩在两端的余数，它们在弦方的两隅中与股矩相重合，分别以股弦差作为广，以勾弦差作为长。所以两端的差相乘，又加倍，就成为黄方之幂。对之作开方除法，便得到黄方的边长。它外面的青矩也以股弦差作为广。所以加上股弦差，就成为勾。加上横着出不去的长度，就是门户的高；加上竖着、横着两者出不去的长度，就得到门户的斜。

趣味数学题答案

01. 360 元日租金。

02. 三角形三边是三个连续偶数，所以它们的个位数字只能是 0、2、4、6、8，且它们的和也是偶数，又它们的个位数字的和是 7 的倍数，只能是 14，三角形三条边最大可能是 86、88、90，周长最长为 86+88+90=264（厘米）。

03. $\frac{7}{8}$斗。

04. 10 个。

05. 84 岁。

06. 先是 a 和 b 一起过桥，然后将 b 留在对岸，a 独自返回。a 返回后将手电筒交给 c 和 d，让 c 和 d 一起过桥，c 和 d 到达对岸后，将手电筒交给 b，让 b 将手电筒带回，最后 a 和 b 再次一起过桥。则所需时间为：3+2+10+3+3=21（分钟）。

07. 20 只斑鸠，5 棵树。

08. 有三种情况：

①公鸡 4 只，母鸡 18 只，小鸡 78 只。

②公鸡 8 只，母鸡 11 只，小鸡 81 只。

③公鸡 12 只，母鸡 4 只，小鸡 84 只。

09. 6 个箱子中共有苹果 11+12+14+16+17+20=90（个），所以童童应分苹果 90×1/3=30（个）。因为 14+16=30（个），所以应该把装有 14、16 个苹果的两箱苹果分给童童，其余的分给欣欣。

10. 1 斤酒。

11. 老虎跨三步，跑 2×3=6（米）；狮子跨两步，跑 3×2=6（米）。所以老虎和狮子跑的速度是一样的。但老虎正好以五十步跑完 100 米，而狮子则在跑到 99 米之处后还须再跨一步，到达 102 米处，然后往回跑。这样，狮子比老虎要多跑 4 米，故老虎取胜。

12. 25 个大人，75 个小孩。

13. 如果不假思索，很容易得出二分之一的结论，但这个结论是错误的。这里的关键是住一楼的人不需要爬楼梯。如果你想上三楼，需要爬两层台阶，而绝不是三层，想上六楼，要爬五层台阶而不是六层。答案是五分之二。

14. 为了使得所住房间数最少，安排时应尽量先安排 11 人房间，这样 50 人男的应安排 3 个 11 人间，2 个 5 人间和 1 个 7 人间；30 个女的应安排 1 个 11 人间，2 个 7 人间和 1 个 5 人间，共安排 10 个房间。

15. 先在天平的两边各放 4 个零件，如果天平平衡，说明坏的在另外的 5 个里，再称两次不难找到。如果不平衡，说明坏的在这 8 个中，此时要记住哪些是轻的，哪些是重的。剩下的 5 个是合格的，可以作为标准。然后把 5 个合格的放在天平的左端，取 2 个轻的，3 个重的放在右端。此时如果右端低，说明坏的在重的 3 个里，一次即可称出。

16. 老虎跑 66 米追上兔子。

17. ①带鸡过去空手回来；②带猫过去带鸡回来；③带米过去空手回来；④带鸡过去。

18. 1 块钱 1 斤是指不管是葱白还是葱绿都是 1 块钱 1 斤，当他把葱白和葱绿分开买时，葱白 7 毛葱绿 3 毛，实际上其重量是没有变化，但是单价都发生了变化，葱白少收了 3 毛每斤，葱绿少收了 7 毛每斤，所以最终 50 元就买走了。

19. 该题有三组答案：

①4 个鹅蛋，18 个鸭蛋，78 个鸡蛋。②8 个鹅蛋，11 个鸭蛋，81 个鸡蛋。③12 个鹅蛋，4 个鸭蛋，84 个鸡蛋。

20. 先用 5 升壶装满后倒进 6 升壶里，再将 5 升壶装满向 6 升壶里倒，使 6 升壶装满为止，此时 5 升壶里还剩 4 升水。将 6 升壶里的水全部倒掉，将 5 升壶里剩下的 4 升水倒进 6 升壶里，此时 6 升壶里只有 4 升水。再将 5 升壶装满，向 6 升壶里倒，使 6 升壶里装满为止，此时 5 升壶里就只剩下 3 升水了。

21. 这堆椰子最少有 15 621 个，第一个人给了猴子 1 个，藏了 3124 个，还剩 12 496 个；第二个人给了猴子 1 个，藏了 2499 个，还剩 9996 个；第三个人给了猴子 1 个，藏了 1999 个，还剩 7996 个；第四个人给了猴子 1 个，藏了 1599 个，还剩 6396 个；第五个人给了猴子 1 个，藏了 1279 个，还剩 5116 个；最后大家一起分成 5 份，每份 1023 个，多 1 个，给了猴子。

22. 吃掉的比剩下的多 4 个，又吃掉了 1 个，可见小猴子吃掉的比剩下的多 4+1+1=6(个)。这时吃掉的是剩下的 3 倍，可见吃掉的比剩下的多 2 倍。所以小猴子剩下的桃子有 6 ÷（3–1）= 3（个），吃掉的桃子是 3 × 3 = 9（个），小猴子一共有桃子 3+9 = 12（个）。

23. 60 套。

24. 9.12。

25. 梨有 657 个，共 803 文钱；果有 343 个，共 196 文钱。

26. 第四层 24 红灯。

27. 2 米。

28. 把围脖系在树顶上，小偷就吊着围脖荡秋千，围脖和树干成 45 度角的时候就放手，就会把小偷甩过河了。

29. 每辆自行车运动的速度是每小时 10 千尺，两者将在 1 小时后相遇于 20 千尺距离的中点。苍蝇飞行的速度是 15 千尺 / 时，因此在 1 小时中，它总共飞行了 15 千尺。

30. 为了方便，我们把大、中、小岛民分别记为 A、B、C（其实都没用到 C）第一个问题问 A：宝藏在山上吗？第二个问题问 B：A 答对了吗？第三个问题问 B：1+1=2 对吗？好，现在第一问我们不知道 A 回答的是“是”还是“否”，也不知道 A 回答的真还是假，只是知道A举的手是左手还是右手，那先不管他。看第二问，不管A回答的意思是“是”还是“否”，只要A的回答是对的，B在第二问的时候也答对，所以他应该回答“是”（如果他会汉语的话）。还是一样的，不管A回答的意思是“是”还是“否”，只要A的回答是错的，B在第二问的时候也答错，所以他还是应该回答“是”。所以无论何种情况B举的那只手都是“是”的意思；第三问：现在知道左、右手是什么意思了，那只要知道B刚才的回答是真还是假，就能确定A是真还是假了，因为他们两个的真假必定是一样的。所以随便找个题目来问就可以了，比如1+1=2是吗？还有个方法，首先随便问一个人：你是不是说真话？那个人一定会举起代表“是”的那只手，因为如果他说的是真话，他会举起代表“是”的手，他说的是假话他也会举起代表“是”的手，所以可以由此得出哪只手代表“是”。然后问中岛民：大岛民说宝藏是在山上吗？中岛民回答的一定是正确答案。也就是说，中岛民说在哪宝藏就在哪。因为如果中岛民说“是”，若大岛民说的是真话，那么中岛民说的也是真话，那么宝藏就一定在山上。若大岛民说的是假话，那么中岛民说的也是假话，那么其实大岛民是说，宝藏在山下的，但是因为这是假的，所以宝藏还是在山上的。

31. 534根。

32. 每人所花费的9元钱已经包括了服务生藏起来的2元（即优惠价25元+服务生私藏2元=27元）。因此，在计算这30元的组成时不能算上服务生私藏的那2元钱，而应该加上退还给每人的1元钱。即：3×9+3×1=30元正好！还可以换个角度想，那三个人一共出了30元，花了25元，服务生藏起来了2元，所以每人花了9元，加上分得的1元，刚好是30元。因此这1元钱就找到了。（小结：这道题迷惑人的地方主要是它把那2元钱从27元钱当中分离了出来，原题的算法错误地认为服务生私自留下的2元不包含在27元当中，所以也就有了少1元钱的错误结果；而实际上私自留下的2元钱就包含在这27元当中，再加上退回的3元钱，结果正好是30元。）

33. 老大8，老二12，老三5，老四20。

34. 先背50根到25米处，这时，吃了25根，还有25根，放下。回头再背剩下的50根，走到25米处时，又吃了25根，还有25根。再拿起地上的25根，一共50根，继续往家走，一共25米，要吃25根，到家时还剩25根。

35. 这本书的价格是5元。哥哥1分也没有，弟弟有4.9元。

36. 119阶。

37. 先称3只，再拿下1只，称量后算差。

38. 9段。

39. 这批玩具共48个。

40. 10个。

41. 这里关键不是数量的多少，而是数量的关系。细分析遗嘱，不难看出，妻子和儿子的数量相同，妻子的数量是女儿的2倍。有了这个关系就不难分配了：妻子和儿子各得总数的$\frac{2}{5}$，女儿得总数的$\frac{1}{5}$。

42. 3 分钟。

43. 97 元。

44. 有和尚 624 个。

45. 在图上过 B 点作河边 MN 的垂线，垂足为 C，延长 BC 到 B'，B' 是 B 地对于河边 MN 的对称点；连接 AB'，交河边 MN 于 D，那么 D 点就是题目所求的饮马地点。为什么饮马的地点选择在 D 点能使路程最短呢？因为 $BD=B'D$，AD 与 BD 的长度之和就是 AD 与 DB' 的长度之和，即是 AB' 的长度；而选择河边的任何其他点，如 E，路程 $AE+EB=AE+EB'$，由于 A 和 B' 两点的连线中，线段 AB' 是最短的，所以选择 D 点时路程要短于选择 E 点时的路程。

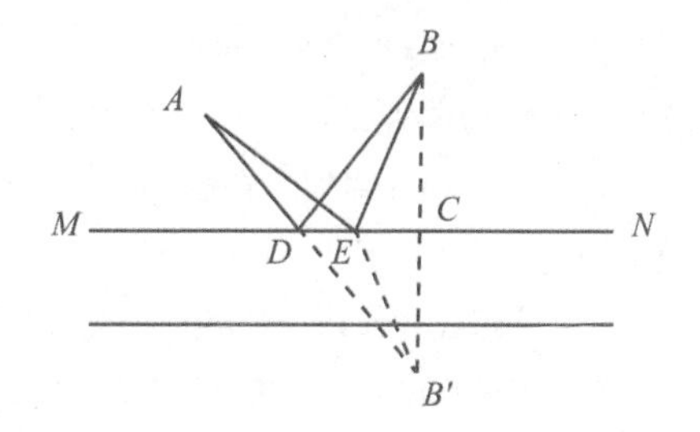

46. 无论分饭、分汤、分肉，都没有零头，可见人数同时是 2 的倍数、3 的倍数和 4 的倍数。三个数 2、3、4 的最小公倍数是 12。如果把每 12 个人编成 1 组，那么从 $12\div2=6$，$12\div3=4$，$12\div4=3$，知道每 1 组要供应 6 大碗饭、4 大碗汤、3 大碗肉，因而每组所用大碗的个数是 $6+4+3=13$。共用碗 65 个，而 $65\div13=5$，所以共有 5 组客人，总人数是 $12\times5=60$。答案：60 人。

47. 设从 A 到 B 用的时间为 x，则 $3x+5(5.5-x)=19.5$，解得 $x=4$；则 AB 路程为 $3\times4=12$；BC 路程为 $=5\times1.5=7.5$；那么他从 C 经 B 返回 A 用的时间是 $\frac{7.5}{3}+\frac{12}{5}$ $=2.5+2.4=4.9=$4 小时 54 分。

48. 共有 15 只蜜蜂。

49. 至少拿 7 次，才能保证其中有 3 个棋子是同一颜色。

50. 总共有 28 个，$3\div[1-(\frac{1}{2}+\frac{1}{4}+\frac{1}{7})]=28$。

51. 第 29 天，每天开的是前一天的 2 倍。

52. 12 瓶。因为 3 个空啤酒瓶可以换 1 瓶啤酒，相当于 2 个空瓶换 1 瓶酒。

53. 哈尔滨牌买 2 盒，迎春牌买 3 盒，葡萄牌买 7 盒。

54. E 坐在 A 和 B 之间，A、B 是她的亲友。

55. 要三匹马又能并排地跑在起跑线上，B 至少要比 A 多跑 1 圈，C 至少要比 A 多跑 2 圈，而 1 分钟后刚好 B 比 A 多跑 1 圈，C 比 A 多跑 2 圈，同时又在起跑线上。所以 1 分钟可以。

56. 相距 15 米。

57. 16 807。

58. 首先，假设草地上的青草被牛吃过后不再生长。因为“3 公顷草地可以供 12 头牛吃 4 个星期”，按照这个比例，10 公顷草地可以供 8 头牛吃 18 个星期，或者说可以供 16 头牛吃 9 个星期。

由于实际上被牛吃过的草还会长出新的青草来，所以题中说：“10 公顷草地可以供 21 头牛吃 9 个星期。”把这两个结果比较一下就会发现，同样是 10 公顷草地，同样是 9 个星期，却可以多养活 21–16=5 头牛。

这 5 头牛的差额表明，在 9 个星期的后 5 周里，10 公顷草地上新生的青草可供 5 头牛吃 9 个星期。也就是说，可以供 2.5 头牛吃 18 个星期。

那么，在 18 个星期的后 14 周里，10 公顷草地上新生的青草可供多少头牛吃 18 个星期呢？由 5 ∶ 14 = 2.5 ∶？，不难算出答案是 7 头牛。

接下来综合考虑 18 个星期的各种情况。

前面已经算出，假设草地上的青草被牛吃过后不再生长时，10 公顷草地可以供 8 头牛吃 18 个星期。因此 10 公顷草地实际上可以供 8+7 = 15 头牛吃 18 个星期。按照这个比例，就不难算出 24 公顷草地可供多少头牛吃 18 个星期了。

10 ∶ 24 = 15 ∶？

显然，是 36。36 就是整个题目的答案。

59. 兔子有 12 只，小鸡有 23 只。

60. 53 人。

61. 上午售价为每只 6 英镑，下午每只 2 英镑。约翰、彼得和罗伯上午各卖出 9 只、6 只、1 只火鸡，下午各卖出 1 只、10 只、25 只火鸡。

62. 买 46 张个人票应付钱：2×46=92（元）。买 50 张团体票应付钱：2×50×80%=80（元）。买团体票比买个人票少付：92–80=12（元）。即买团体票比买个人票少付 12 元，所以，应该买团体票。

63. 8 人。

64. 无论如何破车的平均速度也不可能达到 30 千尺 / 时。因为当平均速度为 30 千尺 / 时，破车上、下山的总时间应为 $\frac{1}{15}$ 小时。而破车上山就用了 $\frac{1}{15}$ 小时，所以说破车的平均速度是达不到 30 千尺 / 时的。

65. 增加的部分就是原来的：$\frac{3}{5}+10\%$，所以原来要做：$\frac{280}{\frac{3}{5}+10\%}=400$（件）。

66. 假设第二个农妇的鸡蛋数目是第一个农妇的 m 倍。因为最后两个人赚得的钱一样多，所以，第一个农妇出售鸡蛋的价格必须是第二个农妇的 m 倍。

如果在出售之前，两个农妇已将所带的鸡蛋互换，那么，第一个农妇带的鸡蛋数目和出售鸡蛋的价格，都将是第二个农妇的 m 倍。也就是说，她赚得的钱数将是第二个农妇的 m 倍。

舍去负值后得 $m=\frac{3}{2}$，即两人所带鸡蛋数目之比为 3 ∶ 2。这样，由鸡蛋总数是 100，就不难算出题目答案了。

67. ①、③、⑤。

68. 13 人。

69. 2519 人。

70. 一个自然数除以 4 有两种情况：一是整除为 0，二是有余数 1、2、3。如果有 2 个自然数除以 4 的余数相同，那么这 2 个自然数的差就是 4 的倍数。

把 0、1、2、3 这四种情况看作 4 个抽屉，把 5 个不同自然数看作 5 个苹果，必定有一个抽屉里至少有 2 个数，而这 2 个数的余数是相同的，它们的差一定是 4 的倍数。所以任意 5 个不相同的自然数，其中至少有 2 个数的差是 4 的倍数。

71. 44 支。

72. 红、白、黑三种球分别有 90 个、53 个、17 个。

73. 10

74. 600 米。

75. 126 人。

76. 在当天 17 时公园里的游客正好 1000 个。

77. 原来的一个长方形的面积是 40 平方厘米。

78. 14 人。

79. 92 份。

80. 36 棵。

81. 32 个。

82. $1=1-\frac{1}{2}+\frac{1}{2}-\frac{1}{3}+\frac{1}{3}-\frac{1}{4}+\frac{1}{4}-\frac{1}{5}+\frac{1}{5}-\frac{1}{6}+\frac{1}{6}-\frac{1}{7}+\frac{1}{7}-\frac{1}{8}+\frac{1}{8}-\frac{1}{9}+\frac{1}{9}-\frac{1}{10}+\frac{1}{10}=$

$(1-\frac{1}{2})+(\frac{1}{2}-\frac{1}{3})+(\frac{1}{3}-\frac{1}{4})+(\frac{1}{4}-\frac{1}{5})+(\frac{1}{5}-\frac{1}{6})+(\frac{1}{6}-\frac{1}{7})+(\frac{1}{7}-\frac{1}{8})+(\frac{1}{8}-\frac{1}{9})$

$+(\frac{1}{9}-\frac{1}{10})+\frac{1}{10}=\frac{1}{2}+\frac{1}{6}+\frac{1}{2}+\frac{1}{20}+\frac{1}{30}+\frac{1}{42}+\frac{1}{56}+\frac{1}{72}+\frac{1}{90}+\frac{1}{10}=1$

83. 9 倍。

84. 2 角。

85. 总共漆成 10 块不同的立方体。

86. 《孙子算经》的解决方法大体是这样的：

先求被$\frac{3}{2}$，同时能被 5、7 都整除的数，最小为 140。

再求被$\frac{5}{3}$，同时能被 3、7 都整除的数，最小为 63。

最后求被$\frac{7}{2}$，同时能被 3、5 整除的数，最小为 30。

于是数 140+63+30=233，就是一个所需求的数。

它减去或加上 3、5、7 的最小公倍数的 105 倍数，比如 233−210=23。

233+105=388……也是符合要求的数，所以符合要求的数有无限个，最小的是 23。

87. 66 秒。

88. 把两根香同时点起来，第一根香两头点着，另一根香只烧一头，等第一根烧完的同时（烧完总长度的$\frac{3}{4}$），把第二根香另一头点燃，另一头从燃起到熄灭的时间就是 15 分钟。

89. 无论内外，小圆转两圈，小圆、大圆经历的距离相等。

90. 9 个儿子，财产 8100 克朗，每个儿子分 900 克朗。

91. 第二种方案要比第一种方案好得多。因为第一年的基数比第二年少 400 美元。

92. 8+8+8+88+888

93. 排成六边形。

94. 10（从中间分）。

95. 23。

96. 设维纳的年龄是 x，首先岁数的立方是四位数，这确定了一个范围。10 的立方是 1000，20 的立方是 8000，21 的立方是 9261，是四位数；22 的立方是 10 648；所以 $10 \leqslant x \leqslant 21$。四次方是个六位数，10 的四次方是 10 000，离六位数差很远，15 的四次方是 50 625，还不是六位数，17 的四次方是 83 521，也不是六位数，18 的四次方是 104 976，是六位数。20 的四次方是 160 000，21 的四次方是 194 481，综合上述，得 $18 \leqslant x \leqslant 21$，那只可能是 18、19、20、21 四个数中的一个数；因为这两个数刚好把十个数字 0、1、2、3、4、5、6、7、8、9 全都用上了，四位数和六位数正好用了十个数字，所以四位数和六位数中没有重复数字，现在来一一验证，20 的立方是 8000，有重复；21 的四次方是 194 481，也有重复；19 的四次方是 130 321，也有重复；18 的立方是 5832，18 的四次方是 104 976，都没有重复。所以，维纳的年龄应是 18。

97. 由于河水的流动速度对划艇和草帽产生同样的影响，所以在求解这道趣题的时候可以对河水的流动速度完全不予考虑。虽然是河水在流动而河岸保持不动，但是我们可以设想是河水完全静止而河岸在移动。就我们所关心的划艇与草帽来说，这种设想和上述情况毫无差别。

既然渔夫离开草帽后划行了 5 千尺，那么，他当然是又向回划行了 5 千尺，回到草帽那儿。因此，相对于河水来说，他总共划行了 10 千尺。渔夫相对于河水的划行速度为每小时 5 千尺，所以他一定是总共花了 2 小时划完这 10 千尺。于是，他在下午 4 时找回了他那顶落水的草帽。

这种情况同计算地球表面上物体的速度和距离的情况相类似。地球虽然旋转着穿越太空，但是这种运动对它表面上的一切物体产生同样的效应，因此对于绝大多数速度和距离的问题，地球的这种运动可以完全不予考虑。

98. 三女的年龄应该是 2、2、9。因为只有一个孩子黑头发，即只有她长大了，其他两个还是幼年时期即小于 3 岁，头发为淡色。再结合经理的年龄应该至少大于 25。

99. 每对袜子都拆开，每人各拿一支，袜子无左右，最后取回黑袜和白袜各两对。

100. 把鸟的飞行距离换算成时间计算，设洛杉矶和纽约之间的距离为 a，两辆火车相遇的时间为$\frac{a}{15+20}=\frac{a}{25}$，鸟的飞行速度为 30，则鸟的飞行距离为$\frac{a}{25}\times 30=\frac{6}{5a}$。